高等学校"十三五"规划教材

大学化学实验

朱琴玉 曹 洋 主编

化学工业出版社

·北京·

内容简介

《大学化学实验》共分三部分：绪论、化学实验基础知识、实验部分，系统地介绍了大学化学实验的安全知识、基本原理和基本方法，选配了相应的基本操作训练，选编了 76 个实验，实验内容由浅入深，既有简单且重要的基本操作，又有较多步骤的递进性实验，最后辅以可操作性较强的综合探索性实验，并制作了相关微课供读者扫描二维码观看。

本教材适用于医药类、农林类等院校，也适用于综合性大学的非化学类理工科专业，如医学、农学、生物学、药学、轻工、纺织、物理、材料等专业作为化学基础课实验教材。

图书在版编目（CIP）数据

大学化学实验/朱琴玉，曹洋主编. —北京：化学工业出版社，2021.6（2024.9 重印）
ISBN 978-7-122-38870-4

Ⅰ.①大… Ⅱ.①朱…②曹… Ⅲ.①化学实验-高等学校-教材 Ⅳ.①O6-3

中国版本图书馆 CIP 数据核字（2021）第 059615 号

责任编辑：李　琰　宋林青　　　　　　　　　　　装帧设计：关　飞
责任校对：宋　夏

出版发行：化学工业出版社（北京市东城区青年湖南街 13 号　邮政编码 100011）
印　　装：北京天宇星印刷厂
787mm×1092mm　1/16　印张 16½　字数 417 千字　2024 年 9 月北京第 1 版第 4 次印刷

购书咨询：010-64518888　　　　　　售后服务：010-64518899
网　　址：http://www.cip.com.cn

大学化学实验是非化学化工类专业如医药、生物、农林、轻工等的一门重要的基础课程，其教学目标是通过对大学化学实验的学习，培养学生的专业科学素养、求真务实的科学态度、刻苦钻研的工匠精神，让学生能运用化学实验的原理和方法，解决后续专业课程和工作中的有关化学问题，内容涉及无机化学实验、分析化学实验、有机化学实验、物理化学实验等。但是，大学化学实验存在实验室资源有限、课时紧张等问题，而目前国内相关教材大多参照化学专业实验课程体系，存在难度较大、实验时间较长、可操作性较差等问题，且实验内容往往局限于无机化学、分析化学、有机化学、物理化学中的某一门课程，多本教材之间内容重复多、系统性较差，不利于发挥化学实验作为一门学科的整体效应。

随着科技的迅猛发展，各种新的实验技术层出不穷，而在实验教学中体现创新和发展，达成素质教育的目标，也是非常重要的任务。在当前高等教育越发重视本科基础教学和学生科研能力培养的形势下，编写一本既强调实验基础知识和实验基本技能的培养，又能实时体现现代实验技术，兼顾创新的教材成为当务之急。

近几年来，我们根据以往编写教材的经验，结合当前教学改革的方向和非化学化工专业的特点，在教学实践的基础上逐步摸索，组织了多位苏州大学材料与化学化工学部和东吴学院的教学经验丰富的在职教师编写了这本教材。此外我们还制作了大学化学实验相关微课，为开展在线开放课程和线上线下混合式教学提供了保障。

本教材具有以下特点：

一、基础性。本教材系统地介绍了大学化学实验的安全知识、基本原理和基本方法，选配了相应的基本操作训练，通过学习，以期读者能熟练和巩固常规操作，对化学实验的基本知识和操作技能以及如何进行科学研究、如何获取和处理实验数据并得到相应结论等方面有一个较全面、清晰的认识，致力于培养学生良好的实验习惯和实验素养。

二、融合性。本教材整合了无机化学、分析化学、有机化学和物理化学四门课的内容，并贴合非化学化工类专业的学科特点，使教学更能联系实际，起到激发学生兴趣、开拓学生思维、锻炼学生技能、提高学生综合创新能力之作用。

三、渐进性。本教材选编的实验内容由浅入深，既有简单且重要的基本操作，又有较多步骤的递进性实验，以此培养学生分析、解决复杂问题的能力；最后辅以可操作性较强的综合探索性实验，以开阔视野，增强创新意识，提升综合素质，使学生能初步了解科研工作的程序和手段。

四、时代性。本书内容中选用了最新的实验器材和实验方法，并通过微量、半微量实验的引入，建立绿色化学理念，培养绿色化学思维，增强环境保护意识。通过计算机实验化学的介绍，引入计算手段处理化学实验问题的方法。

本书第一部分由朱琴玉、曹洋编写；第二部分由朱琴玉、曹洋、虞虹、杨文、邵杰编写；第三部分实验1～4、7、16、19、20、71～75由朱琴玉编写，实验5、14、15由薛明强编写，实验6、8、22、24、26由刘玮编写，实验9、10、12、17、23、25由曹洋编写，实验11、13、18、21由周为群编写，实验27~31、34~36由邵杰编写，实验32、33由周瑞编写，实验37、39、54由周年琛编写，实验38、44、46、53由陈维一编写，实验40、47、49、58由虞虹编写，实验41、42、52、59由李敏编写，实验43、48、51、57由邱丽华编写，实验45、50、55、56由张振江编写，实验60~70、76由杨文编写，附录由程茹编写，朱琴玉和曹洋负责统稿。

苏州大学材料与化学化工学部和东吴学院的各级领导对本书的编写给予了热情的关心和指导，在此表示衷心感谢。本书在编写过程中，参考了本校及兄弟院校编写的有关教材和专著，在此向有关作者深表谢意。由于编写者水平有限，书中难免存在疏漏及不足之处，恳请使用本教材的各位读者批评指正。

编者

二○二一年二月

目 录

第三部分　实　验 / 92

第一部分 绪 论

化学是研究物质的组成、结构、性质及变化规律的自然科学，是一门以实验为基础的学科。化学中的定律和学说源于实验，同时为实验所验证。随着科技的发展，理论化学和计算化学被用来进行"分子设计"，但其成果最终需由化学实验来验证或通过实验技术来实现。化学实验课程以培养学生能力为宗旨，训练学生的基本操作与基本技能，巩固基本知识，拓展知识领域，培养学生严谨的科学态度、良好的实验习惯以及分析问题和解决问题的能力，造就优秀人才。为保证实验的顺利进行，在进入实验室之前，一定要了解有关的化学实验基本知识。

第一章
大学化学实验概述

第一节 课程体系及教学目标

《大学化学实验》包含了无机化学实验、分析化学实验、有机化学实验、物理化学实验以及综合探索性实验五个组成部分，适用于医学、药学、生命科学、放射与公共卫生、材料等非化学类专业学生。本书按照"强化基础性、提高综合性"原则选编而成，涵盖化学实验各个部分，教学安排为两个学年度，教师可结合理论教学选择相应的实验教学内容。

本教材旨在通过实验课程使学生掌握基本的化学实验方法和化学实验的基本操作技能，通过实验全过程，学会观察现象，准确测定实验数据，并能正确记录、处理、概括和表达实验结果；了解大量的实验事实，加深对化学理论知识的理解，并能较灵活地运用这些技能，为后继学习和研究打下扎实的基础。例如，通过物质的分离和纯化技术，学会从产物中分离和提纯各种有效成分；通过验证性实验，总结证明化学原理及规律，验证物质的理化性质；通过合成实验，学会制备难以直接从自然界中获取物质的方法和技术；通过化学常数测定实验，掌握测定原理及仪器的使用方法，学会数据处理方法，并总结出相关的理论规律或定律；通过定量分析实验，培养正确规范的操作，学会分析结果的表达；通过仪器分析实验，了解分析仪器的工作原理及操作方法，学会通过仪器手段对物质进行定性或定量的分析；通过微量及半微量化学实验的引入，体验"绿色化学"理念和"以人为本"精神，提高环保意识。

在综合探索性实验部分，精选、设计了一些复杂程序的操作实验，培养学生独立查阅资料、设计实验方案的能力，要求学生通过复杂的、多步骤实验过程，掌握进行化学研究所必要的实验技术，具备收集和处理化学信息的能力，提高发现问题、分析问题、解决问题的综合能力，提倡创新精神和团结协作精神。同时，为开拓视野，还选摘了两个国外大学实验，旨在锻炼学生阅读专业外文资料的能力，了解国外大学基础化学实验概况。

总之，通过本课程的学习，使学生在获取化学实验知识的同时，既能加深对化学课程中相关理论和概念的理解，又能够对物质的结构与性质、制备与提纯、分析与测定及其应用都有一个整体的认识，并努力培养学生具有科学家的元素组成——"C_3H_3：Clear Head，Clever Hands，Clean Habits"。

第二节　教学要求和学习方法

为达到化学实验课程的教学目的，学生不仅要有正确的学习目的和学习态度，还要有正确的学习方法，才能从根本上提高教学效果与教学质量。尽管本书所选基本实验都较成熟，因而也较容易得出结果，但学生要在掌握一般规律的基础上，深入了解这些实验所蕴含的化学理论，学会举一反三、融会贯通，使自己能在"知识"和"应用"之间架起一座"能力"之桥。根据化学实验课程的特点，学习方法一般有以下三个步骤：

（一）预习

1. 弄清实验目的和实验原理，了解实验仪器的工作原理和结构、使用方法和注意事项。

2. 查阅实验所需药品试剂的相关常数，了解其安全使用方法。

3. 明确实验内容、装置、步骤和注意事项，并根据理论知识预计实验现象和结果。

4. 学生在实验前需观看相应的实验视频，以进一步明确实验原理、操作要点、注意事项及加深对实验现象、结果的理解。

5. 书写预习报告，依据自己的理解写出预习报告，切忌照抄书本。内容包括：实验名称、实验目的、实验原理、实验步骤（以流程图为主）、注意事项、实验记录等。

（二）实验

1. 认真、独立地完成实验任务；合作部分要分工明确，切勿袖手旁观；合理而统筹地安排实验时间。

2. 严格规范地进行实验操作，实验过程中要仔细观察、如实记录并妥善保存原始数据。

3. 不可随意更改实验，有新想法、新思路、新设计应经老师同意后才可实行。

4. 勤于思考，力争自己解决实验中出现的问题，有困难时可与教师讨论，共同解决。

5. 保持桌面整洁，自觉养成良好的实验素养和科学习惯，遵守实验室规则。

（三）报告

书写实验报告既是归纳和提高所学知识的过程，也是培养思维能力、严谨的科学态度、实事求是精神的主要措施，应该认真对待。

1. 按照一定的格式书写，简明扼要，清楚整洁。

2. 必须实事求是地填写，不允许臆造、抄袭或篡改原始数据。

3. 归纳总结实验现象和数据，分析讨论实验结果和问题。同时根据实验结果分析自己在实验中的成功和不足，并对实验提出改进意见，这对提高分析问题、解决问题的能力将大有益处。

4. 实验报告一般应该包括：实验名称、实验目的、实验原理、实验步骤、实验数据记录和数据处理、思考和讨论等内容，各类实验报告的格式可以不同，现列出以下几种以供参考。

性质实验

实验×× 水溶液中的酸碱平衡与沉淀平衡

一、实验目的

二、实验步骤、现象记录及解释

实验序号	实验步骤	实验现象	结论和解释

三、思考与讨论

常数测定实验

实验×× 醋酸标准解离常数和解离度的测定

一、实验目的

二、实验原理

三、实验步骤

四、数据记录及处理

实验数据记录及计算　　　　　测定时室温_____℃

编号	$c/\text{mol} \cdot \text{L}^{-1}$	pH	$c(\text{H}^+)/\text{mol} \cdot \text{L}^{-1}$	$c(\text{Ac}^-)/\text{mol} \cdot \text{L}^{-1}$	$K_a^{\ominus}$	α
1						
2						
3						
4						
5						

五、思考与讨论

定量分析实验

实验×× 高锰酸钾溶液的标定

一、实验目的

二、实验原理

三、实验步骤

四、数据记录及处理

实验数据记录及计算

测定次数	I	II	III
$Na_2C_2O_4$ 质量 m/g			
$KMnO_4$ 初读数 V_1/mL			
$KMnO_4$ 终读数 V_2/mL			
$KMnO_4$ 净用量 V/mL			
$KMnO_4$ 浓度 $c/mol \cdot L^{-1}$			
浓度的平均值 $c/mol \cdot L^{-1}$			
相对平均偏差/%			

五、思考与讨论

合成实验

实验×× 苯甲酸的制备

一、实验目的
二、实验原理
三、实验装置图
四、实验流程
五、实验结果与产率计算
六、思考与讨论

第二章

实验规则和安全知识

第一节　实验规则

为确保实验的正常进行，培养良好的实验习惯和工作作风，要求学生必须遵守下列规则。

1. 遵守纪律，不迟到早退，保持室内安静，不要大声喧哗。自身衣物、书包等物品放在指定位置。

2. 实验前要认真预习有关实验的全部内容，做好预习报告。通过预习了解实验的基本原理、方法、步骤及注意事项，做到有备而来。

3. 实验前应清点仪器。如发现有破损或缺少，应立即更换或补领。实验过程中仪器损坏应及时补充，并按规定赔偿。

4. 实验时应遵守操作规则，保证实验安全。

5. 所有试剂、仪器用后要及时放回原位。节约使用药品、水、电和煤气。要爱护仪器和实验室设备。

6. 在实验进行时，不得中途离开。要经常注意反应情况是否正常。

7. 要保持实验室及台面整洁，废物与回收溶剂等应放到指定的地方，不得乱丢乱放。

8. 实验过程中要实事求是、细心观察、认真记录，将实验中的一切现象和数据如实记在报告本上。根据原始记录，认真地分析问题，处理数据，写出实验报告。对于实验异常现象应进行讨论，提出自己的看法。

9. 实验结束后必须将所用仪器洗涤干净，放置整齐。

10. 值日生负责门窗玻璃、桌面、地面及水槽的清洁工作，整理公用原料、试剂和器材，清除垃圾，检查水、电、煤气安全，最后关好门窗。

第二节　安全知识

进行化学实验时，常会使用水、电、煤气和各种药品、仪器。而许多化学药品是易燃、易爆、有腐蚀性或有毒的，故在实验过程中要集中注意力，遵守操作规程，避免事故发生。

1. 实验前要了解实验室安全出口和紧急情况时的逃生路线；了解电源、消防栓、灭火器、紧急洗眼器的位置及正确的使用方法。

2. 实验时要根据情况采取必要的安全措施，如穿长款实验服，戴防护眼镜、面罩、橡胶手套等。不允许穿短裤、裙子、拖鞋、凉鞋等进实验室。长发（过衣领）必须束起。

3. 实验室内严禁饮食、吸烟。一切化学试剂严禁入口。切勿用实验器皿作为餐具，实验结束后应洗手，不可将实验室中的药品和仪器带离实验室。

4. 使用酒精灯、煤气灯应随用随点，不用时盖上灯罩或关闭煤气阀。

5. 浓酸、浓碱具有强腐蚀性，使用时要小心，切勿溅在皮肤和衣服上，尤其是眼睛。用浓 HNO_3、浓 HCl、浓 H_2SO_4、$HClO_4$ 等物质溶解样品时均应在通风橱中进行操作，不可在实验台上直接进行操作。稀释浓硫酸时，应将浓硫酸慢慢地注入水中，并不断搅动，切勿将水注入浓硫酸中，以免产生局部过热使浓硫酸溅出，引起灼伤。

6. 有些药品（如苯、有机溶剂、汞等）能透过皮肤进入人体，应避免与皮肤接触。

7. 开启存有挥发性试剂的瓶塞时，必须先充分冷却然后再开启（有些需要用布包裹），尽量在通风橱内进行；开启时瓶口须指向无人处，以免液体喷溅而导致伤害。如遇到瓶塞不易开启时，必须注意瓶内储物的性质，切不可贸然用火加热或乱敲瓶塞。

8. 在闻瓶中气体的气味时，鼻子不能直接对着瓶口（或管口）吸气，而应用手把少量气体轻轻扇向自己的鼻孔。

9. 产生有刺激性或有毒气体（如 H_2S、Cl_2、Br_2、NO_2、浓 HCl 和 HF 等）的实验，应在通风橱内（或通风处）进行；苯、四氯化碳、乙醚、硝基苯等的蒸气会引起中毒，它们虽有特殊气味，但久嗅会使人嗅觉减弱，所以也应在通风良好的情况下使用。

10. 操作大量可燃性气体时，严禁同时使用明火，还要防止发生电火花及其他撞击火花。

11. 有机溶剂（如乙醇、乙醚、苯、丙酮等）易燃易爆，使用时一定要远离火焰或热源，不可在附近接听和拨打电话。溶剂用毕应及时盖紧瓶塞，放在阴凉的地方，不可在实验室中存放大量易燃有机溶剂，也不可与具有强氧化性的化学药品（如高锰酸钾、硝酸、氯酸钾、过氧化氢、过氧化钠、高氯酸等）混放。

12. 氰化物、高汞盐［$Hg(CN)_2$、$Hg(NO_3)_2$ 等］、可溶性钡盐（$BaCl_2$）、重金属盐（如 Cd^{2+}、Pb^{2+} 等）、三氧化二砷等剧毒药品，应妥善保管，使用时要特别小心。

13. 实验中所用的易燃、易爆、有腐蚀性或有毒的物品不得随意散失、丢弃。

14. 用完煤气后或遇煤气临时中断供应时，应立即把煤气关闭。煤气管道漏气时，应立即停止实验，进行检查。

15. 安全用电知识如下。

(1) 操作电器时，手必须干燥，不得直接接触绝缘性能不好的电器。

(2) 超过 45V 的交流电都有危险，故电器设备的金属外壳应接上地线。

(3) 为预防触电时电流通过心脏的可能性，不要用双手同时接触电器。

(4) 使用高压电源要有专门的防护措施，千万不要用电笔试高压电。

(5) 实验进行时，对接好的电路仔细检查无误后方可试探性通电，一旦发现异常，应立即切断电源，对设备进行检查。

第三节　事故处理和急救

在实验中如果不慎发生意外事故，切勿惊慌失措，应沉着镇静，在自身能力范围内迅速处理，同时联系指导老师，超出能力范围的迅速报警。

一、着火事故的处理

实验室如果发生着火事故，应及时采取措施，防止事故的扩大。在保证自身安全前提下，立即关闭酒精灯或煤气阀，切断电源，移走一切可燃物质（特别是有机溶剂和易燃易爆物质），控制火势蔓延。另一方面立即灭火，要针对起因选用合适的方法。

（1）小器皿内着火（如烧杯或烧瓶），可盖上石棉网、瓷片或者防火毯等，使之隔绝空气而灭火，绝不能用嘴吹气。

（2）酒精及其他可溶于水的液体着火时，若范围较小，可用水灭火。

（3）汽油、乙醚等有机溶剂着火时，用沙土扑灭，此时绝不能用水，否则会扩大燃烧面。

（4）油类着火，要用沙土、灭火器或者防火毯灭火。

（5）衣服着火，切勿奔跑而应立即在地上打滚，用防火毯包住起火部位使之隔绝空气而灭火，或用湿衣服在身上抽打灭火。

（6）电线、电器着火，应切断电源，然后才能用二氧化碳或四氯化碳灭火器灭火。不能用泡沫灭火器，以免触电。

常见的灭火器及其使用范围见表 1-1。

无论使用哪种灭火器材，都应从火的四周开始向中心扑灭，把灭火器的喷口对准火焰的底部后喷射。

表 1-1　常用的灭火器及其使用范围

灭火器类型	药液成分	适用范围	使用方法
泡沫灭火器	Al_2SO_4、$NaHCO_3$	油类起火	使用时先用手指堵住喷嘴将筒体上下颠倒两次，拔去保险销，压下压把就有泡沫喷出
二氧化碳灭火器	液态二氧化碳	电器、小范围油类和忌水的化学品起火	拔出保险销，一手握住喇叭筒根部的手柄，另一只手紧握启闭阀的压把。使用时，不能直接用手抓住喇叭筒外壁或金属连线管，防止手被冻伤
干粉灭火器	$NaHCO_3$ 等盐类、润滑剂、防潮剂	油类、可燃气体、电器设备、精密仪器、图书文件和遇水易燃药品的初起火	上下颠倒几次，喷嘴对准燃烧最猛烈处，拔去保险销，压下压把
卤代烷灭火器	卤代烷如 CF_2ClBr 液化气体	特别适用于油类、有机溶剂、精密仪器、高压电器设备起火	拔出保险销，一手握在喷射软管前端的喷嘴处，一手压下压把

注意以下几种情况不能用水灭火：

（1）金属钠、钾、镁、铝粉、电石、过氧化钠着火，应用干沙灭火。

（2）比水轻的易燃液体，如汽油、丙酮等着火，可用泡沫灭火器。

（3）有灼烧的金属或熔融物的地方着火时，应用干沙或干粉灭火器。

（4）电器设备或带电系统着火，可用二氧化碳灭火器或四氯化碳灭火器。

二、试剂灼伤的处理

1. 酸灼伤

酸溅上皮肤，立即用大量水冲洗，再用饱和碳酸氢钠溶液或稀氨水洗涤，最后再用水冲洗；浓硫酸则应先用布吸收后再用大量水冲洗。如果溅入眼内，用大量水冲洗后送医院救治。

衣服溅上酸后应先用水冲洗，再用稀氨水洗，最后用水冲洗净。

地上有酸应先撒石灰粉，然后用水冲刷。

2. 碱灼伤

碱溅上皮肤，立即用大量水冲洗，然后用2％醋酸溶液或饱和硼酸溶液洗涤，最后再用水冲洗。如果溅入眼内，用水冲洗，再用饱和硼酸溶液洗涤后，滴入蓖麻油。

衣服溅上碱液后先用水洗，然后用10％醋酸溶液洗涤，再用氨水中和多余的醋酸，最后用水洗净。

3. 溴灼伤

皮肤被溴灼伤应立即用酒精或2％硫代硫酸钠溶液洗至伤处呈白色，然后涂甘油并加以按摩。如果眼睛被溴蒸气刺激后受伤而暂时不能睁开时，可以对着盛有乙醇的瓶内注视片刻加以缓解。

三、烫伤的处理

一旦被火焰、蒸汽、红热的玻璃、铁器等烫伤时，立即将伤处用大量冷水冲淋或浸泡，以迅速降温避免深度烫伤。若起水泡，不宜挑破，用纱布包扎后送医院治疗。对轻微烫伤，可在伤处涂上凡士林或烫伤油膏后包扎。

四、玻璃割伤的处理

受伤要仔细观察伤口有无玻璃碎粒，若伤口不大，可处理完玻璃碎粒后抹上红药水再用创可贴粘贴。如伤口较大，应先做止血处理（如扎止血带或按紧主血管）以防止大量出血，然后急送医疗单位。

五、中毒的处理

化学试剂大多数具有不同程度的毒性，主要通过皮肤接触或呼吸道吸入引起中毒。一旦发生中毒现象，可视情况不同采取相应的急救措施。

（1）吸入有毒气体时，将中毒者搬到室外空气新鲜处，解开衣领纽扣，利于呼吸，从而缓解症状。吸入少量氯气和溴气者，可用碳酸氢钠溶液漱口。

（2）溅入口中而未咽下的毒物应立即吐出来，用大量水冲洗口腔；如果已咽下，应根据毒物的性质采取不同的解毒方法。

（3）腐蚀性中毒，强酸、强碱中毒都要先饮大量的水，对于强酸中毒可服用氢氧化铝膏。不论酸或碱中毒都可服牛奶解毒，但不要吃呕吐剂。

（4）刺激性及神经性中毒，要先服牛奶或蛋白缓和，再服硫酸镁溶液催吐。

上述应急措施完毕后，应立即送往医院观察治疗。

六、触电事故的处理

首先应切断电源，在必要时，对伤者进行人工呼吸。

第四节　实验室的"三废处理"

化学实验中，常有废渣、废液、废气（即"三废"）的排放。三废中往往含有大量的有毒有害物质，为了防止环境污染，三废要经过处理，符合排放标准才可以排弃。同时，三废中的有用成分要加以回收，节省资源。

一、汞蒸气或其他废气处理

严禁加热汞，尽可能避免汞的蒸发。为减少汞的蒸发，可在汞液面上覆盖甘油、5％硫化钠溶液或水等。不慎溅落的少量汞，可先用滴管收集到瓶中，并用水覆盖，再用硫黄粉撒在污染处，并保持通风，数天后用毛刷收集到瓶中。

产生少量有毒气体的实验应该在通风橱内操作。通过排风系统将少量有毒气体排到室外，排出的有毒气体在大气中得到充分的稀释，从而在降低毒害的同时避免了室内空气的污染。有毒气体产生量较大的实验必须装有尾气吸收和处理装置。

二、废渣处理

有回收价值的废渣应该收集起来统一处理，从而加以回收利用；少量无回收价值的有毒废渣也应该加以收集后转移到指定地点。无毒废渣可以直接丢弃或掩埋。

碎玻璃及尖锐的废物不要丢入废纸篓中，应放入专用废物箱。火柴头须保证完全熄灭后才能丢置于垃圾桶内。

三、废液处理

不同的废液不能混装，应按不同性质分别倒入专用的废液桶内，再集中由专业人员处理。下面是几种常见废液的简单处理方法。

1. 废酸、废碱液

废酸液与废碱液应用 $Ca(OH)_2$ 或 H_2SO_4 中和至 pH＝6～8 后才可排放，如有沉淀则要过滤，少量滤渣可以深埋处理。

2. 含铬废液

六价铬的化合物对人体有害，同时也会污染环境，因此不能直接排放。无机化学实验中含铬废液量大的是废铬酸洗液，可以用高锰酸钾氧化法使其再生，重复使用。少量的废液可以加入废碱液或石灰使其生成氢氧化铬（Ⅲ）沉淀而集中分类处理。

再生氧化法：先在 110～130℃ 下不断搅拌加热浓缩，除去水分后，冷却至室温，缓缓加入高锰酸钾粉末。每升加入 10g 左右，边加边搅拌，直至溶液呈深褐色或微紫色，但不可过量。然后直接加热至三氧化铬出现，停止加热。稍冷后，通过玻璃砂芯漏斗过滤，除去沉淀；冷却后析出红色三氧化铬沉淀，再加适量浓硫酸使其溶解即可使用。

3. 含氰废液

氰化物是剧毒物质，含氰废液必须认真处理。

少量的含氰化物废液可加入硫酸亚铁使之转化为微毒性的亚铁氰化物冲走，也可以先加氢氧化钠调至 pH＞10 后，加入适量高锰酸钾使 CN^- 氧化分解。

大量的含氰化物废液可用次氯酸盐在碱性条件下处理：先用废碱调至 pH＞10，再加足够量的漂白粉（含次氯酸钠），充分搅拌，放置过夜，再将溶液 pH 调至 6～8 后排放。

$$2CN^- + 5ClO^- + 2OH^- \longrightarrow 2CO_3^{2-} + 5Cl^- + H_2O + N_2\uparrow$$

4. 含汞盐废液

含汞盐废液应先用氢氧化钠调至微碱性（pH＝8～10）后，加适当过量的硫化钠生成硫化汞沉淀，并加硫酸亚铁生成硫化亚铁沉淀，从而吸附硫化汞共沉淀下来。静置后分离，再离心，过滤。清液含汞量可降到 $0.02mg \cdot L^{-1}$ 以下排放。残渣集中分类存放，统一处理。

5. 含砷废液

将石灰投入到含砷废液中，使生成难溶的砷酸盐或亚砷酸盐。

$$As_2O_3 + Ca(OH)_2 =\!=\!= Ca(AsO_2)_2 \downarrow + H_2O$$
$$As_2O_5 + 3Ca(OH)_2 =\!=\!= Ca(AsO_4)_2 \downarrow + 3H_2O$$

6. 含重金属离子的废液

含重金属离子的废液，最有效和经济的处理方法是：加碱或加硫化钠将重金属离子变成难溶性的氢氧化物或硫化物而沉淀下来，然后过滤分离，残渣集中分类存放，统一处理。

第二部分 化学实验基础知识

第三章
实验室用水及化学试剂介绍

第一节 实验室用水

水是化学实验中应用最多的溶剂和洗涤剂。配制不同的试剂，对水质的要求也有所不同。一般化学实验，只要用普通蒸馏水就可以了。配制标准溶液，就要用能满足试剂分析要求的蒸馏水或去离子水；配制氢氧化钠标准溶液，还要求用不含二氧化碳的水。一般通过测定水的电阻率和酸碱度及检验阴阳离子等方法来检验水的质量。

一、蒸馏水

一般实验用水，可以用市售蒸馏水。实验室用铜制或玻璃制造的蒸馏器来制备蒸馏水。若制备高纯水，则用硬质玻璃蒸馏器或石英蒸馏器、聚四氟乙烯蒸馏器等来制备。为了提高水的纯度，实验室经常将蒸馏水进行二次、三次或四次蒸馏而获得二次、三次或四次蒸馏水。蒸馏水能除去水中的非挥发性杂质，但不能除去溶解于水中的气体。另外，空气、灰尘、蒸馏器材质的污染因素，限制了蒸馏水纯度的进一步提高。

二、去离子水

将一次蒸馏水流经装有阴阳离子交换树脂的交换器时，水中所溶解的各种正负离子被除去。这种方法制得的水称为去离子水。用这种方法制备纯水成本低，除去杂质的能力强，但不能除去有机物等非电解质杂质。

三、电导水

电导水的制备是将自来水通过阴阳离子交换膜组成的电渗析器，在外电场作用下，利用阴阳离子交换膜对水中阴阳离子的选择性透过而除去水中离子态杂质。电导水中常含有一些非离子型杂质，适用于一些要求不高的实验，298K 时的电导率约为 $0.1mS \cdot m^{-1}$。

四、特殊用水

在化学实验中，因实验室要求，有时需要制备一些特殊用水，如无二氧化碳的水、无氨的水、无氧的水、不含有机物质的水等。

第二节　化学试剂

化学试剂是指符合一定纯度标准的各种单质和化合物。化学试剂基本上分为无机试剂和有机试剂两大类。根据其用途，可分为通用试剂和专用试剂两大类。

一、试剂的规格

我国的通用化学试剂按纯度不同分为四级，即优级纯、分析纯、化学纯和实验试剂。目前实验试剂已不多见，取而代之为生化试剂。参见表 2-1。

表 2-1　化学试剂的分级

级别名称	优级纯 （一级）	分析纯 （二级）	化学纯 （三级）	实验试剂 （四级）	生化试剂
符号	G. R.	A. R.	C. P.	L. R.	B. R.
标签颜色	绿色	红色	蓝色	黄色 棕色	咖啡色 玫瑰红色
适用范围	精确分析及科学研究	一般分析及科学研究	一般工业分析	一般的化学制备	生化实验

专用试剂是随着科学和工业的发展，对化学试剂的纯度要求越加严格、越加专门化的情况下而出现的，其纯度一般在 99.99% 以上，杂质控制在 ppm 甚至 ppb 级。如：高纯试剂、色谱纯试剂、光谱纯试剂等。

化学试剂的纯度级别及性质类别，一般在标签的左上方用符号注明，规格注在标签右端，并用不同颜色加以区别。

二、试剂的选用

化学试剂的纯度对化学实验结果影响很大，不同实验对试剂纯度的要求也不同。试剂选用的一般原则是在能满足实验要求的前提下选用级别较低的试剂。例如，滴定分析中常用到标准溶液，一般先用分析纯试剂粗配，再用基准物质标定。若对分析结果要求不是非常高，也可用优级纯或分析纯试剂代替基准物质。

如果现有试剂纯度不能符合实验要求，则需进行提纯。常用的提纯手段有重结晶（固体试剂）和蒸馏（液体试剂）。

三、试剂的贮存

贮存化学试剂既要保管好试剂不使其变质或损耗，又要注意危险性试剂的毒害作用，严防火灾、中毒、损害及放射性污染等事故的发生。

一般的，固体试剂应装在广口瓶内，试剂瓶塞一般使用磨口玻璃塞。装碱液的试剂瓶要用橡皮塞。每只试剂瓶上都要贴上标签，标明名称、浓度和纯度。

第四章

常用仪器介绍

第一节　化学实验常用玻璃仪器及装置

一、普通玻璃仪器及装置

　　玻璃仪器具有良好的化学稳定性，在化学实验中经常大量使用。玻璃分硬质和软质两种。从断面处看偏黄者为硬质玻璃，偏绿者为软质玻璃。硬质玻璃耐热性、抗腐蚀性、耐冲击性能较好。软质玻璃上述性能稍差，所以软质玻璃常用来制造非加热仪器，如量筒、容量瓶等。常用的普通玻璃仪器及其他化学仪器列于表 2-2。

表 2-2　普通玻璃仪器及物品

仪器	一般用途	使用注意事项
试管	反应容器,便于操作、观察,药品用量少	(1)试管是玻璃品,分硬质与软质两种,前者可加热至高温,但不宜急剧冷热;若温度急剧变化,后者更易破裂。 (2)一般可直接在火焰上加热。 (3)加热时应注意使试管内的溶液受热均匀
离心管	少量沉淀的辨认和分离	不能直接用火加热
烧杯	反应容器,尤其是反应物较多时使用,易使反应物混合均匀	(1)硬质者可加热至高温,软质者使用时应注意勿使温度变化过于剧烈或加热温度太高。 (2)一般不直接加热,加热时应放在石棉网上,石棉网应放在铁环上
平底烧瓶　圆底烧瓶	反应容器,尤其是反应物较多、需经长时期加热时使用。 平底烧瓶还可以做成洗瓶。	(1)硬质者可加热至高温,软质者使用时应注意勿使温度变化过于剧烈或加热温度太高。 (2)一般不直接加热,加热时应放在石棉网上,石棉网应放在铁环上

仪器	一般用途	使用注意事项
锥形瓶(三角瓶)	反应容器,振摇很方便	(1)硬质者可加热至高温,软质者使用时应注意勿使温度变化过于剧烈或加热温度太高。 (2)一般不直接加热,加热时应放在石棉网上,石棉网应放在铁环上
表面皿	(1)盖在蒸发皿上以免液体溅出或灰尘落入。 (2)盛放小结晶进行观察。 (3)盖在烧杯上等	不能用火直接加热
蒸发皿	反应容器,蒸发液体用。 一般分玻璃与瓷质两种	(1)瓷质可耐高温,能用火直接加热。 (2)注意高温时不要用冷水去洗,以防因受热不均而发生爆裂
碘量瓶	用于碘量法	(1)塞子及瓶口边缘的磨砂部分注意勿擦伤,以免产生漏隙。必要时用少量去离子水液封瓶口。 (2)滴定时打开塞子,用蒸馏水将瓶口及塞子上的碘液洗入瓶中
量筒　量杯	量度一定体积的液体	(1)不能当作反应容器用,也不能加热。 (2)量度体积时,读取量筒的刻度要以液体的凹下最低面为准,观察时视线应与液体最低面成水平
石棉网	加热玻璃容器时之盛放者,能使之加热较为均匀	(1)勿使石棉网浸水以免锈坏。 (2)爱护石棉芯,防止损坏
铁架(a)、铁圈(b)、铁夹(c)	(1)固定反应容器之用。 (2)铁圈还可放置漏斗、石棉网或铁丝网	应先将铁夹等放置合适高度并旋转十字夹螺丝,使之牢固后再进行试验,注意十字夹螺丝的缺口要朝上

仪器	一般用途	使用注意事项
试管刷	洗刷试管及其他仪器用	洗试管时要把前部的毛捏住放入试管,以免铁丝顶端将试管底顶破
药匙	取固体试剂时用	(1)取少量固体时用小的一端。 (2)药匙大小的选择,应以盛取试剂后能放进容器口内为宜
研钵	研磨固体物质用	不能代替反应容器用,也不可加热
称量瓶	称量物质和在干燥箱中干燥所要检查的样品等	本品是带有磨口塞的薄壁杯,注意不能将磨口塞与其他称量瓶上的磨口塞调错
胶头滴管	(1)吸取或滴加少量(数滴或1~2mL)液体。 (2)吸取沉淀的上层清液以分离沉淀	(1)滴加时,保持垂直,避免倾斜,尤忌倒立。 (2)管尖不可接触其他物体,以免沾污
滴瓶	盛放每次只需 使用数滴的液体试剂	(1)见光易分解的试剂要用棕色瓶装。 (2)碱性试剂要用带橡皮塞的滴瓶盛放。 (3)其他使用注意事项同胶头滴管。 (4)使用时切忌张冠李戴
点滴板	用于点滴反应,一般不要分离的沉淀反应,尤其是显色反应	(1)不能加热。 (2)不能用于含氢氟酸和浓碱溶液的反应
干燥器	(1)定量分析时,将灼烧过的坩埚置其中冷却。 (2)存放样品,以免样品吸收水汽	(1)灼烧过的物体放入干燥器前温度不能过高。 (2)使用前要检查干燥器内的干燥剂是否失效

仪器	一般用途	使用注意事项
(a)吸量管 (b)移液管	吸取一定量液体移入另一容器时使用	(1)刻度容器,一般不能放入干燥箱中去烘或在火上烤。 (2)使用前应注意其能装容量以检查刻线位置。 (3)不可吸取浓酸、浓碱或有强烈刺激性的物质
容量瓶	配制标准溶液用。 在细长的颈上刻有环形标线,注入的液体高度必须与标线一致,才能达到容量瓶上所标记的容积	(1)磨口的玻璃塞不能和其他容量瓶上的塞子调错。 (2)刻度容器,一般不能放入干燥箱中去烘或在火上烤
玻璃漏斗	(1)过滤用。 (2)引导溶液或粉末状物质入小口容器用	不能用火直接加热
分液漏斗　滴液漏斗	(1)往反应体系中滴加较多的液体。 (2)分液漏斗用于互不相溶的液-液分离	活塞应用细绳系于漏斗颈上,或套以小橡皮圈,防止滑出跌碎
(a)布氏漏斗 (b)吸滤瓶	用于减压过滤	

仪器	一般用途	使用注意事项
(a) (b) (a)碱式滴定管 (b)酸式滴定管	滴定时准确地测量所消耗的试剂体积	(1)刻度容器,一般不能放入干燥箱中去烘或在火上烤。 (2)可用作具橡皮塞之滴定管。 a. 一般盛碱,可用作具玻璃塞之滴定管; b. 一般盛酸。 (3)使用时,用左手控制
漏斗板	过滤时盛放漏斗	固定漏斗板时,不要倒放
洗瓶	用蒸馏水或去离子水洗涤沉淀和容器时使用	
三脚架	放置较大或较重的加热容器	

二、标准磨口玻璃仪器

常用标准磨口玻璃仪器见图 2-1。标准磨口玻璃仪器,它的特点是磨口、磨塞的锥度均符合国际标准 ISO383-1976 所规定的玻璃标准口、塞部标准技术要求,所以同口径的磨口、磨塞可以互换,使用极为方便。

标准磨口玻璃仪器密合性能良好,对某些易挥发又具有毒性的物质、或有些不宜与

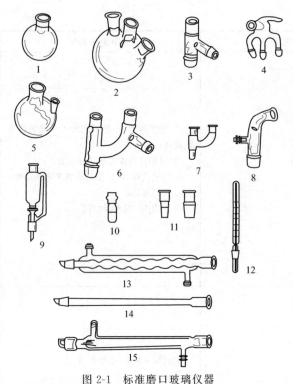

图 2-1　标准磨口玻璃仪器

1—圆底烧瓶；2—三颈烧瓶；3—蒸馏头；4—真空三叉接液管；
5—二颈烧瓶；6—克氏蒸馏头；7—二叉管；8—真空接液管；
9—恒压漏斗；10—温度计套管；11—接头；12—温度计；
13—球形冷凝管；14—空气冷凝管；15—直形冷凝管

胶塞接触的有机物质采用标准磨口更为合适。

由于仪器容量大小及用途不一，通常标准磨口有 10 口、14 口、19 口、24 口、29 口等。这些数字编号指磨口最大端直径的 mm 整数，相同编号的内外磨口可相互连接。

使用标准磨口玻璃仪器应注意以下事项：

（1）磨口处必须洁净。若附有固体，则磨口对接不紧密，将导致漏气，甚至损坏磨口。

（2）用后应拆开洗净，否则长期放置后磨口连接处常会粘牢不可拆开。

（3）一般使用磨口仪器不需涂润滑剂。若反应中有强碱，则应涂润滑剂，以免磨口连接处因碱腐蚀粘牢而无法拆开。

（4）安装标准磨口玻璃仪器应特别注意整齐、正确，使磨口连接处不受歪斜的应力，否则在加热时仪器受热，应力增大，易将仪器折裂。

第二节　干　燥　器

干燥器是保持物品干燥的仪器，由厚质玻璃制成，其结构如图 2-2 所示，上面是一个磨口边的盖子（盖子的磨口边上一般涂有凡士林），器内的底部放有干燥的氯化钙或硅胶等干燥剂，中部有一个可取出的带有若干孔洞的圆形瓷板，供盛放装有干燥物的容器用。

打开干燥器时，不应把盖子往上提，而应把盖子往水平方向移开，如图 2-2（a）所示。

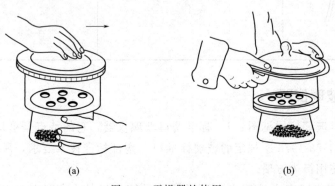

(a)　　　　　　　　　　(b)

图 2-2　干燥器的使用

用后按同法盖好。搬动干燥器时，不应只捧着下部，必须用两手的大拇指将盖子按住，如图2-2（b）所示。以防止盖子滑落而打碎。

使用干燥器时应注意以下几点：

（1）干燥器应注意保持清洁，不得存放潮湿的物品。

（2）干燥器只在存放或取出物品时打开，物品取出或放入后，应立即盖上盖子。

（3）放在底部的干燥剂，不能高于底部高度 1/2，以防玷污存放的物品。干燥剂失效后，应及时更换。

第三节　分析天平

一、分析天平称量原理

分析天平是指称量精度为万分之一克（0.0001g）的天平。分析天平是根据杠杆原理制成的称量仪器（图 2-3），在等臂天平中，$l_1 = l_2$。若砝码放在左盘，重量（也称重力）为 w_1，称量物放在右盘，重量为 w_2。当达到平衡时，根据杠杆原理，支点两边的力矩相等，即

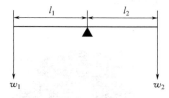

图 2-3　杠杆原理示意图

$$l_1 w_1 = l_2 w_2$$

因为　　　　　　　　　　　$l_1 = l_2$

所以　　　　　　　　　　　$w_1 = w_2$

即砝码的重量等于被称物的重量。

由于物体的重量 w＝质量 m×重力加速度 g，即

$$w_1 = m_1 g \qquad w_2 = m_2 g$$

因为　　　　　　　　　　　$w_1 = w_2$

所以　　　　　　　　　　　$m_1 = m_2$

因此，在天平上称量时，测得的是物体的质量。

二、分析天平使用规则

1. 将天平置于牢固平稳的工作台上，避免振动、气流及阳光照射，室内要求清洁、干燥及较恒定的温度。

2. 称量前，必须用软毛刷清扫天平，然后检查天平是否水平，并检查和调整天平的零点。

3. 称量时应从侧门取放物质，读数时应关闭箱门以免空气流动引起天平摆动。前门仅在检修或清除残留物质时使用。

4. 称量物要放在称量盘中央。化学试剂和试样不得直接放在天平称量盘上，必须盛放在干净的容器中称量。对于释放腐蚀性气体或吸湿性的物质，必须放在称量瓶或其他适当密闭的容器中称量。

5. 称量完毕后，取出称量物，关好天平门，切断电源，最后罩上天平罩。

6. 天平的载重绝不能超过天平的最大负荷。在同一次实验中，应使用同一台天平，绝不允许混用。

7. 电子天平必须小心使用，动作要轻、缓，经常对电子天平进行自校或定期外校，保证其处于最佳状态。

8. 天平箱内应放置吸潮剂（如硅胶），当吸潮剂吸水变色，应立即高温烘烤更换，以确保吸湿性能。

三、电子分析天平

电子分析天平是最新一代的天平，也称电子天平，根据电磁力平衡原理直接称量，具有称量准确、灵敏度高、性能稳定、操作简便快速、使用寿命长等优点。按电子分析天平的精度可分为超微量电子天平［最大称量 $2\sim5g$，其标尺分度值小于（最大）称量的 10^{-6}］、微量天平［最大称量一般在 $3\sim50g$，其标尺分度值小于（最大）称量的 10^{-5}］、半微量天平［最大称量一般在 $20\sim100g$，其标尺分度值小于（最大）称量的 10^{-5}］、常量电子天平［最大称量一般在 $100\sim200g$，其标尺分度值小于（最大）称量的 10^{-4}］。电子分析天平的规格品种繁多，各厂生产的型号也不相同，但其使用功能和操作方法基本相同。下面以实验室常用的 $0.01g$ 电子天平（图 2-4）和 $0.1mg$ 电子分析天平（见图 2-5）为例简单介绍电子天平的使用方法。

图 2-4　0.01g 电子天平外形

图 2-5　0.1mg 电子分析天平
1—秤盘；2—秤盘座（在秤盘下）；3—气流罩；4—显示窗；
5—M 键；6—C 键；7—I/O 键；8—TARE 键；
9—水平泡；10—水平调整脚；11—玻璃门

1. 0.01g 电子天平的使用方法
（1）调水平　电子天平在使用前必须调整水平，使水平仪内气泡至圆环中央。
（2）预热　电子天平在初次接通电源或长时间断电后，至少需要预热 60min。为提高测量准确度，天平应保持待机状态。
（3）开机　接通电源，轻按"ON/OFF"键，接通电子天平进行自检。
（4）校正　首次使用电子天平必须校正，轻按校正键"CAL"，当显示器出现 CAL-时，即松手，显示器就出现 CAL-100，其中"100"为闪烁码，表示校准砝码需用 100g 的标准砝码。此时就把准备好的"100g"校准砝码放上称盘，显示器即出现"——"等待状态，经较长时间后显示器出现 100.00g，拿走校准砝码，显示器应出现 0.00g，若出现不是零，则再清零，再重复以上校准操作。（注意：为了得到准确的校准结果最好重复以上校准）。
（5）称量　按去皮键"TARE"，显示为零后，置容器于称量盘上，这时显示器上数字不断变化，待数字稳定，即显示器左边的"0"标志熄灭后，显示值为容器质量。再按去皮键"TARE"，显示零，即去皮重，置被称物于容器中，这时显示的是被称物的净重。

（6）关机 轻按"ON/OFF"键，关机。

2. 0.1mg 电子分析天平的使用方法

与 0.01g 电子天平的使用方法相类似。

（1）检查并调整天平至水平位置。

（2）按仪器要求通电预热至所需时间。

（3）打开天平开关，天平则自动进行灵敏度及零点调节。待显示稳定标志后，可进行正式称量。

（4）直接称量法称量时，将干燥洁净的容器或称量纸置于称量盘上，关上侧门，轻按一下去皮键"TARE"，显示"0.0000"后，打开天平侧门，缓慢加入试样，能快速得到连续读数值，当达到所需质量后，关上天平门，显示器最左边"0"熄灭，这时显示的质量即为所需被称物的质量。当加入混合物时，可用去皮重法，对每种物质计净重。天平将自动校对零点，然后逐渐加入待称物质，直到所需质量为止。

（5）减量法称量时，将洁净称量瓶置于称量盘上，关上侧门，轻按一下去皮键"TARE"，天平将自动校对零点，显示"0.0000"后，打开天平侧门，取出称量瓶向容器中敲出一定量的试样，再将称量瓶置于秤盘上，如果显示质量（是"－"号）符合要求，即可记录，再按去皮键"TARE"，称取第二份试样。

（6）称量结束应及时取走称量瓶（纸），关上侧门，切断电源，并做好使用情况登记。

第四节 酸 度 计

一、酸度计的基本原理

酸度计又称 pH 计，是用来测定溶液 pH 的实验仪器，广泛应用于工业、农业、科研、环保等领域。

酸度计测定 pH 值的基本原理是在待测溶液中插入一对电极，这两支电极构成一组原电池，其中一支为指示电极，其电极电势随溶液的 pH 值而改变，另一支为参比电极，其电极电势在一定条件下基本不变。由于在一定条件下参比电极的电极电势基本不变，所以该电池的电动势便取决于指示电极电势，即取决于待测溶液 pH 的大小。当溶液的 pH 固定时，电池的电动势就为一定值，而且通过酸度计内的电流计放大后，可以正确地测量出来。

一般 pH 计是由指示电极（玻璃电极）、参比电极（甘汞电极）和电流计组成，由于两支电极操作复杂，目前的酸度计都普遍配备了复合电极，复合电极复合了指示电极和参比电极这两种电极的功能，操作更加简易，响应更快。

二、常用酸度计介绍

PB-10 型酸度计是实验室比较常用的酸度计，仪器构造见图 2-6～图 2-8。该仪器具有以下特点：自动温度补偿、自动显示电极斜率及使用状态、校准只需按一个键即可完成校准和自动存储、直接以 pH 或 mV 方式读取测量值。

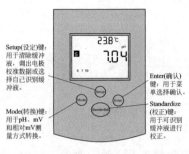 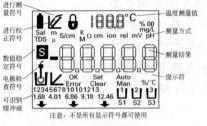 

图 2-6　PB-10 型酸度计正视图　　　图 2-7　PB-10 型酸度计显示内容　　　图 2-8　PB-10 型酸度计后视图

三、PB-10 型酸度计的使用

（一）使用前的准备

1. 将变压器插头与 pH 计 Power（电源）接口连接，并接好交流电。

2. 将复合电极与 pH 计的 BNC（电极）和 ATC（温度探头）输入孔连接。

3. 按 Mode（转换）键，直至显示屏上出现相应的测量方式（pH、mV 或相对 mV）。

（二）pH 测量方式的校准

电极的响应会发生变化，因此 pH 计和电极都应该校准，以补偿电极的变化，越有规律地进行校准，测量就越精准。为了获得精确的测量结果，有必要每天或者经常进行校准。PB-10 型酸度计最多可以使用 3 种缓冲溶液进行自动校准，若再输入第四种缓冲溶液时，将替代第一种缓冲溶液的值。校准操作步骤如下。

1. 按 Mode（转换）键，直至显示出所需要的 pH 测量方式。用此键可以在 pH 和 mV 模式之间进行切换。

2. 按"Setup"（设置）键，显示屏闪烁显示"Clear"，按"Enter"键确认，清除以前存储在仪器内的校准数据。

3. 按"Setup"（设置）键，选择缓冲液组，直至显示屏显示缓冲溶液组"1.68，4.01，6.86，9.18，12.46"或你所要求的其他缓冲液组，按"Enter"确认。

4. 将电极小心地从电极保护帽中取出，用去离子水充分冲洗电极，冲洗干净后用滤纸吸干电极表面的水（注意不要擦拭电极）。

5. 将电极浸入第一种缓冲溶液（6.86），搅拌均匀，直至达到稳定。按"Standardize"（校正）键，等待仪器自动校准，仪器显示"Standardizing"，pH 计将会自动识别出缓冲液并将闪烁显示当前缓冲液值。在达到稳定状态后，或通过按"Enter"键，作为第一校准点数值被自动存储在仪器内，屏幕显示"6.86"，"Standardizing"（校正）显示消失，仪器回到测量状态。

6. pH 计显示的电极斜率为 100%。当进行第 2 种或第 3 种缓冲液校准时，仪器首先进行电极检验，电极是完好的，仪器显示"OK"，并显示电极的斜率，当电极斜率在 90% 和 105% 之间，说明电极是可以使用的，仪器显示"OK"，当电极斜率低于 90% 或高于 105%，仪器显示"Error"，说明电极有故障或者缓冲液有问题，需要修复或更换电极，甚至更换缓冲液。

7. 将电极从第一种缓冲溶液中取出，用去离子水冲洗电极，滤纸吸干后将电极浸入第二种缓冲溶液（4.01），搅拌均匀。按"Standardize"（校正）键，等待仪器自动校准，如果校准时间过长，可按"Enter"键手动校准。校准成功后，作为第二校准点数值被存储，屏幕显示（4.01 6.86），说明缓冲液组已经存储。"Standardizing"（校准）显示消失，仪器回到测量状态。

8. 重复以上操作完成第三点（9.18）校准。

（三）测量

1. 用去离子水反复冲洗电极，滤纸吸干电极表面残留水分后将电极浸入待测溶液。待测溶液如果辅以磁力搅拌器搅拌，可使电极响应速度更快。测量过程中等待数值达到稳定，显示屏出现"S"时，即可读取测量值。

2. 用去离子水反复冲洗电极，滤纸吸干电极表面残留水分后将电极浸入下一个待测溶液。测量过程中等待数值达到稳定，显示屏出现"S"时，即可读取测量值。

3. 使用完毕后，将电极用去离子水冲洗干净，滤纸吸干电极上的水分，然后将装有电极保护液（3.3mol·L^{-1}氯化钾溶液）的电极帽套在电极上，以保护复合电极。

（四）注意事项

1. pH 复合电极测量 pH 值的核心部件是位于电极末端的玻璃薄膜，该部分是整个仪器最敏感也最容易受到损伤的部位。在清洗和使用的过程中，应该避免任何由于不小心造成的碰撞。使用滤纸吸干电极表面残留液时也要小心，不要反复擦拭。

2. 如果使用磁力搅拌，在测量时应保证电极与溶液底部有一定的距离，以防止磁子碰到电极上。

3. 如果使用的是带有温度探头的三合一复合电极，pH 计总是随温度不断调整，由于温度的变化，缓冲液的显示值与缓冲液标准值相比可能会有微小波动，PB-10 型酸度计的缺省温度设置为 25℃。

第五节 紫外-可见分光光度计

一、基本原理

（一）吸收光谱的产生

紫外-可见吸收光谱属于分子吸收光谱，是由分子的外层价电子跃迁产生的，也称电子光谱。分子电子能级跃迁所需能量一般在 1～20eV，相当于 1230～62nm，紫外-可见光区的波长为 200～780nm，分子吸收此波区的光能足以使价电子发生跃迁，由此产生的吸收光谱称为紫外-可见吸收光谱亦称电子光谱。它与原子光谱的窄吸收带不同，每种电子能级的跃迁会伴随若干振动和转动能级的跃迁，使分子光谱呈现出比原子光谱复杂得多的宽带吸收。当分子吸收紫外-可见的辐射后，产生价电子跃迁。这种跃迁有三种形式：σ、π 和 n 电子跃迁；d 和 f 电子跃迁（配位场跃迁）；电荷迁移跃迁。常见电子跃迁所处的波长范围见图 2-9。

（二）光的吸收定律

物质对光的吸收遵循朗伯-比尔定律（Lamber-Beer's Law），即当一定波长的光通过某物质的溶液时，入射光强度 I_0 与透过光强度 I 之比的对数值与该物质的浓度成正比。其数

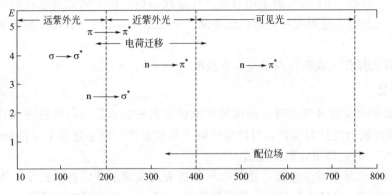

图 2-9 电子跃迁所处的波长范围

学表达式为：$A = \lg \dfrac{I_0}{I} = \varepsilon bc$

式中，A 为吸光度；b 为液层厚度，cm；c 为被测物质的浓度，$mol \cdot L^{-1}$；ε 为摩尔吸光系数。ε 在特定波长和溶剂下，是吸光分子（或离子）的一个特征常数，在数值上等于单位摩尔浓度在单位光程中所测的溶液的吸光度。它是物质吸光能力的量度，可作为定性分析的参数。

朗伯-比尔定律是紫外-可见吸收分光光度法定量分析的依据。当比色皿及入射光波长一定时，吸光度与被测物质的浓度成正比。

（三）紫外吸收光谱与分子结构的关系

有机化合物的紫外吸收光谱常被用作结构分析的依据，因为有机化合物的紫外吸收光谱的产生与它的结构是密切相关的。

1. 饱和有机化合物

甲烷、乙烷等饱和有机化合物只有 σ 电子，只产生 σ→σ* 跃迁，吸收带在远紫外区。当这类化合物的氢原子被电负性大的 O、S、N、X 等取代后，由于孤对 n 电子比 σ 电子易激发，吸收带向长波移动，故含有—OH、—NH$_2$、—X、—S 等基团时，有红移现象。

2. 不饱和脂肪族有机化合物

此类化合物含有 π 电子，产生 π→π* 跃迁，在 175～200nm 处有吸收，若存在有—OH、—NH$_2$、—X、—S 等基团，也产生红移并使吸收强度增大。对含有共轭双键的化合物、多烯共轭化合物，则由于大 π 键的形成，吸收带红移更甚。

3. 芳香化合物

苯环有 π→π* 跃迁及振动跃迁，其特征吸收带在 250nm 附近有 4 个强吸收峰，当有取代基时，λ_{max} 红移，此外芳环还有 180nm 和 200nm 处的 E 带吸收。

此外，不饱和杂环化合物也有紫外吸收。

4. 无机化合物

无机化合物除利用本身颜色或紫外区有吸收的特性外，为提高灵敏度，常采用三元配位的方法。金属离子配位数高，配体体积小，加上另一多齿配体可得到灵敏度增高、吸收值红移的效果。

利用紫外-可见吸收光谱对物质进行定性和定量分析的方法就是紫外-可见分光光度法。它不仅可对能直接吸收紫外、可见光的物质进行定性、定量分析，也可利用化学反应使那些不吸收紫外或可见光的物质转化成可吸收紫外、可见光的物质进行测定。所以，此方法应用面十分广泛。

5. 溶剂的影响

当物质溶解在极性溶剂中时，溶质分子溶剂化，使其转动光谱消失，并限制了溶质分子的自由转动和分子振动，导致精细结构模糊甚至不出现。随溶剂极性增加，$\pi \to \pi^*$ 跃迁吸收带红移，$n \to \pi^*$ 跃迁的吸收带紫移。

二、分光光度计

分光光度法所采用的仪器称为分光光度计，分光光度计由五部分组成，即光源、单色器、吸收池、检测器、显示记录装置。如图 2-10 所示。

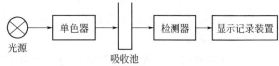

图 2-10　分光光度计组成示意框图

1. 光源

光源发射的是连续光谱，要求光强大而稳定。在可见区通常使用白炽光源如钨灯或碘钨灯，适用波长范围为 320～2500nm。在紫外区使用的光源为氢灯，适用波长范围为 180～375nm。

2. 单色器

单色器的作用是将复合光分解为单色光，并能任意改变波长的位置，主要有三种类型：第一种是滤光片，透过光即滤光片本身颜色，与吸收物质颜色互补。第二种为棱镜，其工作原理是利用不同波长光通过棱镜时折射率不同进行分光，半宽度大于 5～10nm。还有一种是光栅，利用光的衍射和干涉作用进行分光，波长范围宽，色散均匀，分辨率强。

3. 吸收池

吸收池由无色透明的普通光学玻璃或石英玻璃制成，厚度有 0.5cm、1.0cm、2.0cm、3.0cm 等，形状有方形、圆柱形和长方形等。

4. 检测器

检测器的作用是对透过样品池的光作出响应，并将它转变为电信号输出。输出的电信号大小与透过光的强度成正比。分光光度计常用的检测器有硒光电池、光电管、光电倍增管和二极管阵列检测器等。

5. 显示记录装置

分光光度计最常用的显示记录装置有检流计、微安表、记录仪、示波器、数据处理台等。

三、几种类型分光光度计的使用

常见的分光光度计分为单光束型和双光束型以及多通道型。

（一）72 型分光光度计

1. 仪器的性能

波长范围：420～700nm。

波长误差：400～500nm（±≤2nm）；500～620nm（≤±3nm）；620～700nm（≤±4nm）。

灵敏度：以 0.001% $K_2Cr_2O_7$ 溶液注入 1cm 的比色皿内，在波长 440nm 处进行测定；在与蒸馏水比较时，吸光度不低于 0.01。

交流电压允许变化范围：190～230V，稳压器输出 5.5V 和 10V 两种，稳定度≤1%。

微电计灵敏度：$(1.6\sim2.0)\times10^{-9}$A。

2. 使用方法

（1）接通电源，把单色器的光路闸门拨到黑点位置，再将检流计电源拨到"开"处，此时指示光标出现在标尺上。用"0"点调节器将指示光点准确地调节到透光率标尺"0"位上。

（2）打开稳压器开关和电源开关。把光路闸门拨到红点位置上，在一个比色皿中装入蒸馏水或参比溶液，其余比色皿分别装入各待测溶液，放入比色皿架中，然后放在暗箱定位器上，盖好暗箱。

（3）旋转波长调节器，将所需波长对准红线。此时参比溶液应于光路中，慢慢旋转光量调节器使指示光点正好对准吸光度为"0"读数。

（4）然后将待测溶液置于光路中，按指示光标位置读出吸光度或透光率。

（5）注意事项

① 更换溶液时，应先关闭光路闸门。全部测定完毕后，关闭开关，拔下电源插头。

② 仪器连续使用不得超过2h，最好是间歇半小时后再使用。

③ 拿比色皿时，只能捏住毛玻璃的两面。擦拭比色皿时，要用细软易吸水的绸布或擦镜纸擦拭透光面，以防磨毛。

④ 经常更换单色器内的防潮硅胶。

（二）722型分光光度计

1. 技术指标

722型分光光度计是在72型基础上改进而成的。其主要技术指标是：

波长范围：$330\sim800$nm；波长误差为±2nm。

电源电压：220V（$\pm10\%$），$49.5\sim50$Hz。

浓度直读范围：$0\sim2000$。

吸光度测量范围：$0\sim1.999$。

透光率测量范围：$0\sim100\%$。

光谱带宽：6nm。

色散元件：衍射光栅。

光源：卤钨灯（12V，30W）。

接受元件：光电管（端窗式19008）。

噪声：0.5%T。

2. 光学系统

仪器的光学系统如图2-11所示。

由卤钨灯1发出的混合光经滤光片2和聚光镜3至入射狭缝4聚焦成像，再通过平面反射镜5反射至准直镜6使成平行光后，被光栅7色散，再经准直镜聚焦在出射狭缝8。调节波长调节器可获得所需要的单色光，此单色光通过聚光镜9和吸收池10后，照在光电管11上，产生的电流经放大，由数字显示器直接读出吸光度A或透光率T或浓度。

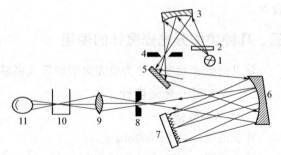

图2-11　722型分光光度计光路图

1—卤钨灯；2—滤光片；3,9—聚光镜；4—入射狭缝；
5—反射镜；6—准直镜；7—光栅；8—出射狭缝；
10—吸收池；11—光电管

3. 操作方法

(1) 将灵敏度旋钮置"1"挡；

(2) 开启电源，指示灯亮，仪器预热 20min，选择开关置于"T"；

(3) 旋动波长手轮，将波长置于测试所需波长；

(4) 打开试样室，调节"0"旋钮，使数字显示为"000.0"；

(5) 将装有参比溶液和样品溶液的吸收池置于比色皿架上；

(6) 盖上样品室盖，将参比溶液置于光路中，调节透光率"T"旋钮，使数字显示为 100.0；

(7) 将样品溶液置于光路中，直接显示出被测溶液的透光率值。

若测量吸光度 A，调整仪器的"000.0"和"100.0"后，将选择开关置于"A"，调节吸光度调零旋钮，使数字显示为"000.0"，将样品溶液移入光路，显示值即为被测溶液的吸光度值。

4. 注意事项

仪器在使用过程中，应经常调"000.0"和"100.0"。实验过程中，若大幅度改变测试波长，需等数分钟才能正常工作。

(三) 721 型分光光度计

721 型分光光度计是用于近紫外和可见光范围内（360nm～800nm）进行比色分析的一种分光光度计。

1. 仪器的光学系统

721 型分光光度计采用自准式光路、单光束方法，其波长范围为 360nm～800nm。用钨丝白炽灯泡作为光源，其光学系统如图 2-12 所示。

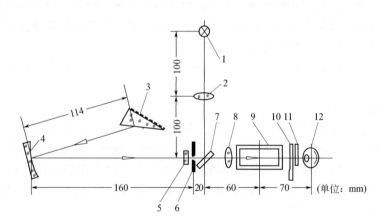

图 2-12　721 型分光光度计光路图

1—光源；2—聚光镜；3—色散棱镜；4—准直镜；5—保护玻璃；6—狭缝；7—反射镜；

8—聚光透镜；9—吸收池；10—光门板；11—保护玻璃；12—光电管

由光源发出的辐射光线，射到聚光镜上，会聚后再经过平面镜转角 90°，反射至入射狭缝，由此入射到单色光器内，狭缝正好位于球面准直镜的焦面上，当入射光线经过准入镜反射后就以一束平行光射向棱镜，在棱镜中色散，再经过物镜反射后，就会聚在出光狭缝上，经聚光透镜后，照射至比色皿。未被吸收的光波通过光门至光电管产生电流。

2. 仪器结构

721型分光光度计的仪器结构如图2-13所示。外观如图2-14所示。

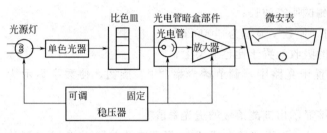

图 2-13　721 分光光度计的仪器结构

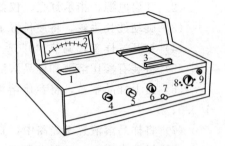

图 2-14　721 型分光光度计的外观

1—波长读数盘；2—电表；3—比色槽暗盒盖；
4—波长调节；5—"0" 透光调节；
6—"100%" 透光调节；7—比色槽架
拉杆；8—灵敏度选择；9—电源开关

3. 操作方法

（1）仪器尚未接通电源时，电表指针必须位于"0"刻线上，若不是这种情况，则可以用电表上的校正螺丝进行调节。

（2）将仪器的电源开关接通，打开比色槽暗盒盖，选择需用的单色波长和灵敏度挡，调节"0"透光调节电位器使电表指"0"，仪器预热20min。

（3）合上比色槽暗盒盖，比色皿处于空白校正位置，使光电管受光，旋转"100%"透光调节电位器，使电表指针处于"100%"。

（4）按上述方法，连续几次调整"0"和"100%"位置，仪器即可以进行测定工作。

（5）把待测溶液置于比色皿中，按空白校正方法，拉比色槽架拉杆使待测溶液置于光路中，测定、记录光电信号（吸收度 A 或透光率 T）。

（6）测定完毕，切断电源，电源开关置于"关"位。洗净比色皿。在比色槽暗盒中放好干燥硅胶。

4. 维护及注意事项

（1）仪器应安放在干燥的房间内，置于坚固平稳的工作台上，室内照明不宜太强，热天不能用电扇向仪器直接吹风，防止灯丝发光不稳。仪器灵敏度挡根据不同波长单色光的光能量不同而分别选用，第一挡为1（为常用挡），灵敏度不够时再逐级升高，但在改变灵敏度后须重新调整"0"和"100%"。选择原则是使空白挡能良好地用"100%"透光调节电位器调至"100%"处。

（2）使用本仪器之前，使用者应该首先了解本仪器的结构和工作原理，以及各个操作旋钮的功能，在未接通电源之前，应对仪器的安全性进行检查，各调节旋钮的起始位置应该正确，然后再接通电源开关。

（3）使用仪器前先检查放大器及单色器的两个干燥筒，如发现干燥剂受潮变色，应更换蓝色硅胶或者倒出原硅胶烘干后再用。

（4）仪器长期使用或搬动后，要检查波长精度等，以确保测定结果的精确。

（5）在使用过程中应注意的问题

① 在测定过程中，应随时打开比色槽暗盒盖（关闭遮盖光路的闸门），以保护光电管。

② 比色皿要保持清洁，池壁上液滴应用擦镜纸或绸布擦干，不能用手拿透光玻璃面。

③ 仪器连续使用时间不宜过长，更不允许仪器处于工作状态而测定人员离开工作岗位。最好是让仪器工作 2h 左右后，间歇半小时左右再工作。

第六节 红外光谱仪

一、基本原理

分子的振动是键合的原子通过化学键而引起的伸缩或弯曲运动。伸缩振动指沿键轴方向的伸长或缩短的振动，主要是键长的改变，包括对称和不对称伸缩振动。弯曲振动指垂直于键轴方向的振动，使键角发生变化或基团对其余部分的相对运动，包括面内弯曲振动和面外弯曲振动；面内的又分剪式和平面摇摆振动，面外的又分非平面摇摆和扭曲振动。

分子中原子或基团的运动除了原子外层价电子跃迁以外，还有分子中原子的振动和分子本身的转动。这些运动形式都可能吸收外界能量而引起能级的跃迁（图 2-15）。每一个振动能级常包含有很多转动分能级，因此在分子发生振动能级跃迁时，不可避免地发生转动能级的跃迁，因此无法测得纯振动光谱，故通常所测得的光谱实际上是振动转动光谱，简称振转光谱。

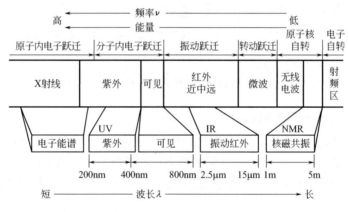

图 2-15 光波谱区及能量跃迁相关图

将一束不同波长的红外射线照射到物质的分子上，某些特定波长的红外射线被吸收，形成这一分子的红外吸收光谱。每种分子都有由其组成和结构决定的独有的红外吸收光谱，据此可以对分子进行结构分析和鉴定，这种分析和鉴定方法称为红外吸收光谱分析法，简称红外光谱法。

红外光谱可以研究分子的结构和化学键，如力常数的测定和分子对称性等，利用红外光谱方法可测定分子的键长和键角，并由此推测分子的立体构型。根据所得的力常数可推知化学键的强弱，由简正频率计算热力学函数等。分子中的某些基团或化学键在不同化合物中所对应的谱带波数基本上是固定的，或只在小波段范围内变化，因此许多有机官能团如甲基、亚甲基、羰基、氰基、羟基、氨基等在红外光谱中都有特征吸收。通过红外光谱测定，就可以判定未知样品中存在哪些有机官能团，这为最终确定未知物的化学结构奠定了基础。

分子必须同时满足以下两个条件时，才能产生红外吸收。

（1）能量必须匹配。

（2）分子振动时，必须伴随有瞬时偶极矩的变化。分子是否显示红外活性，与分子是否有永久偶极矩无关。只有同核双原子分子（H_2、N_2 等）才显示非红外活性。

二、红外光谱的表示

（一）红外光谱图

红外光谱用红外吸收曲线图表示，称 IR 谱图，如图 2-16 所示。图中纵坐标为透光率（$T\%$）；横坐标为波长 λ（μm）和波数 $1/\lambda$（cm^{-1}）。

谱图可以用峰数、峰位、峰形、峰强进行描述；吸收峰出现的频率位置由分子的振动能级差决定；吸收峰的个数由分子振动自由度的数目决定；吸收峰的强度取决于振动过程中偶极矩的变化以及能级的跃迁概率。

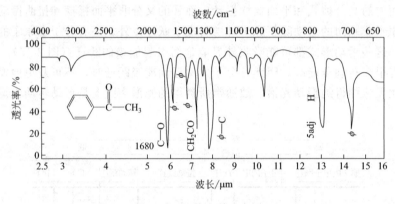

图 2-16　红外光谱示意图

（二）红外光谱与分子结构的关系

1. 基团频率与特征吸收峰：特征峰指能代表某官能团存在的强吸收峰，其频率位置称为基团频率。基团频率主要反映了一些伸缩振动引起的吸收，基团不同，基团频率不同。例如，羰基总是在 $1879\sim1650cm^{-1}$ 间出现强吸收峰，其频率不随分子构型变化而出现较大的改变。

2. 常见的化学基团在 $4000\sim600cm^{-1}$ 范围内有特征吸收，一般将这一波段分成两个区域。

（1）官能团区：$4000\sim1300cm^{-1}$，官能团伸缩振动出现较多的区域，易辨认。

（2）指纹区：$1300cm^{-1}$ 以下的区域，具有像指纹一样高度的特征性。此区域吸收峰相当多，有伸缩振动、弯曲振动和转动引起的吸收，较复杂；对于鉴别结构有细微差别的化合物很有价值。

（3）相关峰：一个基团有数种振动，每种振动往往有相应的吸收峰，这些相互依存又相互印证的吸收峰称为相关峰。相关峰的存在是对特征吸收峰的一个有力的辅证。

（4）各种基团频率分布如图 2-17 所示。

3. 利用特征吸收这一特点，人们采集了成千上万种已知化合物的红外光谱，并把它们存入计算机中，编成红外光谱标准谱图库。人们只需把测得未知物的红外光谱与标准库中的光谱进行比对，就可以迅速判定未知化合物的成分。

4. 红外光谱解析程序：先特征后指纹；先强峰后次强峰；先粗查后细找。先识别特征

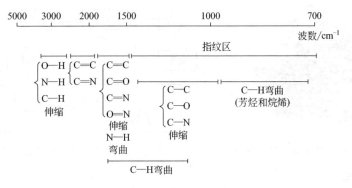

图 2-17　各种基团的吸收频率的分布

区的第一强峰，找出其相关峰并归属；再识别特征区第二强峰，找出相关峰并归属等。

（三）影响基团频率位移的因素

1. 外部因素：样品的状态、测定温度及溶剂极性等外部因素的影响。

2. 内部因素：电子效应、氢键效应、振动偶合效应、费米共振效应、立体障碍、环的张力等因素的影响。

例如：

（1）诱导效应使 C＝O 键电子云密度增加，键力常数增大，振动频率升高。

（2）共轭效应使共轭体系中的电子云密度趋于平均化，导致双键略有伸长，单键略有缩短，结果使 C＝O 双键频率向低频移动，单键频率略向高频移动。

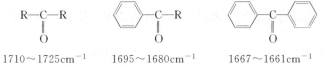

（3）环的张力越大，$\sigma_{C=O}$ 频率就越高。

（4）不同类化合物中羰基的吸收频率如下所述。

三、傅里叶变换红外光谱仪

（一）仪器构造

傅里叶变换红外光谱仪（FTIR），简称傅里叶红外光谱仪。它不同于色散型红外分光的原理，是基于对干涉后的红外光进行傅里叶变换的原理而开发的红外光谱仪。它主要由光源（硅碳棒、高压汞灯）、干涉仪、样品室、检测器、计算机和记录系统组成。大多数傅里叶变换红外光谱仪使用了迈克尔逊（Michelson）干涉仪。仪器结构及工作流程分别如图 2-18 和图 2-19 所示。

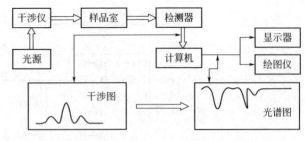

图 2-18　傅里叶变换红外光谱仪结构示意图　　　图 2-19　傅里叶变换红外光谱仪工作流程图

（二）工作原理

光源发出的光被分束器（类似半透半反镜）分为两束，一束经透射到达动镜，另一束经反射到达定镜。两束光分别经定镜和动镜反射再回到分束器，动镜以一恒定速度做直线运动，因而经分束器分束后的两束光形成光程差，产生干涉。干涉光在分束器会合后通过样品池，通过样品后含有样品信息的干涉光到达检测器，然后通过傅里叶变换对信号进行处理，最终得到红外吸收光谱图。

（三）使用方法

1. 开机时先开主机，再开电脑和化学工作站。

2. 将仪器参数（例如波长范围、扫描次数等）设定好，待信号稳定后方可进行实验。

3. 制样。

（1）空白溴化钾压片：将少许溴化钾置于玛瑙研钵中研磨至粉状，然后装入压片机模具中，压成均匀透明的薄片，压力为 $8\sim10\mathrm{kg\cdot cm^{-2}}$。

（2）样品压片：将待测样品与溴化钾一起放入研钵中（样品与溴化钾质量比为 1:100），研磨均匀后压片，方法同上。

4. 样品测定前先进行"背景单通道扫描"，背景一般情况下为空气。

5. 在软件内调出标准样品"聚苯乙烯"进行仪器检测，与样品板上的图谱对比基本相同后，可以进行所需的样品测量。

6. 实验完毕后先关闭化学工作站，再关闭电脑和主机。

（四）注意事项

1. 应根据样品的具体情况选择合适的制样方法以及合适的测量方法。应注意采用溴化钾法制样时，样品含水量不能太高。

2. 用 FTIR 测定时，如果采用锡化锌晶体，样品不能是络合剂（例如氨水、EDTA等），清洗锡化锌和锗晶体时不能用强酸、强碱性物质。

3. 为防止仪器受潮而影响使用寿命，红外实验室应始终保持干燥。

第七节　荧光分光光度计

一、基本原理

（一）荧光光谱的产生

物质分子或原子在一定条件下吸收辐射能而被激发到较高电子能态后，在返回基态的过程中将以不同的方式释放能量。

在分子吸收分光光度法中，受激分子以热能的形式释放多余的能量，测量的是物质对辐射的吸收，属吸收光谱法。

而发光分析是受激分子或原子以发射辐射的形式释放能量，即在返回过程中伴随有光辐射，这种现象称为分子发光，测量的是物质分子或原子自身发射辐射的强度，属发射光谱法，以此建立起来的分析方法称为分子发光分析法。根据分子受激发光的类型、机理和性质不同，分子发光分析法通常分为荧光分析法、磷光分析法和化学发光分析法，其中荧光分析法历史悠久。

荧光的产生如图 2-20 所示。

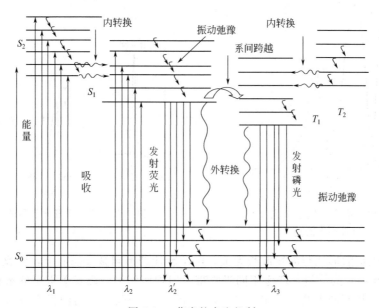

图 2-20　荧光的产生机制

假设处于基态的电子吸收波长为 λ_1 和 λ_2 的辐射光之后，分别激发至第二激发态 S_2 和第一激发态 S_1。处于第一激发态最低振动能级的电子跃回至基态各振动能级时，所产生的光辐射称为荧光发射，将得到最大波长为 λ'_2 的荧光。电子由第一激发单重态的最低振动能级，有可能以系间跨越的方式转至第一激发三重态（直接方式是禁阻跃迁），再经过振动弛豫转至其最低振动能级，由此激发态跃回至基态时便发射磷光 λ_3。

振动弛豫指在同一能级中电子由高振动能级转至低振动能级时将多余的能量以热的形式放出（无辐射）。内转换指两个电子能级非常接近以致其振动能级有重叠时，常发生电子由高能级以无辐射跃迁方式转移至低能级。系间跨越指不同多重态间的无辐射跃迁。外部转移指激发态分子与溶剂分子或其他溶质分子的相互作用及能级转移，使荧光或磷光强度减弱甚至消失，称"熄灭"或"猝灭"。

（二）激发光谱和发射光谱

1. 任何荧光化合物都具有激发光谱和发射光谱。

（1）激发光谱。固定测量波长（选最大发射波长），通过测量荧光体的发光强度随激发光波长的变化而获得的关系曲线，它反映了不同波长激发光引起荧光的相对效率（图 2-21 中曲线Ⅰ）。

（2）发射光谱（荧光光谱）。固定激发光波长（选最大激发波长），测量化合物发射的荧光强度与发射光波长的关系曲线，表示所发射的荧光中各种波长组分的相对强度。荧光光谱可供鉴别荧光物质，并作为在荧光测定时选择合适的测定波长或滤光片的依据（图2-21中曲线Ⅱ为荧光光谱、Ⅲ为磷光光谱）。

2. 激发光谱与发射光谱的关系。

（1）斯托克斯（Stokes）位移。即激发光谱与发射光谱之间的波长差值。1852年斯托克斯首次观察到荧光波长总是大于激发光波长，故称斯托克斯位移（图2-22），原因是振动弛豫消耗了能量。

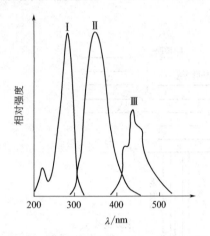

图2-21　萘的激发光谱（Ⅰ）、荧光（Ⅱ）
和磷光（Ⅲ）光谱图

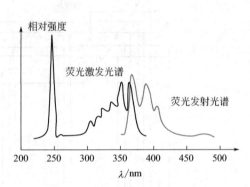

图2-22　蒽的激发光谱和荧光光谱

（2）发射光谱的形状与激发波长无关。电子跃迁到不同激发态能级，吸收不同波长（图2-20中的λ_2和λ_1）的能量，产生不同吸收带，但均回到第一激发单重态的最低振动能级再跃迁回到基态，从而产生波长一定（图2-20中的λ_2'）的荧光，与激发光波长无关，与被激发至哪个电子态无关。

（3）镜像规则。通常荧光发射光谱与它的吸收光谱（与激发光谱形状一样）成镜像对称关系；基态上的各振动能级分布与第一激发态上的各振动能级分布类似；基态上的零振动能级与第一激发态的第二振动能级之间的跃迁概率最大，相反跃迁也然。

（三）荧光的产生与分子结构的关系

1. 分子产生荧光必须具备的条件。

（1）分子吸收光子发生多重度不变的跃迁时所吸收的能量小于断裂其最弱的化学键所需要的能量。

（2）具有合适的结构，即分子必须含有荧光基团。荧光基团都是含有不饱和键的基团（具有共轭体系的芳环或杂环），当这些基团是分子的共轭体系的一部分时，可能产生荧光。电子共轭程度越大，越易产生荧光；环越多，发光也往往越强。

（3）具有一定的荧光量子产率。

$$荧光量子产率(\varphi) = \frac{发射的光量子数}{吸收的光量子数}$$

荧光量子产率也叫荧光效率，与激发态能量释放各过程的速率常数有关，如外转换过程速度快，则不出现荧光发射。

2. 化合物的结构与荧光。

（1）跃迁类型：$\pi \rightarrow \pi^*$的荧光效率高，系间跨越过程的速率常数小，利于荧光的产生。

（2）共轭效应：提高共轭程度，有利于增加荧光效率并产生红移。

（3）刚性平面结构：可降低分子振动，减少与溶剂的相互作用，故具有很强的荧光。如荧光素和酚酞有相似结构，荧光素有很强的荧光，酚酞却没有。

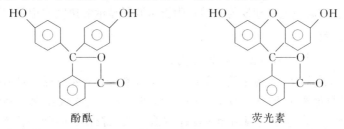

酚酞　　　　　　　　　　　　荧光素

（4）取代基效应：芳环上有供电基，使荧光增强。

3. 影响荧光强度的因素。

（1）溶剂的影响：除一般溶剂效应外，溶剂的极性、氢键、配位键的形成都将使化合物的荧光发生变化。

（2）温度的影响：荧光强度对温度变化敏感，温度增加，外转换的概率增加。

（3）溶液 pH 的影响：对酸、碱化合物，溶液 pH 的影响较大，需要严格控制。

（4）内滤光作用和自吸现象：内滤光作用指溶液中含有能吸收激发光或荧光物质发射的荧光，如色胺酸中的重铬酸钾。自吸现象指化合物的荧光发射光谱的短波长端与其吸收光谱的长波长端重叠，产生自吸收，如蒽化合物。

（5）溶液荧光的猝灭：如碰撞猝灭、氧的熄灭作用等。

（四）荧光分析

荧光分析可应用于物质的定性及定量分析。由于物质结构不同，所吸收的紫外-可见光波长不同，所发射荧光波长也不同，利用这个性质可鉴别物质。在一定频率和一定强度的激发光照射下，稀溶液体系符合朗伯-比尔定律，所产生的荧光强度与浓度呈线性关系，可进行定量分析。

二、荧光分光光度计

（一）仪器结构

荧光分析所用仪器称为荧光分光光度计，也称荧光分子发光光度计（本书采用日立 F-2500型）。主要组成部分有激发光源、样品池、双单色器系统、检测器等，如图 2-23 所示。

1. 特殊点：有两个单色器，光源与检测器通常成直角。

2. 单色器：选择激发光波长的第一单色器（筛选出特定的激发光谱）和选择发射光（测量）波长的第二单色器（筛选出特定的发射光谱）。

3. 光源：高压氙弧灯和高压汞灯，染料激光器（可见于紫外区）。

4. 样品池：通常由石英池（液体样品用）或固体样品架（粉末或片状样品用）组成。测量液体时，光源与检测器成直角；测量固体时，光源与检测器成锐角。

图 2-23　荧光分光光度计基本部件

5. 狭缝：狭缝越小，单色性越好，但光强度和灵敏度下降。当入射狭缝和出射狭缝宽度相等时，既有好的分辨率又保证了光通量。

6. 检测器：一般用光电管或光电倍增管作为检测器，可将光信号放大并转为电信号。

7. 读出装置：有数字电压表、记录仪和阴极示波器等几种。数字电压表用于例行定量分析；记录仪用于扫描激发光谱和发射光谱；阴极示波器显示的速度比记录仪更快，但较昂贵。

（二）操作规程

1. 接通计算机及打印机电源，操作界面开始建立。

2. 打开光度计前面板上左侧电源开关约 5s 后，主机绿色指示灯亮，表示氙灯已经启辉工作。

3. 点击计算机屏幕上 FLSolutions 荧光分析快捷框，进入仪器操作界面。

4. 实验开始，选择建立或调用相应操作方法：波长扫描、时间扫描或工作曲线法。

5. 将待测溶液放入荧光杯，装入量为 1/3～1/2 体积即可。荧光杯四面擦干净后方可放入光路中进行测定，切忌将溶液带入仪器内部。保存数据或打印谱图。

6. 实验结束后，使用仪器操作软件退出操作系统，并关闭氙灯。保持主机通电 10min 以上，最后关闭主机电源开关。

7. 关闭计算机和电源开关。

8. 用合适溶剂清洗荧光杯并擦干保存。

第八节　原子吸收分光光度计

一、基本原理

每一种元素的原子不仅可以发射一系列特征谱线，也可以吸收与发射线波长相同的特征谱线。当光源发射的某一特征波长的光通过原子蒸气时，被待测元素基态原子吸收，由辐射的减弱程度求得样品中被测元素含量的方法，称为原子吸收光谱法。

图 2-24 是原子吸收光谱分析示意图。

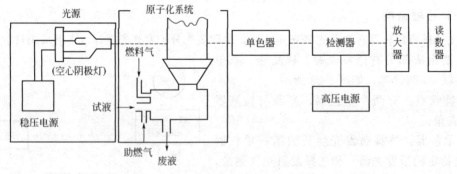

图 2-24　原子吸收光谱分析示意图

在发射光谱线的半宽度小于吸收光谱线的半宽度（锐线光源）的条件下，光源的发射光通过一定厚度的原子蒸气，并被基态原子所吸收，吸光度与原子蒸气中待测元素的基态原子数的关系遵循朗伯-比尔定律：

$$A = \lg \frac{I_0}{I} = K' N_0 L \tag{1}$$

式中，I_0 和 I 分别为入射光和透射光的强度；N_0 为单位体积基态原子数；L 为光程长度；K' 为与实验条件有关的常数。

式（1）表示吸光度与蒸气中基态原子数呈线性关系。常用的火焰温度低于 3000K，火焰中基态原子占绝大多数，因此可以用基态原子数 N_0 代表吸收辐射的原子总数。

实际工作中，要求测定的是试样中待测元素的浓度 c_0，在确定的实验条件下，试样中待测元素浓度与蒸气中原子总数有确定关系：

$$N = \alpha c \tag{2}$$

式中，α 为比例常数。将式（2）代入式（1）得

$$A = KcL \tag{3}$$

这就是原子吸收光谱法的基本公式，在确定实验条件下，吸光度与试样中待测元素浓度呈线性关系。

二、原子吸收分光光度计

原子吸收分光光度计型号繁多，自动化程度也各不相同，有单光束型和双光束型两大类。其主要组成部分均包括光源、原子化器、分光器、检测系统等。单光束型和双光束型仪器的光路如下图 2-25 所示。

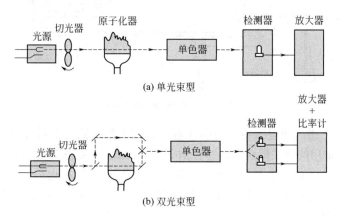

(a) 单光束型

(b) 双光束型

图 2-25　单光束型和双光束型原子吸收分光光度计光路图

（一）光源

光源的功能是发射被测元素的特征共振辐射。对光源的基本要求是：发射的共振辐射线的半宽度要明显小于吸收线的半宽度、辐射强度大、背景低。空心阴极灯是能满足上述各项要求的理想的锐线光源，应用最广，结构如图 2-26 所示。它由封在玻璃管中的一个钨丝阳极和一个由被测元素的金属或合金制成的圆筒状阴极组成，内充低压氖气或氩气。

当在阴阳两极间加上电压时，气体发生电离，带正电荷的气体离子在电场作用下轰击阴极，使阴极表面的金属原子溅射出来，金属原子与电子、惰

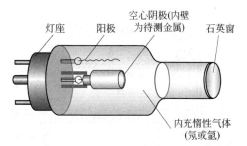

图 2-26　空心阴极灯的构造

性气体原子及离子碰撞激发而发出辐射。最后，金属原子又扩散回阴极表面而重新沉积下来。

空心阴极灯有单元素灯和多元素灯。单元素灯只能用于该元素测定，如果要测定另外一种元素，就要更换相应的元素灯。多元素灯（六元素的空心阴极灯）可以测定六种元素而不

必换灯，使用较为方便。

当灯内有杂质气体时，辐射强度减弱，噪声增大，测定灵敏度下降。将灯的正负极反接加热 30～60min，杂质气体可被吸收，灯恢复到原来的性能。

（二）原子化装置

原子化装置的作用是将试样中待测元素变为基态原子蒸气。原子化方法有火焰原子化和无火焰原子化两种。

1. 火焰原子化器

火焰原子化器包括雾化器和燃烧器两部分。常用的燃烧器为预混合型，如图 2-27 所示。雾化器将试液雾化，喷出的雾滴碰在撞击球上，进一步分散成细雾。雾化器效率除与雾化器有关外，还取决于溶液的表面张力、黏度、助燃气的压力、流速和温度等因素。

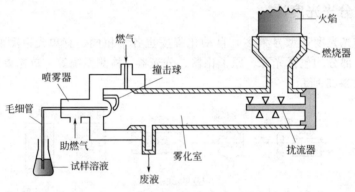

图 2-27　预混合型燃烧器

试液经雾化后，进入预混合室，与燃气混合，较大的雾滴凝聚后经废液管排出，较细的雾滴进入燃烧器。常用的缝式燃烧器，缝长 100～110mm，缝宽 0.5～0.6mm，适用于空气-乙炔焰。另一种缝长 50mm，缝宽 0.46mm，适用于氧化亚氮乙炔-火焰。

这种原子化器火焰噪声小，稳定好，易于操作。缺点是试样利用率只有 10%，大部分试液经由废液管排出。

气路系统是火焰原子化器的供气部分。气路系统中，用压力表、流量计及调节阀门控制、测量气流量。燃气乙炔由钢瓶供给，乙炔管道及接头严禁使用铜及银质材料，因为乙炔与银、铜能生成易爆的乙炔铜或乙炔银。乙炔为易燃易爆气体，故钢瓶应远离明火，且通风良好。

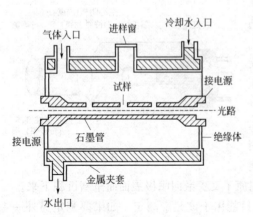

图 2-28　石墨炉原子化器的结构

2. 石墨炉原子化器

石墨炉原子化器是一种无火焰原子化装置，如图 2-28 所示。它使用电加热方法使试样干燥、灰化、原子化。试液用量只需几微升。为了防止试样及石墨管氧化，在加热时通入氮气或氩气。在这种气氛中由石墨提供大量碳，故能得到较好的原子化效率，特别是易形成耐熔氧化物的元素。这种原子化法的最大优点是注入的试液几乎完全原子化，故灵敏度高。缺点是基体干扰及背景吸收较大，测定重现性较火焰原子化法差。

3. 其他原子化法

利用化学反应进行原子化也是常用的方法。

砷、硒、碲、锡等元素通过化学反应，生成易挥发的氢化物，送入空气-乙炔焰或加热的石英管中使之原子化。

汞原子可将试样中汞盐用 $SnCl_2$ 还原为金属汞。由于汞的挥发性，用氮气或氩气将汞蒸气带入气体吸收管进行测定。

（三）光学系统

光学系统分为外光路系统和分光系统（单色器）两部分。外光路系统使空心阴极灯发出的共振线准确通过燃烧器上方的被测试样的原子蒸气，再射到单色器的狭缝上。分光系统主要由色散元件（光栅或棱镜）、反射镜、狭缝等组成。分光系统的作用是将待测元素的共振线与邻近的谱线分开。通常根据谱线的结构与共振线附近是否有干扰线来决定单色器狭缝的宽度。若待测元素光谱比较复杂（如铁族元素、稀土元素）或有连续背景，则狭缝宜小。若待测元素的谱线简单，共振线附近没有干扰线（如碱金属或碱土金属），则狭缝可较大，以提高信噪比，降低检测极限。

（四）检测系统

检测系统由检测器、放大器、对数转化器、显示器或打印装置组成。由光电倍增管将光信号变成电信号，经放大器放大，再将由放大器输出的信号进行对数转换，使指示仪表上显示出与试液浓度呈线性关系的数值。

光电倍增管是由光阴极和若干个二次发射极（又称倍增极）组成，其示意图如图 2-29 所示。在光照射下，阴极发射出光电子，在高真空中被电场加速，并向第一倍增极运动，每一个光电子平均使倍增极表面发射几个电子，这就是二次发射。二次发射的电子又被加速向第二倍增极运动，

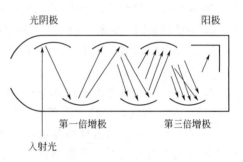

图 2-29　光电倍增管示意图

此过程多次重复，最后电子被阳极收集。从光阴极上产生的每一个光电子最后可使阳极上收集 $10^6 \sim 10^7$ 个电子。光电倍增管的放大倍数主要取决于电极间的电压和倍增极的数目。

三、原子吸收分光光度计的使用

以 TAS-990 原子吸收分光光度计为例，简述操作的一般步骤。

（一）无火焰法测定步骤

1. 打开电脑。

2. 打开原子吸收分光光度计电源开关，双击电脑桌面"AAWin"图标，选择"联机"，确定后，等待仪器联机。

3. 选择本次实验所用"元素灯"，双击选定或更改，并在右侧选择相应的元素灯，若下面实验将更换元素灯，则同时选择"预热灯"，选择"下一步"，显示"波长……nm"，点击"寻峰"操作，等待寻峰结果。除铬（Cr）、钾（K）、钠（Na）外，其余均为单吸收，只有一个主峰，不需进行波长定位。若寻峰结果能量显示不在 $90\% \sim 110\%$ 之间，则需进行"能量调试"，反之，则不需。铬（Cr）、钾（K）、钠（Na）寻峰结果为 2 个峰，以铬（Cr）为例，次峰波长 357.93nm，主峰波长 359.91nm，若以主峰定位灵敏度过高，则选择次峰波长，点击右键，选择"读取坐标"，记录次峰波长，在主界面"仪器"项下选择"波长定位"，更改波长即可。

4. 若寻峰无结果，检查所选元素灯是否已安装，若未安装，需选择"换灯"键，弹出

窗口提示方可换灯，换灯结束后选择"确定"，并关闭软件，重新联机进行寻峰操作。

5. 进入测量界面，主菜单"仪器"项下选择"测量方法设置"，选择所用方法，有石墨炉、氢化物、火焰吸收、火焰发射四项可选。

（二）火焰法测定步骤

1. 测量方法选择时选择"火焰吸收"法时，开机联机选灯操作同前。

2. 主界面"样品"项设置好标准品系列浓度后，将2%硝酸溶液放到进样管处，并准备好废液桶，开启通风设施。

3. 打开空气和乙炔气：①打开空气，压力0.22～0.24MPa，使用调压阀调节；②打开乙炔气，压力0.05～0.07MPa。先开主阀，使用扳手，打开一点即可（逆开顺关），再开二次阀，稍大于0.05即可。（当乙炔气总表显示气量<0.4MPa时，一定要换乙炔气罐。）

4. 点击主界面"点火"项，原子吸收仪主盖可盖上。若无法点火成功，检查仪器后方瓶口是否未液封，加水液封即可。原子吸收分光光度计主机右下角有红色按钮，可临时中断乙炔气，减少浪费，并避免来回开关气阀。

5. 点火时出现"啪啪"的声音表示乙炔气已到达燃烧头位置，此时方可点火成功。点火后加热10min左右后，烧空白进行清洗（用2%硝酸清洗最好），2～3min即可。

6. 开始测量时，先测空白，空白测定时，先校零，待吸光度值稳定为0.000时开始测定。

7. 主菜单"设置"项下"参数设置"可以设置重复测量次数，一般设为3次，可"手动"或"自动"测量。

8. 当空白测得吸光值不在0.000±0.002之间时，终止测量。点击"测量对象"下"标准样品"，点击右键，选择"重新测量"。

9. 测量空白后，进行样品测定，待A值稳定后，再"开始"测量，当每个样品三次重复测量A值差异较大时，重新测量，同上步操作。

10. 实验结束后，先关乙炔气总阀（逆开顺关），再关二次阀（松即为关），此时火焰即会熄灭。然后关空气，先关"开关"，再按"放气阀"。

11. 关闭软件，再关原子吸收分光光度计电源开关后，关闭电脑即可。

第九节　核磁共振波谱仪

一、基本原理

核磁共振波谱法（NMR）研究具有磁性质的某些原子核对射频辐射的吸收，是测定各种有机和无机成分结构的最强有力的工具之一。在强磁场中，一些原子核能产生核自旋分裂，吸收一定频率的无线电波，而发生自旋能级跃迁的现象，就是核磁共振。

核自旋量子数 I 不等于零的原子核在磁场中产生核自旋能量分裂，形成不同的能级，在射频辐射的作用下，可使特定结构环境中的原子核实现共振跃迁。记录发生共振时的信号位置和强度，就可得到核磁共振波谱。共振信号的位置反映样品分子的局部结构（如官能团）；信号的强度往往与有关原子核在分子中存在的量有关。自旋量子数 $I=0$ 的核，如 ^{12}C、^{16}O、^{32}S 没有共振跃迁。I 不等于零的原子核，原则上都可以得到NMR信号，而其中的氢谱和碳谱应用最为广泛。

I 不等于零的原子核作自旋运动时产生核磁矩 μ_N，在外磁场 H_0 中，核磁矩相对磁场有 $2I+1$ 个不同的空间取向。若 $I=1/2$，对应于两种取向，一种是沿着磁场方向，另一种是逆着磁场方向。在外磁场的作用下，核磁矩按照一定的方向排列，I 为 $1/2$ 的核：m 是 $1/2$ 顺磁场，能量低；m 为 $-1/2$ 逆磁场，能量高，类似于激发态和基态的关系，这就是能级分裂。图 2-30 为能级分裂示意图。

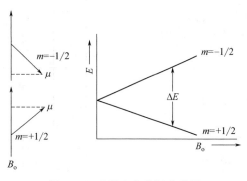

质子的高能级与低能级之间的能量差为

$$\Delta E = \gamma \frac{h}{2\pi} B_0$$

图 2-30　磁场中的能级分裂图

结合普朗克方程即可求出所需射频辐射的频率。

如果以射频照射处于外磁场 H_0 中的核，且射频的频率恰好满足这样的关系 $h\upsilon = \Delta E$ 时，就发生共振跃迁。实际上，原子核外有电子绕核运动，电子会起屏蔽作用，抵消一部分外加磁场的作用，原子核实际受到的磁场强度为 $(1-\sigma)H_0$。

核磁共振的条件为

$$\nu = \frac{\gamma(1-\sigma)B_0}{2\pi}$$

式中的 σ 为屏蔽常数，反映了感应磁场抵消外加磁场的程度，电子云对核的屏蔽程度不同，σ 值不同，使核产生共振所需的射频辐射频率也不相同。

由于屏蔽作用，原子的共振频率与裸核的共振频率不同，即发生了位移，称为化学位移，用 δ 表示（有些文献中常以 ppm 为单位来表示）。

$$\delta = \frac{\nu(\text{样品}) - \nu(\text{标准})}{\nu(\text{标准})} \times 10^6$$

式中，ν（样品）是试样被测定核磁的共振频率；ν（标准）是标准物中核磁的共振频率。

最常用的参比物是四甲基硅烷，简称 TMS，将它的 δ 值定为零。实验时加入到样品溶液中。对水溶样品，应选择 $(CH_3)_3SiCH_2CH_2CH_2SO_3Na$（DSS）作为参比化合物。

选用 TMS 作标准的原因如下：

（1）TMS 中 12 个质子处于完全相同的化学环境中，只有一个尖峰；

（2）TMS 中质子外围的电子云密度和一般有机物相比是最密的，因此氢核受到最强烈的屏蔽，共振时需要外加磁场强度最强（实际 δ 值最大），不会和其他化合物的峰重叠；

（3）TMS 为化学惰性，不会和试样反应；

（4）易溶于有机溶剂，沸点低，回收试样容易。

相邻核的相互干扰作用称为自旋-自旋偶合。这种由于自旋偶合而引起谱峰的增加的现象，称为自旋-自旋分裂。自旋分裂是服从 $n+1$ 律的，某一个基团上的氢与 n 个邻近的氢偶合时被分裂为 $n+1$ 重峰，而与该基团本身的氢的数目无关。

裂分峰的面积之比，为二项式 $(X+1)^n$ 的展开式的各项系数之比。自旋偶合产生峰的分裂以后，两峰间的间距称为偶合常数，用 J 表示，单位是 Hz，J 的大小，表示偶合作用的强弱。吸收带下面的面积也能提供重要信息，它与产生吸收的质子数有关，而与质子所处的化学环境无关。

表 2-3 列出了常见有机官能团中质子的化学位移值。

表 2-3 常见有机官能团中质子的化学位移值

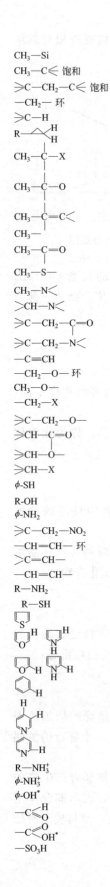

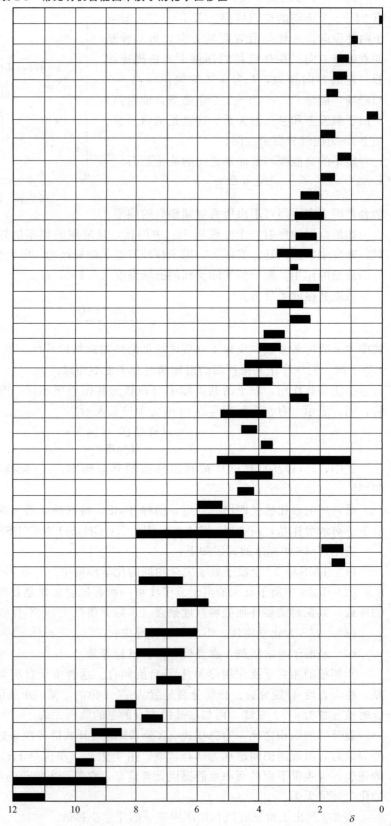

二、核磁共振波谱仪

核磁共振波谱仪的示意图如图 2-31 所示。仪器主要由磁铁、射频发射器、射频接收器、探头、信号记录系统等组成。

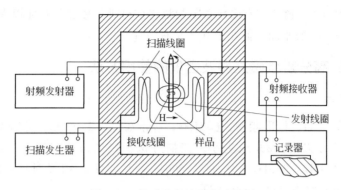

图 2-31　核磁共振波谱仪示意图

(一) 磁铁

磁铁是核磁共振波谱仪的关键部分，要求能够提供强而稳定、均匀的磁场。可以是永久磁铁，也可以是电磁铁、超导磁体，前者稳定性较好。磁铁上还备有扫描线圈，可以连续改变磁场强度的百万分之十几。可以在射频振荡器的频率固定时，改变磁场强度，进行扫描，改变磁场强度就叫扫场。

(二) 扫描线圈

扫描线圈围绕在磁铁凸缘上，由扫描电压发生器提供一个可控的周期性变化的锯齿波直流电流，使样品除受磁铁所提供的强磁场外再加一个可变的附加磁场。这个小的附加磁场通常由弱到强地连续变化，称为扫描。在扫描过程中，样品中化学环境不同的同类磁场，相继满足共振条件产生吸收信号。扫描发生器的锯齿波还加到示波器的水平转板上，所以在示波器上会周期性地出现核磁共振信号。记录纸上横坐标自左至右对应于扫描附加磁场由弱变强，故称横坐标的左端为"低场"，右端为"高场"。

(三) 射频发射器与接收器

将射频发射器连接到发射线圈上，然后将能量传递给样品，而射频发射方向垂直于磁场。射频接收器连接到一个围绕样品管的线圈上，扫描线圈与接收线圈互相垂直，又同时垂直于磁场方向。

当振荡器发生的电磁波的频率和磁场强度达到特定组合时，放置在磁场和扫描线圈中间的试样中的氢核就要发生共振而吸收能量，这个能量的吸收情况为射频接收器所检出，通过放大器后记录下来。所以核磁共振波谱仪测定的是共振吸收。

(四) 探头

样品探头不仅用于固定样品管在磁场中的位置，还用来检测核磁共振信号。探头除了包括样品管外，还有扫描线圈等元件。磁场和频率源通过探头作用于样品。分析试样配成溶液后装在玻璃管中封好，插在扫描线圈中间的试管插座内，分析时插座和试样不断旋转，以消除任何不均匀性。

（五）信号检测及处理系统

共振信号通过探头上的接收线圈送入射频接收器，经一系列处理被放大后由 NMR 记录仪记录，纵轴为共振吸收信号，横轴驱动与扫描同步。NMR 仪常都配有一套装置，可以在 NMR 波谱上以阶梯的形式显示出积分数据，用以估计各类核的相对数量及含量。

一些连续波 NMR 波谱仪配有多次重复扫描将信号进行累加的功能以提高其灵敏度。受仪器稳定性的影响，一般累加次数在 100 次左右为宜。

三、PMX-60SI 高分辨核磁共振波谱仪的使用方法

（一）技术指标

可供测试的核：^{1}H；标准频率：60MHz；标准磁场：14092G；分辨率：0.4Hz；灵敏度：$S/N>40$；积分强度：2%或更小；扫描方法：扫场法；扫描宽度：60Hz，120Hz，180Hz，240Hz，300Hz，360Hz，480Hz，600Hz，1200Hz；扫描时间：25s，50s，100s，250s，500s，1000s；室内温度：18～28℃。

（二）仪器使用方法

1. 开机，放置标准样品管。

（1）开波谱仪电源开关，1h 后方可进行测试。

（2）开控制台自旋开关，空气压缩机工作。

（3）控制把手旋至 EJECT。

（4）标准混合样品管套上转子，插入量规内，按其高度取出样品管并用绸布擦净，放入探头管口。

（5）控制把手旋至 SET，待标准管沉入探头底部，再旋至 SPINNING。

2. 找信号。

（1）波谱仪面板除 MODE 功能部分只按 MANUAL、CRT 再按下其他键外所有白键。

（2）交替调节 FIELD COARSE、FIELD ZERO 移场旋钮，至 CRT 上显示标准样品 7 个吸收峰。

调节中如峰小，便用 AMPLITUDE 旋钮调至适当高度，如相位不好，用 PHASE 旋钮调至峰前峰后在一条直线上。

3. 粗调分辨率。

（1）用 FIELD ZERO 旋钮将 TMS 峰调至 CRT 中间。

（2）将 SWEEP WIDTH 从 600～0Hz 换成 120～0Hz。

（3）交替调节 RESOLUTION C. Y 匀场细调旋钮，直至 CRT 中看到 TMS 吸收信号的尾波高度是吸收信号高度的 70%。

4. 用信号强度表进一步调分辨率。

（1）用 FIELD ZERO 旋钮将 TMS 峰调至 CRT 中间，按下 CRT 键。

（2）按下 MODE 功能中的 LOCK 键，数秒钟后信号强度表的指针偏至绿色区，左右旋转 FIELD ZERO 旋钮，指针反方向在 1～10 范围内偏转，说明 LOCK 起作用。

（3）按下 MODE 功能中的 RESO 和 H1 LEVEL 中×1/10。

（4）交替调节 RESOLUTION C. Y 匀场旋钮，使信号强度表指针向 0 方向偏转，指针超出 0，将 AMPLTUDE FINE 旋钮数字减小，直至 C. Y 旋钮不能使表针向右偏转为止。

（5）按下 MODE 功能中的 LOCKRESO 和×1/10 键，按下 CRT 键，若 TMS 吸收信号的尾波的峰高是吸收信号高度 85%～90%，则分辨率已调好，否则重调。

5. 幅度与相位调节。

将 SWEEP WIDTH 恢复到 600～0Hz，按下 CRT、PEN 键，按下 SWEEP TIME 的 250 键和 CHAR HOLD 键，按下 STOP、AMPL SET 键约 20s 看信号强度表指示值，再将 AMPLITUDE FINE 旋钮调至所观察指示值减去 2 的位置上。若信号强度超出表值范围，按下 AMPL SET 键，将 AMPLITUDE COARSE 旋钮减小一挡，再按前述操作。幅度调节好后，按下 AMPL SET 键。

放好记录纸，按 QUICK 键将记录笔移至 8PPM 处，按下 PEN、REC 键，通过扫谱过程，调节 PHASE 旋钮使标准混合样的吸收信号，峰前峰后在一条直线上。

6. 样品测试。

取出标准样品管，换上样品管。

（1）按实验步骤 5 调节被测样品的幅度与相位。

（2）通过 FIELD ZERO 旋钮，将样品的内标 TMS 吸收信号峰调至记录纸的 0ppm 处。

（3）按住 QUICK 键将记录笔移至 10ppm 处。

（4）按下 REC 键记录图谱。

7. 扫积分线。

（1）按住 QUICK 键将记录笔移至 10ppm 处，按下 STOP 键，按一下记录笔在记录纸上打一个点。

（2）按下 INTEG 键，看记录笔是否离开原记录纸上所打点的位置，若漂移，调节 BALANCE 旋钮，再按一下 RESET 键，记录笔回到原点，若仍有漂移，按上述步骤再调，直至调至记录笔在 50s 内不漂移。

（3）按下 SWEEP TIME 50 键和 REC 键，即进行积分。

8. 自旋去偶。

（1）按下 H$_1$LEVEL 中的 SD 键，INT/NORMAL/SD 中的 SD 键。

（2）按住 QUICK 键，当记录笔移至选择被去偶峰的辐照点时，按下 STOP 键，调节 H$_2$FREQ 至指示灯闪速很慢或不闪为止。

（3）按住 QUICK 键将记录笔移至未辐照分裂峰前 0.5ppm 处，按下 PEN、REC 键扫谱，原来自旋偶合分裂的多重峰成为单峰。若扫谱不是单峰，是因为辐照点位置选择不佳。

（三）注意事项

1. 调节好磁场均匀性是提高仪器分辨率、做好实验的关键。为了调好匀场，首先，必须保证样品管以一定转速平稳旋转，转速太高，样品管旋转时会上下颤动，转速太低，则影响样品所感受磁场的平均化；其次，匀场旋钮要交替、有序调节；第三，调节好相位旋钮，保证样品峰前峰后在一条直线上。

2. 仪器示波器和记录仪的灵敏度是不同的。在示波器上观察到大小合适的波谱图，在记录仪上，幅度起码衰减 10 倍，才能记录到适中图形。

3. 温度变化时会引起磁场漂移，所以记录样品谱图前必须不时检查 TMS 零点。

4. NMR 波谱仪是大型精密仪器，实验中应特别仔细，以防损害仪器。

第十节　高效液相色谱仪

一、高效液相色谱的基本原理

高效液相色谱法是以液体作为流动相，并采用颗粒极细的高效固定相的柱色谱分离技术。高效液相色谱对样品的适用性广，不受分析对象挥发性和热稳定性的限制，因而弥补了气相色谱法的不足。在目前已知的有机化合物中，可用气相色谱分析的约占 20%，而 80% 则需用高效液相色谱来分析。

高效液相色谱和气相色谱在基本理论方面没有显著不同，它们之间的重大差别是作为流动相的液体与气体之间的性质的差别。液相色谱根据固定相性质可分为吸附色谱、键合相色谱、离子交换色谱和分子排阻色谱等。

吸附色谱法是组分分子流经固定相（吸附剂，如硅胶或氧化铝）时，不同组分分子、流动相分子就要对吸附剂表面的活性中心展开竞争。这种竞争能力的大小，决定了保留值的大小，即被活性中心吸附得越牢的分子，保留值越大。

键合相色谱法是将类似于气相色谱中的固定液的液体，通过化学反应键合到硅胶表面，从而形成固定相。采用化学键合固定相的色谱法称为键合相色谱。若采用极性键合相、非极性流动相，则称为正相键合相色谱法；采用非极性键合相、极性流动相，则称为反相键合相色谱法。这种分离的保留值大小，主要取决于组分分子与键合相固定液分子间作用力的大小。

离子交换色谱法是流动相中的被分离离子，与作为固定相的离子交换剂上的平衡离子进行可逆交换时，由于对交换剂的基体离子亲和力大小的不同而达到分离的。组分离子对交换剂的基体离子亲和力越大，保留时间就越长。

分子排阻色谱法的固定相是一类孔径大小有一定范围的多孔材料。被分离的分子大小不同，它们扩散渗入多孔材料的难易程度不同。小分子最易扩散进入细孔中，保留时间最长；大分子完全排斥在孔外，随流动相很快流出，保留时间最短。

在以上四种分离方式中，反相键合相色谱应用最广，因为它采用醇-水或腈-水体系作为流动相。纯水廉价易得，紫外吸收极小。在纯水中添加各种物质可改变流动相选择性。使用最广的反相键合相是十八烷基键合相，即将十八烷基（$C_{18}H_{37}$—）键合到硅胶表面。这种键合相又称 ODS（Octadecylsilyl）键合相，如国外的 Partisil5-ODS、Zorbax-ODS、Shim-pack CLC-ODS，国产的 YWG-C_{18} 等。

二、高效液相色谱仪的工作流程

图 2-32 为高效液相色谱仪的流程示意图。

（一）流动相

贮液器用来存放流动相。流动相从高压的色谱柱内流出时，会释放其中溶解的气体，这些气体进入检测器后会使噪声剧增，甚至由于产生巨大的吸收或吸收读数波动很大，信号不能检测。因此，流动相在使用前必须经过脱气处理。贮液器应带有脱气装置，通常采用氦脱气法。氦在各种液体中的溶解度极低，用它鼓泡来驱赶流动相中的溶解气体。首先让氦气快

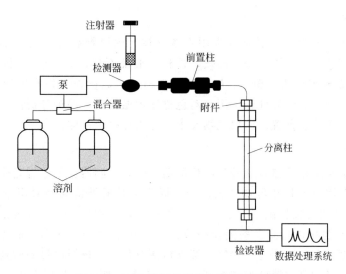

图 2-32　高效液相色谱仪的流程示意图

速清扫溶剂数分钟，然后使氦以很小的流量不断清扫此溶剂。有的仪器本身附有反压脱气装置，将它与配套检测器使用，就可避免吸收池内产生气泡。

为了延长色谱柱的寿命，流动相在使用前需用孔径小于 $0.5\mu m$ 的过滤器进行过滤，除去颗粒物质。低沸点和高黏度的溶剂不适宜作为流动相。含有 Cl^- 等卤素离子的溶液，pH 小于 4 或大于 8 的溶液，由于会腐蚀不锈钢管道或使硅胶的性能受到破坏，也不宜作为流动相。

（二）输液系统

输液系统通常由输液泵、单向阀、流量控制器、混合器、脉动缓冲器、压力传感器等部件组成。输液泵分为单柱塞往复泵和双柱塞往复泵，用来输送流动相。高效液相色谱固定相颗粒极细，色谱柱阻力很大，因此泵的输液压力最高可达 40MPa，输出流量为 $0\sim20mL \cdot min^{-1}$（对分析用高效液相色谱仪）。输液准确性达±2%，精密度优于±0.3%。单向阀装在泵头上部，在泵的吸液过程中用来关闭出液液路。流量控制器可使流量保持恒定，确保流量不受色谱柱反压影响。混合器由接头和空管组成，使溶剂经混合器完全混合均匀。脉动缓冲器的作用是将压力与流量的脉动除去，使到达色谱柱的液流为无脉冲液流。压力传感器是用压敏半导体元件测量柱头压力，测出的压力由显示窗或荧光屏显示器（CRT）显示。为了改进分离效果，往往采用多元溶剂，而且在分离过程中按一定程序连续改变流动相组成，因此输液系统还需具备梯度淋洗装置。实现梯度淋洗可以采用两种方式：第一种，在泵的入液阀头安装三个电子比例阀，当泵工作时，根据比例阀是否开启及开启时间的长短，可选一个或几个溶剂按任意比例混合，这是一种低压混合溶剂的方式，只需一台输液泵，在使用恒定溶剂比例时，操作十分方便，但由于输出的溶剂组成准确度和精密度均较差，在梯度淋洗时，分析结果的重现性不理想；第二种采用多台恒流输液泵，在高压方式下，混合溶剂，实现梯度淋洗。这种方式可以保证溶剂混合的高度准确性和重现性，但成本较高。

（三）进样器

在高压液相色谱中，采用六通高压微量进样阀进样。它能在不停流的情况下将样品进样分析。进样阀上可装不同容积的定量管，如 $10\mu L$、$20\mu L$ 等。利用进样阀进样精密度好。

（四）色谱柱

高效液相色谱仪的色谱柱通常都采用不锈钢柱，内填颗粒直径为 $3\mu m$、$5\mu m$ 或 $10\mu m$ 等几种规格的固定相。由于固定相的高效，柱长一般都不超过 30cm。分析柱的内径通常为 $0.4\sim0.5cm$，制备柱则可达 2.5cm。虽然液相色谱的分离操作可以在室温下进行，但大多数高效液相色谱仪都配有恒温柱箱，用来对色谱柱恒温。为了保护分析柱，通常可在分析柱前再装一根短的前置柱。前置柱内填充物要求与分析柱完全一样。

（五）检测器

高效液相色谱常用检测器有紫外吸收检测器、荧光检测器、示差折光检测器和电导检测器。紫外检测器分固定波长和可调波长两类。固定波长紫外检测器采用汞灯，产生 254nm 或 280nm 谱线。可调波长检测器光源为氘灯和钨灯，可提供 $190\sim750nm$ 范围内的辐射，从而可用于紫外-可见区的检测。检测器吸收池体积一般为 $8\sim10\mu L$，光路长度约为 8mm。紫外检测器灵敏度较高，通用性也较好。荧光检测器是一种选择性强的检测器，仅适用于对荧光物质的测定，灵敏度比紫外检测器高出 $2\sim3$ 个数量级。示差折光检测器是一类通用型检测器，只要组分折射率与流动相折射率不同就能检测，但两者之差有限，故灵敏度较低，且对温度变化敏感，不能用于梯度淋洗。电导检测器是离子色谱法中应用最多的检测器。

（六）馏分收集器和记录器

馏分收集器用来收集纯组分。当进行制备色谱操作时，可以设置一个程序使之将欲分离的组分自动逐个收集，以备后用。记录器可采用色谱处理机和长图记录仪。

三、高效液相色谱仪的使用方法

（一）LC-10A 液相色谱仪（日本岛津公司）

LC-10A 液相色谱仪基本配置包括 LC-10AD 双柱塞往复输液泵、CTO-10AC 柱温箱、SPD-10A 分光光度检测器等独立单元。通过 SCL-10A 系统控制器可以统一控制这些单元的操作，也可独立对各个单元进行操作。记录系统一般配置记录仪、色谱处理机或色谱工作站。

LC-10AD 输液泵操作面板各键名称和功能列于表 2-4。

表 2-4　LC-10AD 操作面板各键功能介绍

序号	名称	含义或功能
1	显示窗	显示所设的流量或显示由压力传感器所测得的系统内压力值；显示所设置的允许压力上限和下限。当按 func 键时，显示仪器的其他设置功能
2	信号指示灯	当灯亮时，该灯上方所描述的功能正在起作用
3	数字键	用于参数值输入
4	CE 键	清除键。可使显示窗回到起始显示状态；取消错误输入的数据或清除显示窗显示的错误信息
5	run 键	"启动/停止"时间程序
6	purge 键	清洗管道或排除管道气泡的"启动/停止"键。注意：按下 purge 键，输液泵以 $10mL\cdot min^{-1}$ 流量工作，因而色谱柱前的排液阀应旋在排液位置，此时流动相不经色谱柱直接排到废液瓶中
7	pump 键	"启动/停止"输液泵

序号	名称	含义或功能
8	back 键	退回键。如当编辑时间程序时,按此键,退回至前一步设置
9	func 键	功能键。按此键,仪器进入其他功能设置
10	del 键	删除一行时间顺序
11	Edit 键	转入编辑时间程序模式
12	前盖门	掩盖输液泵头及连接管道
13	排液阀旋钮	"开/关"排液阀
14	前盖门按钮开关	按下,打开前盖门

LC-10AD 液相色谱仪基本操作步骤如下:

1. 开机前准备工作:开机前准备工作包括选择、纯化和过滤流动相;检查贮液瓶中是否具有足够的流动相,吸液砂芯过滤器是否已可靠地插入检查贮液瓶底部;废液瓶是否已倒空,所有排液管道是否已妥善插在废液瓶中。

2. 开启稳压电源,待"高压"红灯亮后,打开 LC-10AD 输液泵、CTO-10AC 柱温箱、SPD-10A 分光光度检测器和色谱处理机电源开关。

3. 输液泵基本参数设置:打开输液泵电源开关后,输液泵的微处理机首先对各部分被控制系统进行自检,并在显示窗内显示操作版本后,显示初始信息。

显示窗中 flow/press 下面的数字闪烁,提示可以进行流量设定,按"1.0""ENTER"后 flow/press 下面显示 1.000,表示此时已设定流量为 $1.000mL \cdot min^{-1}$。按"func"键后,p. max 下面的数字闪烁,按"300""ENTER"后下面显示 300。按照同样方法,可以设置 p. min 为 10。上述基本设置完成后,为回到起始状态,需按"CE"键。如果这时再按"func"键,则在 pressure 下面显示仪器的其他辅助功能,每按一次,顺序显示一种功能,按"back"键,返回到前一种功能,按"CE"键,则回到起始状态。

4. 排除管道气泡或冲洗管道:将排液阀旋转 180° 至"open"位置,按"purge"键,输液泵以 $10mL \cdot min^{-1}$ 流量输液,观察输液管道中是否有气泡排出,当确信管道中无气泡后,按"pump"键,使输液泵停止工作,再将排液阀旋钮转至"close"位置。

5. 色谱柱冲洗:按"pump"键,输液泵以 $1.0mL \cdot min^{-1}$ 的流量向色谱柱输液,在显示窗中可以监测到系统压力的变化情况。在常用的甲醇-水流动相体系中,压力值应为 10MPa 上下。

6. SPD-10A 分光光度检测器:将波长旋转至所需波长,按下"ABS"键,并在响应选择键中按下"STD"键,用"ZERO"键调节输出零点。

7. C-R6A 数据微处理机:按"SHIFT DOWN""FILE/POLT",数据处理机开始走基线。如果记录笔不在合适位置,按"ZERO""ENTER"。待基线平直后,再按"SHIFT DOWN""FILE/POLT",停止走基线。输入下列命令:"SHIFT DOWN""PRINT/LIST""WIDTH""ENTER",调出色谱峰分析参数,进行修改或确认。(参照前面介绍的 C-R6A 色谱数据处理机使用方法进行操作。)

8. 进样:将六通进样阀转至"LOAD"位置,用平头注射器进样后,转回至"INJECT",并同时按下 C-R6A 的"START"键,C-R6A 处理机开始对色谱峰记时间、积分。待色谱峰流出后,按"STOP"键,色谱处理机停止积分,并按色谱分析参数表规定的方法对数据进行处理并打印结果。

（二）Varian 5000 型高效液相色谱仪（北京分析仪器厂组装）

Varian 5000 型高效液相色谱仪包括一个独立的微处理机以及由它控制的高效液相色谱仪的所有部件。这些部件包含三个流动相贮液瓶、梯度淋洗部件、一个单柱塞往复泵输液系统、一个进样器、一个色谱柱箱和柱加热器，一台可调波长的分光光度检测器，另外还有一个装有控制键盘和荧光屏显示器的电器机箱。同时，它还可以配接自动进样器和数据处理装置。

（三）使用液相色谱仪的注意事项

1. 流动相更换：如果欲更换的流动相与前一种流动相混溶，另取一个 500mL 干净的烧杯，放入 200mL 新的流动相，把砂芯过滤器从先前的流动相贮液瓶中取出，放入烧杯中，轻轻摇动一下，打开排液阀（转至"open"位置），按键，使输液泵以 10mL·min^{-1} 的流量工作 5～10min，排出先前的流动相（约 50～100mL）。关泵后再把过滤器放入新的流动相中，关闭排液阀，以 1.0mL·min^{-1} 流量清洗色谱柱，最后接上柱后检测器，清洗整个流路。如果新的流动相与原来的流动相不相溶，则用一个与两种流动相都混溶的流动相进行过渡清洗；如果使用缓冲溶液作为流动相，则更换流动相之前，必须用蒸馏水彻底清洗泵。因为缓冲溶液中溶质的沉淀会磨损输液泵活塞及活塞密封圈，清洗方法如下：将注射器吸满水，与输液泵清洗管道相连，然后把蒸馏水推入管道，先清洗输液泵，再清洗进样器。

2. 输液泵应避免长时间在高压下工作（＞30MPa）。输液泵工作压力过高可能由以下原因造成：色谱柱、管道、过滤器和柱子上端接头等堵塞或输液流量太大，应立即停泵，查清原因后再开泵。

3. 实验开始前和实验结束后，用纯甲醇冲洗管道和色谱柱若干时间，可以避免许多意想不到的麻烦。当用 pH 缓冲液作为流动相时，实验结束后先用亚沸蒸馏水冲洗半小时，再用纯甲醇冲洗 15min。

第十一节　气相色谱仪

气相色谱法是以气体（此气体称为载气）为流动相的柱色谱分离技术。气相色谱法由于所用的固定相不同，可以分为两种，用固体吸附剂作固定相的叫气固色谱，用涂有固定液的担体作固定相的叫气液色谱。

按色谱分离原理来分，气相色谱法亦可分为吸附色谱和分配色谱两类，在气固色谱中，固定相为吸附剂，气固色谱属于吸附色谱，气液色谱属于分配色谱。

按色谱操作形式来分，气相色谱属于柱色谱，根据所使用的色谱柱粗细不同，可分为一般填充柱和毛细管柱两类。一般填充柱是将固定相装在一根玻璃或金属的管中，管内径为 2～6mm。毛细管柱则又可分为空心毛细管柱和填充毛细管柱两种。空心毛细管柱是将固定液直接涂在内径只有 0.1～0.5mm 的玻璃或金属毛细管的内壁上，填充毛细管柱是近几年才发展起来的，它是将某些多孔性固体颗粒装入厚壁玻璃管中，然后加热拉制成毛细管，一般内径为 0.25～0.5mm。

在实际工作中，气相色谱法是以气液色谱为主。

一、基本原理

气相色谱法就是利用待分离的各种物质在两相中的分配系数、吸附能力等亲和能力的不同来进行分离的。使用外力使含有样品的流动相通过一固定于柱中或平板上、与流动相互不相溶的固定相表面。当流动相中携带的混合物流经固定相时，混合物中的各组分与固定相发生相互作用。由于混合物中各组分在性质和结构上的差异，与固定相之间产生的作用力的大小、强弱不同，随着流动相的移动，混合物在两相间经过反复多次的分配平衡，使得各组分被固定相保留的时间不同，从而按一定次序由固定相中先后流出。与适当的柱后检测方法结合，实现混合物中各组分的分离与检测。

二、气相色谱仪

气相色谱仪主要由载气系统、进样系统、温度控制系统、分离系统及检测系统等组成，工作流程如图 2-33 所示。

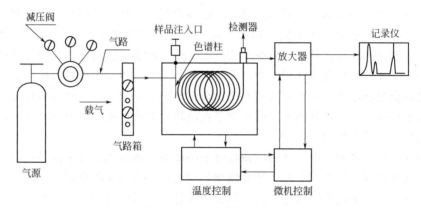

图 2-33　气相色谱仪流程图

（一）载气系统

气相色谱仪中的气路是一个载气连续运行的密闭管路系统。整个载气系统要求载气纯净、密闭性好、流速稳定及流速测量准确。载气由高压气瓶供给，经压力调节器减压和稳压，以稳定流量进入气化室、色谱柱、检测器后放空。常用载气有氢气、氮气。用热导检测器时主要使用氢气；用氢火焰离子化检测器时主要使用氮气。

（二）进样系统

用注射器（或其他进样装置）将样品迅速、定量地注入气化室气化，再被载气带入柱内分离。要想获得良好分离，进样速度应极快，样品应在气化室内瞬间气化。气体常用 $0.5\sim10mL$ 注射器；液体常用 $0.5\sim50\mu L$ 微量注射器。

（三）分离系统

分离系统的核心是色谱柱，它的作用是将多组分样品分离为单个组分。色谱柱分为填充柱和毛细管柱两类。常用柱管材料为不锈钢、玻璃或石英玻璃。将选定的固定液涂布在载体上，然后装入色谱柱，这种柱子称为填充柱。常用填充柱内径一般为几毫米，长度从 0.5m 到几米不等。常用载体有红色载体（如 6201 系列）和白色载体（如 101、102 系列）。红色载体适用于分析极性弱的物质，而白色载体适用于分析极性强的物质。毛细管填充柱较少使用。

样品中各组分的良好分离主要取决于固定液的选择。实际工作中遇到的样品往往比较复杂、多变，因此选择固定液无规律可循，一般凭经验或文献资料选择。在充分了解样品性质的基础上，尽量使用与样品中组分之间有某些相似性的固定液，使两者之间的作用力增大，从而分配系数有较大的差别，以实现良好分离。

几种常用的代表性固定液如下（按极性增加次序）：甲基硅橡胶（SE-30），最高使用温度350℃；50%苯基甲基聚硅氧烷（OV-17），最高使用温度375℃；三氟丙基甲基聚硅氧烷（OV-210），最高使用温度250℃；聚乙二醇（PEG-20M），最高使用温度200℃；丁二酸二乙二醇聚酯（DEGS），最高使用温度200℃。固定液在最高使用温度以上时，其蒸气压急剧上升而造成基线不稳。

（四）检测系统

检测器的作用是把被色谱柱分离的样品组分根据其特性和含量转化成电信号，经放大后，由记录仪记录成色谱图。最常用的检测器有热导检测器、氢火焰离子化检测器、电子捕获检测器、火焰光度检测器及质谱检测器等。热导检测器是基于不同组分有与载气不同的热导率，因而传导热的能力大小不同，即使是同一组分，如果浓度不同，传导热的程度也不同。因此，检测器的输出信号是组分浓度的函数。热导检测器通用性好，但灵敏度有限。

氢火焰离子化检测器是最常用的检测器。除了对无机气体及少数在火焰中不离解的化合物没有信号或信号极小外，几乎对所有有机化合物都产生响应。载气携带被柱分离后的组分进入氢氧焰中燃烧，生成正负离子。这些离子在电场中形成电流，并流经高电阻，产生电压降，再输入放大器放人后记录下来。

电子捕获检测器是利用电负性物质捕获电子的能力，通过测定电子流进行检测的，具有灵敏度高、选择性好的特点。它是一种专属型检测器，是目前分析痕量电负性有机化合物最有效的检测器，元素的电负性越强，检测器灵敏度越高，对含卤素、硫、氧、羰基、氨基等的化合物有很高的响应。电子捕获检测器已广泛应用于有机氯和有机磷农药残留量、金属配合物、金属有机多卤或多硫化合物等的分析测定。它可用氮气或氩气作为载气，最常用的是高纯氮。

火焰光度检测器对含硫和含磷的化合物有比较高的灵敏度和选择性。其检测原理是，当含磷和含硫物质在富氢火焰中燃烧时，分别发射具有特征的光谱，透过干涉滤光片，用光电倍增管测量特征光的强度。

质谱检测器是一种质量型、通用型检测器，其原理与质谱相同。它不仅能给出一般气相色谱检测器所能获得的色谱图（总离子流色谱图或重建离子流色谱图），而且能够给出每个色谱峰所对应的质谱图。通过计算机对标准谱库的自动检索，可提供化合物分析结构的信息，故是气相色谱定性分析的有效工具。常被称为色谱-质谱联用分析，是将色谱的高分离能力与质谱的结构鉴定能力结合在一起。

（五）信号记录或微机数据处理系统

近年来气相色谱仪主要采用色谱数据处理机进行数据处理。色谱数据处理机可打印记录色谱图，并能在同一张记录纸上打印出处理后的结果，如保留时间、被测组分质量分数等。

（六）温度控制系统

温度控制系统用于控制和测量色谱柱、检测器、气化室温度，是气相色谱仪的重要组成部分。

三、气相色谱仪的使用注意事项及操作步骤

（一）流量控制

打开钢瓶总阀，调节减压阀至分压表 0.4MPa。旋转仪器进气阀至氮气、空气和氢气压力表压力分别为 0.3MPa（空气和氮气）和 0.1MPa（氢气）。在使用氢火焰检测器时，空气流量通常控制在 400mL·min^{-1}，氢气 30mL·min^{-1}。当使用毛细管柱时，需要开启辅助气，流量一般控制在 30～40mL·min^{-1}。通过分流式毛细管进样器的载气，流量通常控制在 50～100mL·min^{-1}。载气通过气化室后，进入毛细管柱前分为两路，一路进入毛细管柱，另一路从分流排气出口处放空。对大口径的毛细管柱（0.53mm），载气流量一般控制在 3～10mL·min^{-1}；对小口径的毛细管柱（内径为 0.32mm 或 0.25mm），载气流量一般控制在 0.5～2mL·min^{-1}。

（二）温度控制

进样室的温度应根据进样方法和样品而定。气化方式进样时，气化温度既要使组分能充分气化，又不会分解（裂解进样除外）。检测室的温度以稍高于柱温为好，可避免组分冷凝或产生其他问题。色谱柱柱温的确定要综合考虑，即要照顾到固定相的使用温度范围、分析时间长短、便于定性和定量测定等因素。最好能在恒温下操作，沸程很宽的样品才采用程序升温操作。满意的操作温度须由实验求得。进样口温度应高于柱温 30～50℃；进样量一般不超过数微升；柱径越细，进样量应越少。检测器为氢火焰离子化检测器时，检测温度一般高于柱温，并不得低于 100℃，以免水汽凝结，通常为 250～350℃。

（三）基本操作步骤

1. 开机之前：首先应根据实验要求，选择合适的色谱柱。其次，气路连接应保证正确无误，并打开载气检漏。最后，信号线接所对应的信号输入端口。

2. 开机：首先，打开所需载气气源开关，稳压阀调至 0.3～0.5MPa，看柱前压力表压力显示，方可开主机电源，调节气体流量至实验要求。其次，在主机控制面板上设定检测器温度、气化室温度、柱箱温度，按"输入"键，升温。最后，打开氢气发生器和纯净空气泵的阀门，氢气压力调至 0.3～0.4MPa，空气压力调至 0.3～0.5MPa，在主机气体流量控制面板上调节气体流量至实验要求；当检测器温度大于 100℃时，按"点火"按钮点火，并检查点火是否成功，点火成功后，待基线走稳，即可进样分析。

3. 实验完毕：关闭氢气离子化检测器的氢气和空气气源，将柱温降至 50℃以下，用氮气将色谱柱吹净后，关闭主机电源，关闭载气气源。关闭气源时应先关闭钢瓶总压力阀，待压力指针回零后，再关闭稳压表开关。最后再检查一遍方可离开。

第十二节　电位分析仪

一、基本原理

电位分析法是在零电流条件下通过测量插入待测溶液中两电极所组成电池的电动势，根据电极电位与待测物质浓度间的定量关系计算被测物质的含量。

电位分析法分为电位法和电位滴定法两类。电位法用专用的指示电极如离子选择电极，

把被测离子 A 的活度转变为电极电位，电极电位与离子活度间的关系可用能斯特方程表示，上式是电位分析法的基本公式。

$$\varphi = 常数 + \frac{0.0592}{z_A} \lg a_A \tag{1}$$

式中，φ 为电极电位；a_A 为被测离子的活度，在离子活度比较低时，可直接用离子浓度代替；z_A 是被测离子所带电荷数。

电位滴定法是利用电极电位的突变代替化学指示剂颜色的变化来确定终点的滴定分析法。必须指出，电位法是在溶液平衡体系不发生变化的条件下进行测定的，测得的是物质游离离子的量；电位滴定法测得的是物质的总量。电位分析法利用一支指示电极与另一支合适的参比电极构成一个测量电池，如图 2-34 所示。

通过测量该电池的电动势或电极电位来求得被测物质的含量、酸碱离解常数或配合物的稳定常数等。

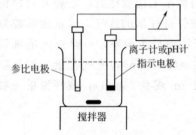

图 2-34 电位分析装置示意图

二、分析方法

电位法的分析方法包括标准曲线法、标准加入法和直读法等分析测定方法。

（一）标准曲线法

配制一系列含被测组分的标准溶液，分别测定其电位值 φ，绘制 φ 对 $\lg c$ 曲线。然后测量样品溶液的电位值，在标准曲线上查出其浓度，这种方法称为标准曲线法。

标准曲线法适用于被测体系较简单的例行分析。较复杂的体系离子强度变化大。在这种情况下，标准溶液和样品溶液中可分别加入一种称为离子强度调节剂（TISAB）的试剂，它的作用主要有：第一，维持样品和标准溶液恒定的离子强度；第二，保持试液在离子选择电极适合的 pH 范围内，避免 H^+ 或 OH^- 的干扰；第三，使被测离子释放成为可检测的游离离子。

（二）标准加入法

先测定由试样溶液（c_x，V_x）和电极组成电池的电动势 E_1；再向试样溶液（c_x，V_x）中加入标准溶液（c_s，V_s），测量其电池的电动势 E_2；推导出待测浓度 c_x。

$$E_1 = K'' + \frac{2.303RT}{nF} \lg c_x \tag{2}$$

$$E_2 = K'' + \frac{2.303RT}{nF} \lg \frac{c_x V_x + c_s V_s}{V_x + V_s} \tag{3}$$

式（3）减式（2），且令 $S = \frac{2.303RT}{nF}$，得

$$c_x = \frac{c_s V_s}{(V_x + V_s)10^{\Delta E/S} V_x}$$

所以：

$$(V_x + V_s)10^{E/S} = k(c_x V_0 + c_s V_s) \tag{4}$$

（三）Gran 作图法

$$(V_x + V_s)10^{E/S} = k(c_x V_0 + c_s V_s) \tag{5}$$

以 $(V_x+V_s)10^{E/S}$ 对 V_s 作图，可以得到一条直线，延长直线使之与横坐标相交，此时纵坐标等于零，所以 $(V_x+V_s)10^{E/S}=0$

即：

$$c_x=-\frac{c_sV_s}{V_0} \tag{6}$$

Gran 作图法既适用于电位法，也适用于电位滴定法。

（四）直读法

在 pH 计或离子计上直接读出试液的 pH（pM）值的方法称为直读法。测定溶液的 pH 值时，组成如下测量电池：

$$\text{pH 玻璃电极}|\text{试液}(a_{H^+}=x)|\text{饱和甘汞电极}$$

电池电动势：
$$E=\varphi_{SCE}-\varphi_g$$

φ_{SCE} 是定值，得：
$$E_x=b+0.0592\text{pH}_x$$

在实际测定未知溶液的 pH 值时，需先用 pH 标准缓冲溶液定位校准，其电动势为：

$$E_s=b+0.0592\text{pH}_s$$

合并以上两式得：

$$\text{pH}_x=\text{pH}_s+\frac{E_x-E_s}{0.0592} \tag{7}$$

式(7) 称为 pH 的操作定义。

常用的几种 pH 标准缓冲溶液的 pH 见表 2-5。

表 2-5 标准缓冲溶液的 pH 值

温度 /℃	草酸氢钾 (0.05mol·L⁻¹)	酒石酸氢钾 (25℃,饱和)	邻苯二甲酸氢钾 (0.05mol·L⁻¹)	磷酸二氢钾 (0.025mol·L⁻¹) +磷酸二氢钠 (0.025mol·L⁻¹)	硼砂 (0.01mol·L⁻¹)	氢氧化钙 (25℃,饱和)
0	1.666	—	4.003	6.984	9.464	13.423
10	1.670	—	3.998	6.923	9.332	13.003
20	1.675	—	4.002	6.881	9.225	12.627
25	1.679	3.557	4.008	6.865	9.180	12.454
30	1.683	3.552	4.015	6.853	9.139	12.289
35	1.688	3.549	4.024	6.844	9.102	12.133
40	1.694	3.547	4.035	6.838	9.068	11.984

三、仪器及其使用

（一）离子选择性电极

离子选择性电极是对溶液中特定阴阳离子有选择性响应能力的电极。离子选择性电极是由电极敏感膜、电极管、内参比溶液和内参比电极等构成的，其关键部位是敏感膜。离子选择性电极的构造如图 2-35 所示。

当电极膜浸入外部溶液时，膜内外有选择响应的离子，通过交换和扩散作用在膜两侧建立电位差，达平衡后即形成稳定的膜电位。

氟离子选择电极如图 2-36 所示。敏感膜由 LaF_3 单晶片制成，LaF_3 的晶格中有空穴，在晶格上的 F^- 可以移入晶格邻近的空穴而导电。当氟电极插入到 F^- 溶液中时，F^- 在晶体膜表面进行交换。

25℃时：$\varphi = K - 0.0592 \lg a_{F^-} = K + 0.0592 pF$。

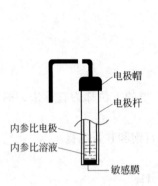
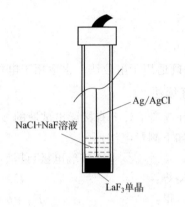

图 2-35 离子选择性电极的构造图　　　　图 2-36 氟离子选择电极的构造图

（二）离子计

离子计是用于测定电动势（电极电位）的仪器。离子计的输入阻抗高（约为 $10^{11}\,\Omega$）。其仪器表头的最小分格为 0.1mV（或 1mV），量程范围一般为 0～±700mV。必须注意的是，在连接电极时，负端应接离子选择电极，正端接参比电极。

（三）PXD-12 型数字式离子计的使用

PXD-12 型数字式离子计可以用作毫伏计、PH 计或直接测定离子活度的负对数值。使用方法如下。

1. 开机通电预热约半小时后可进行测定。

2. 选择键：测毫伏值时按下 mV 键；测一价离子的 pX 值时按下 pX_I 键；二价离子时按下 pX_{II} 键。

3. 调零键：测试前调节仪器的电器零点，使它显示 0.000。

4. 温度补偿键：测量 pH（pX）时，就将它调节在相应的试液温度上。

5. 斜率补偿键：当电极斜率与理论值相符时，斜率补偿键置于 100% 的位置；若不符合时，置于 80%～110%，并用两种 pX 标准溶液校准。校准时，先将斜率补偿键置于 100%，电极插入 pX_1 溶液，调节温度补偿键至试液 pX_1 相对应的温度，按下测量键，调节定位键使仪器显示 0.00pX，松开测量键。然后清洗电极，插入 pX_2 溶液，斜率补偿键置于 80%～110%，按下测量键，调节温度补偿键使仪器显示 $\Delta pX = pX_2 - pX_1$，调节完毕，此键不得变动，否则重新调节。

6. 定位键：测量 pH（或 pX）时，调节此键使仪器显示标准溶液的 pH（或 pX）值。调节完毕，此键不得变动，否则重新调节。

7. 测量毫伏时，定位键、斜率补偿键、温度补偿键不起作用。

（四）注意事项

氟离子选择性电极使用前用蒸馏水浸泡活化过夜或在 $10^{-3}\,mol\cdot L^{-1}$ NaF 溶液中浸泡 1～2h，再用蒸馏水洗至空白电位 300mV 左右，方可使用。电极的单晶薄膜切勿用手指或尖硬的东西碰划，以免损坏或沾上油污影响测定，使用后需用蒸馏水冲洗干净，然后浸入水中，长久不用时，吹干保存。

第十三节　恒　温　槽

恒温槽是能提供恒定温度的槽体，是物理化学实验中必不可少的恒温设备。

一、恒温槽结构

常用的恒温槽以液体作为介质，如图2-37所示，一般由下列部件组成：

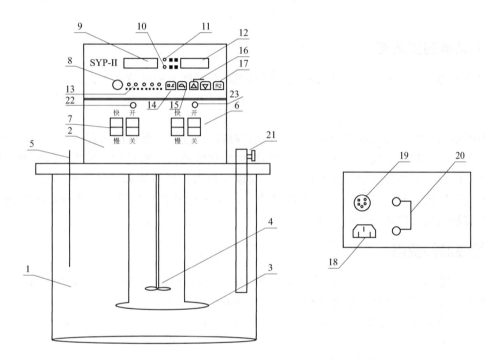

图2-37　玻璃恒温水浴槽结构示意图

1—玻璃缸体；2—控温机箱；3—加热器；4—搅拌器；5—温度传感器；6—加热器电源开关；7—搅拌电源开关；
8—控温电源开关；9—温度显示窗口；10—恒温指示灯；11—工作指示灯；12—设定温度显示窗口；
13—回差指示灯；14—回差键；15—移位键；16—增、减键；17—复位键；18—电源插座；19—温
度传感器接口；20—保险丝座；21—可升降支架；22—水搅拌指示灯；23—加热指示灯

1. 槽体：一般为玻璃缸，圆形或长方形。

2. 加热器：一般为电热加热器，其电热丝的功率视恒温槽的大小和所需温度的高低而定。一般升温时可用较大功率的电加热器，当接近所需恒温温度时可改用小功率，以提高恒温精度。

3. 温度调节器：它是恒温水浴的主要设备。它的功能是：当恒温槽的温度低于所需温度时能使电热器自动加热，达到所需温度时会停止加热。

4. 温度控制器：它是控温的执行机构，一般用晶体管继电器。它通过电子线路控制继电器的电磁线圈中的电流，使其触点断开或接触，控制加热器和指示灯的工作。

5. 搅拌器：其作用为搅拌恒温介质，使介质各部分温度均匀。

二、恒温原理

如果恒温的温度比室温高，则恒温槽工作过程中自然散热，使恒温介质温度逐渐下降。当温度降到某一数值（T_1）时，温度控制器使加热器加热。搅拌器把热量均匀地分布于恒温介质中，此时温度上升。当温度升高到某一数值（T_2）时，温度控制器又使加热器停止加热。随后，恒温介质又因自然散热而温度下降，如此往复就使恒温槽温度保持恒定。在理想情况下，以温度计的读数 T 对时间 t 作图，得到的曲线是对称的。故恒温温度 T_0 可取温度的最低值 T_1 和最高值 T_2 的算术平均值：

$$T_0 = \frac{T_1 + T_2}{2}$$

三、恒温槽的灵敏度

恒温槽的性能主要由灵敏度来衡量。恒温槽在某温度下的灵敏度为：

$$\Delta T = \pm \frac{T_2 - T_1}{2}$$

恒温槽的灵敏度与各部件的质量有关，也与各部件在恒温槽中的布置有关。优良的恒温槽应该是：（1）热容量要大一些；（2）加热器的导热性能好，而且功率适当；（3）温度控制器工作灵敏；（4）搅拌强烈而又均匀；（5）温度控制器、搅拌器和加热器要适当靠近一些。一旦恒温介质被加热，立即由搅拌器搅拌均匀，并流经温度控制器及时进行温度控制。此外，恒温槽的灵敏度还与环境温度有关。

四、恒温槽的使用

1. 在初次使用前，应先将恒温器电源插头用万用表进行一次安全检查，用测量电阻挡，量插头上火线、零线及地线相互之间是否有短路或绝缘不良现象。

2. 按规定加入蒸馏水（水位离盖板约 $30 \sim 43mm$），将电源插头接通电源，开启控制箱上的电源开关。

3. 调节恒温水浴至设定温度。

4. 最好选用蒸馏水，切勿使用井水、河水、泉水等硬水。倘若用自来水，必须在每次使用后将该槽内外进行清洗，防止筒壁积聚水垢而影响恒温灵敏度。

第十四节　贝克曼温度计

贝克曼（Beckmann）温度计（图 2-38）是德国化学家恩斯特·奥托·贝克曼发明的，是精密测量温度差值的温度计。刻度尺上的刻度一般只有 5℃ 或 6℃，最小刻度为 0.01℃，可以估读到 0.002℃，可在 -20℃ 至 +120℃ 范围内使用。这是因为在它的毛细管上端装有一个辅助水银贮槽，可用来调节水银球中的水银量，因此可以在不同的温度范围内使用。

贝克曼温度计由薄玻璃制成，比一般水银温度计长得多，易受损坏。所以一般应置于温度计盒中，或者安装在使用仪器架上，或者握在手中，不应随意放置。调节时，注意勿让它受剧热或剧冷，还应避免重击。调节好的温度计，注意勿使毛细管中的水银柱再与贮槽里的水银相连接。

　　传统的贝克曼温度计使用水银，容易造成污染，且操作复杂、读数误差大、易损怕震，因此逐步被数字贝克曼温度计所取代。数字贝克曼温度计（图 2-39）用温度传感器采集温度信号转变成电压信号，先多级放大为模拟电压量，再由转换器转换为数字信号，然后进行滤波、线性校正等处理，测量结果以数码显示。具有分辨率高（0.001℃）、操作简单、显示清晰、读数准确、测量范围宽（$-50 \sim +150$℃）、使用安全可靠、无汞污染等特点，目前已在实验室广泛使用。

　　数字贝克曼温度计使用方法如下：

　　1. 将传感器探头插入后盖板上的传感器接口（槽口对准）。

　　2. 将电源接入后盖板上的电源插座。

　　3. 将传感器插入被测物中（插入深度应大于 50mm）。

　　4. 按下电源开关，此时显示屏显示仪表初始状态（实时温度）。

　　5. 选择基温：根据实验所需的实际温度选择适当的基温挡，使温差的绝对值尽可能小。采用基温可以得到分辨率更高的温差，提高显示值的准确度。

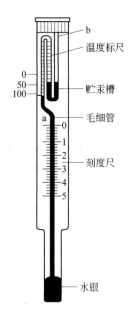

图 2-38　水银贝克曼温度计

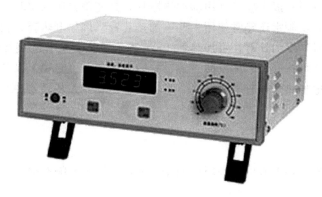

图 2-39　数字贝克曼温度计

　　6. 温度和温差的测量：（1）要测量温差时，按一下"温度/温差"键，此时显示屏上显示温差数；（2）再按一下"温度/温差"键，则返回温度测量状态。

　　7. 需要记录温度和温差的读数时，可按一下"测量/保持"键，使仪器处于保持状态（此时"保持"指示灯亮）。读数完毕。再按一下"测量/保持"键，即可转换到"测量"状态，进行跟踪测量。

第五章

基本操作技能

玻璃仪器的洗涤和干燥，灯的使用、玻璃工操作和塞子的钻孔，分析天平的使用和样品的称量，试剂的取用与试管操作等都属于化学实验中必须掌握的最基本操作，必须多加练习。所以，在该教材中，这些操作都安排了对应的实验供学生进行专门的练习。除此之外，还有一些基本操作技能必须掌握。

第一节　加热与冷却

一、加热器具的使用

酒精灯和煤气灯是一般实验室常用的加热器具，其使用方法见实验二。除了用酒精灯和煤气灯明火加热外，实验室还经常使用一些电加热装置。例如电热套，它是玻璃纤维包裹着电炉丝织成的"碗状"电加热器，可加热到400℃左右，尤其适合圆底烧瓶、三颈烧瓶等的加热。使用时注意不可让有机液体或酸、碱、盐溶液流到电热套中，以免引起短路而损坏电热套。其他常用的电加热器还有电炉、恒温水浴装置、管式炉和马弗炉等。

二、加热方法

1. 直接加热

金属容器或坩埚、蒸发皿可直接用火加热，玻璃仪器则要隔石棉网加热。

2. 间接加热

（1）水浴加热

加热温度在100℃以下时可用水浴，一般在水浴锅中进行，也可用烧杯代替水浴锅。锅内水量勿超过容积的2/3，水面要略高于容器内液面。若不慎将水烧干，应立即停止加热，待冷却后再续水使用。

（2）油浴

加热温度在100～250℃时可用油浴，其优点是温度易控制在一定范围内、反应物受热均匀。常用的油浴有甘油（可加热到140～150℃）、植物油（可加热到220℃）、石蜡或液体石蜡（可加热到200℃）、硅油（可加热到250℃）等。

使用油浴要特别注意，防止着火。若已冒烟，应立即停止加热，万一着火，要立即撤除热源，用石棉板盖住油浴口，切勿用水浇。油浴中可悬挂温度计，以便随时调节热源温度。

此外，还有砂浴、盐浴、酸浴、合金浴、空气浴等多种间接加热法，这里不再一一介绍。

3. 液体的加热

液体加热可在试管、烧杯、烧瓶或蒸发皿中进行。试管加热要注意管口朝上、勿对着别人和自己，液体量不超过 1/3 容积，注意受热均匀，防止沸腾溅出。烧杯（瓶）要在石棉网上加热并固定，液体量不超过 1/2 容积，烧杯要不时搅拌，烧瓶则视情况添加沸石，以防暴沸。蒸发皿要放在泥三角上加热（也可用水浴），注意不断搅拌防止近干时晶体溅出。

4. 固体的加热

固体加热可在试管或坩埚中进行。试管加热应注意管口略朝下倾斜，防止产生的水珠倒流使试管破裂。坩埚应置于泥三角上，先用小火均匀加热，再用大火灼烧底部，并充分搅拌，防止颗粒喷溅；取下坩埚时应用干净的坩埚钳，注意预热后再夹取，用后尖端朝上以保证坩埚钳尖端洁净。

三、冷却方法

化学实验有时需在低温下进行，可根据不同的要求选用合适的冷却技术。

1. 自然冷却

热溶液可在空气中放置，让其自然冷却至室温。

2. 冰水浴冷却

需快速冷却时，可用流水淋洗器壁，或用冰水浴加速冷却。

3. 使用冷却剂

最简单的冷却剂是冰盐混合物，不同比例可得不同的制冷温度。如 100g 碎冰和 33g 氯化钠可达到 $-21℃$，100g 碎冰和 35g 氯化铵可达到 $-15℃$。更强的冷却剂是干冰与乙醇或丙酮混合，可达到 $-77℃$，液氮甚至能达到 $-190℃$。

注意，温度低于 $-38℃$ 时，不能使用水银温度计，应改用装有有机液体的低温温度计。另外，使用冷却剂要防止低温冻伤事故发生。

4. 回流冷凝

许多有机反应要求反应物在较长时间内保持沸腾状态，为防止反应物以气体逸出，可使用回流装置进行冷凝，如图 2-40 所示。注意冷却水应从下口进入，上口流出，水流不必很大，能保持蒸气充分冷凝即可。为防止湿空气进入体系或有害气体逸出，可在回流冷凝管口装上氯化钙干燥管或气体吸收装置。

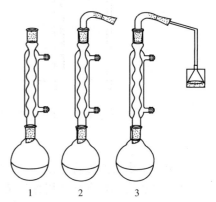

图 2-40　回流装置
1—普通回流装置；2—防潮回流装置；
3—气体吸收回流装置

第二节　基本度量仪器的使用

一、量筒和量杯的使用

量筒和量杯是精度较低的最普通的容量仪器。

使用时，将要量取的液体倒入量筒中，手拿量筒的上部，使量筒竖直，视线与量筒内液体的弯月面保持水平，读出量筒上的刻度，即为量取的液体的体积。量杯的使用方法与量筒相同。

二、移液管和吸量管的使用

移液管和吸量管都是用来准确移取一定体积溶液的较为紧密的量器。移液管又称无分刻度的吸管，是一根两端细长中部具有"胖肚"结构的玻璃管（图 2-41 左），无分刻度，只在管的上端有一环形标线。"胖肚"上标有指定温度下的容积。常用的移液管有 5mL、10mL、25mL、50mL 等规格。吸量管是有分刻度的吸管（图 2-41 右），在管的上端标有指定温度下的总容积。常用的吸量管有 1mL、2mL、5mL、10mL 等规格，可用来吸取不同体积的溶液。吸量管的准确度比移液管稍差。移液管和吸量管的使用方法如下所述。

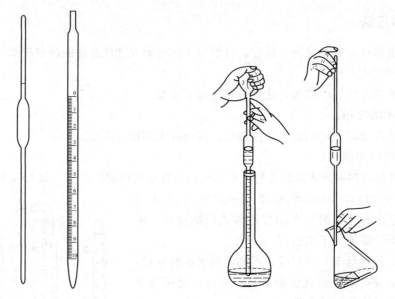

图 2-41 移液管（左）和吸量管（右）　　　图 2-42 移液管吸取（左）和放出液体（右）

1. 洗涤

移液管使用前要进行洗涤。洗涤时，可选择适当规格的移液管刷用自来水清洗；若有油污，可用洗液洗涤，方法是用橡皮洗耳球吸入 1/3 容积洗液，平放并转动移液管，用洗液润洗内壁，洗毕将洗液由下端放回原瓶，稍后，用自来水冲洗，再用去离子水清洗 2～3 次备用。

2. 润洗

洗净后的移液管移液前必须用吸水纸吸净尖端内外的残留水，否则会因水滴引入而改变溶液的浓度。然后用待取液润洗 3 次，以保证移取的溶液浓度不变。移取溶液时，一般用右手的大拇指和中指拿住颈标线上方，将移液管插入液面下 1cm 处，太浅往往会产生空吸，太深会使管外沾附溶液过多，影响量取溶液体积的准确性。左手拿洗耳球，排出洗耳球内空气，将洗耳球尖端插入移液管上端，并封紧管口，逐步松开洗耳球使溶液吸入管内（图 2-42）。眼睛注意正在上升的液面位置，移液管应随容器中液面下降而降低，当液面升高到所需体积时移去洗耳球，立即用右手的食指按住管口，将移液管提离液面。润洗时，当溶液吸至"胖肚"约 1/4 处，即可封口取出。应注意勿使溶液回流，以免稀释溶液。润洗后将溶液由下端放出至指定容器内。

3. 移液

用润洗好的移液管吸取一定体积的溶液时，当液面上升至标线以上时，拿掉洗耳球，立即用食指堵住管口,将移液管提出液面,倾斜容器,将管尖紧贴容器内壁成约45°,稍待片刻,以除去管外壁的溶液,然后微微松动食指,并用拇指和中指慢慢转动移液管,使液面缓慢下降,直到溶液的弯月面与标线相切。此时,应立即用食指按紧管口,使液体不再流出。将接收容器倾斜45°角,小心地把移液管移入接收溶液的容器,使移液管的下端与容器内壁上方接触。松开食指,让溶液自由流下(图2-42),当溶液流尽后,再停15s,并将移液管向左右转动一下,取出移液管。

吸量管的操作方法与上述相同,但有一种吸量管,管口上刻有"吹"字的,使用时必须将吸量管内的溶液全部流出,末端的溶液也应吹出,不允许保留。

移液管和吸量管使用后,应洗净放在移液管架上备用。

三、容量瓶

容量瓶用于配制标准溶液或准确稀释溶液。容量瓶的外形是一平底、细颈的梨形瓶,瓶口带有磨口玻璃塞或塑料塞。颈上有环形标线,瓶体标有体积,一般表示20℃时液体充满至刻度时的容积。常见的有10mL、25mL、50mL、100mL、250mL、500mL和1000mL等各种规格。此外还有1mL、2mL、5mL的小容量瓶,但用得较少。

容量瓶的使用主要包括以下几个方面:

1. 检查

使用容量瓶前必须检查瓶塞是否漏水。检查时加水近刻度,盖好磨口瓶塞,用左手食指按住,同时用右手五指托住瓶底边缘[图2-43(a)],将瓶倒立2min[图2-43(b)],如不漏水,将瓶直立,把瓶塞转动180°再倒立2min,若仍不渗水即可使用。用橡皮筋将塞子系在瓶颈上,因磨口塞与瓶是配套的,如不配套易引起漏水。

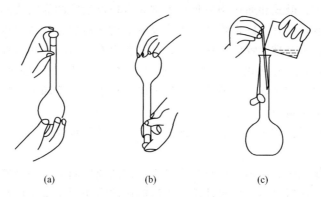

(a)   (b)   (c)

图2-43 容量瓶的使用和定量转移操作

2. 洗涤

可先用自来水洗,洗后,如内壁有油污,则应倒尽残水,加入适量的铬酸洗液(250mL容量瓶可倒入10～20mL铬酸洗液),倾斜转动,使洗液充分润洗内壁,再倒回原洗液瓶中,用自来水冲洗干净后再用去离子水润洗2～3次备用。

3. 由固体试剂配制

将准确称量好的药品,倒入干净的小烧杯中,加入少量溶剂将其完全溶解后再定量转移至容量瓶中。操作方法如图2-43(c)所示,右手持玻璃棒悬空放入容量瓶内,玻璃棒下端靠在瓶颈内壁(但不能与瓶口接触),左手拿烧杯,烧杯嘴紧靠玻璃棒,使溶液沿玻璃棒沿壁而下流入瓶内。烧杯中溶液流完后,将烧杯嘴沿玻璃棒上提,同时使烧杯直立。将玻璃棒取出放入烧杯内，用少量溶剂冲洗玻璃棒和烧杯内壁，也同样转移到容量瓶中。如此重复操作三次以上。然后补充溶剂，当容量瓶内溶液体积至 3/4 左右时，可初步摇荡混匀。再继续加溶剂至近标线，最后改用滴管逐滴加入，直到溶液的弯月面恰好与标线相切。若为热溶液，应冷至室温后，再加溶剂至标线。盖上瓶塞，按图 2-43(b) 所示将容量瓶倒置，待气泡升至底部，再倒转过来，使气泡上升到顶部，如此反复多次，使溶液混匀。

注意，如使用非水溶剂，则小烧杯及容量瓶都应事先用该溶剂润洗 2～3 次。

4. 由液体试剂配制

如需定量稀释，则用移液管或吸量管准确移取一定体积的浓溶液于容量瓶中，加水至标线。同上法混匀即可。

5. 注意事项

容量瓶不宜长期贮存试剂，配好的溶液如需长期保存应转入试剂瓶中。转移前须用该溶液将洗净的试剂瓶润洗 3 遍。用过的容量瓶，应立即用水洗净备用，如长期不用，应将磨口和瓶塞擦干，用纸片将其隔开。此外，容量瓶不能在电炉、烘箱中加热烘烤，如确需干燥，可将洗净的容量瓶用乙醇等有机溶剂润洗后晾干，也可用电吹风或烘干机的冷风吹干。

四、滴定管

滴定管是滴定分析中最基本的精密量器。常量分析用的滴定管有 50mL 及 25mL 等几种规格，它们的最小分度值为 0.1mL，读数可估计到 0.01mL。此外，还有容积为 10mL、5mL、2mL 和 1mL 的半微量和微量滴定管，最小分度值为 0.05mL、0.01mL 或 0.005mL，它们的形状各异。

滴定管分为酸式、碱式和通用型三种。下端装有玻璃活塞的为酸式滴定管，用来盛放酸性溶液或氧化性溶液，不宜盛碱性溶液，因为碱液能腐蚀玻璃，使活塞难于转动。碱式滴定管下端用乳胶管连接一个带尖嘴的小玻璃管，乳胶管内有一玻璃珠用以控制溶液的流出，碱式管用来装碱性溶液和无氧化性溶液，不能用来装对乳胶有侵蚀作用的液体如 HCl、H_2SO_4、I_2、$KMnO_4$、$AgNO_3$ 溶液等。通用型滴定管下端是聚四氟乙烯活塞，耐酸碱，所以，既可装酸液也可装碱液。

滴定管的使用包括：洗涤、检漏、涂油、排气、读数等步骤。

1. 洗涤

干净的滴定管如无明显油污，可直接用自来水冲洗或用滴定管刷蘸肥皂水或洗涤剂刷洗（但不能用去污粉），而后再用自来水冲洗。刷洗时应注意勿用刷头露出铁丝的毛刷，以免划伤内壁。如有明显油污，则需用洗液浸洗。洗涤时向管内倒入 10mL 左右铬酸洗液（碱式滴定管将乳胶管内玻璃珠向上挤压封住管口或将乳胶管换成乳胶滴头），再将滴定管逐渐向管口倾斜，并不断旋转，使管壁与洗液充分接触，管口对着废液缸；以防洗液撒出。若油污较重，可装满洗液浸泡，浸泡时间的长短视沾污的程度而定。洗毕，洗液应倒回洗液瓶中，洗涤后应用大量自来水淋洗，并不断转动滴定管，至流出的水无色，再用去离子水润洗 3 遍，洗净后的管内壁应不挂水珠。

2. 检漏

滴定管在使用前必须检查是否漏水。若碱式管漏水，可更换乳胶管或玻璃珠；若酸式管漏水或活塞转动不灵，则应重新涂抹凡士林。其方法是，将滴定管平放于实验台上，取下活塞，用吸水纸擦净或拭干活塞及活塞套，在活塞孔两侧周围涂上薄薄一层凡士林

（图 2-44），再将活塞平行插入活塞套中，单方向转动活塞，直至活塞转动灵活且外观为均匀透明状态为止。用橡皮圈套在活塞小头一端的凹槽上，固定活塞，以防其滑落打碎。如遇凡士林堵塞了尖嘴玻璃小孔，可将滴定管装满水，用洗耳球鼓气加压，或将尖嘴浸入热水中，再用洗耳球鼓气，便可以将凡士林排除。

图 2-44　涂凡士林的方法

如果通用型滴定管的聚四氟乙烯活塞处漏水，拧紧塞子侧面的螺帽。不能涂油，因为涂油后过一小段时间，塞子就会因转不动而打不开。

3. 装液与赶气泡

在装入溶液时，应直接倒入，不得借用任何别的器皿，以免标准溶液浓度改变或造成污染。

洗净后的滴定管在装液前，应先用待装溶液润洗内壁 3 次。

装入操作溶液的滴定管，应检查出口下端是否有气泡，如有，应及时排除。其方法是：取下滴定管倾斜成约 30°角。若为酸式管或通用管，可用手迅速打开活塞（反复多次）使溶液冲出并带走气泡。若为碱式管，则将橡皮管向上弯曲，捏起乳胶管使溶液从管口喷出，即可排除气泡。将排除气泡后的滴定管补加操作溶液到零刻度以上，然后再调整至零刻度线位置。

4. 读数

读数前，滴定管应垂直静置 1min。读数时，管内壁应无液珠，管出口的尖嘴内应无气泡，尖嘴外应不挂液滴，否则读数不准。由于表面张力的作用，滴定管内的液面呈弯月形，无色溶液的弯月面比较清晰，而有色溶液的弯月面清晰度较差。因此，两种情况的读数方法稍有不同。为了正确读数，应遵守下列原则：

（1）取下滴定管，用右手大拇指和食指捏住滴定管上部无刻度处，使滴定管保持竖直，对于无色及浅色溶液读数时，使自己的视线与溶液的凹液面最低处处于同一水平上，读取与弯月面相切的刻度［图 2-45(a)］；对于有色溶液，如 $KMnO_4$、I_2 溶液等，读取视线与液面两侧的最高点呈水平处的刻度［图 2-45(b)］。初读数与终读数应取同一标准。

（2）使用有乳白板蓝线衬背的滴定管读数应以两个弯月面相交的最尖部分为准［图 2-45(c)］。

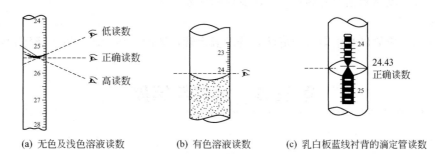

(a) 无色及浅色溶液读数　　　(b) 有色溶液读数　　　(c) 乳白板蓝线衬背的滴定管读数

图 2-45　滴定管的读数

（3）每次滴定前应将液面调节在刻度 0.00mL，或接近"0"稍下的位置，这样可固定在某一段体积范围内滴定，以减少体积误差。

（4）读数必须读到小数点后第二位，而且要求估计到 0.01mL。

5. 滴定

滴定最好在锥形瓶中进行，必要时也可以在烧杯中进行。读取初读数之后，立即将滴定管下端插入锥形瓶（或烧杯）口内约 1cm 处，再进行滴定，如图 2-46（a）所示。操作酸式（或通用型）滴定管时，左手拇指与食指跨握滴定管的活塞处，与中指一起控制活塞的转动。但应注意，不要过于紧张、手心用力，以免将活塞从大头推出造成漏液，而应将三手指略向手心回力，以塞紧活塞［图 2-46（a）］。操作碱式滴定管时，用左手的拇指与食指捏住玻璃珠外侧的乳胶管向外捏，形成一条缝隙，溶液即可流出［图 2-46（b）和（c）］。控制缝隙的大小即可控制流速，但要注意不能使玻璃珠上下移动，更不能捏玻璃珠下部的乳胶管以免产生气泡。滴定时，还应双手配合协调。当左手控制流速时，右手拿住锥形瓶颈，单方向旋转溶液，若用烧杯滴定，则右手持玻璃棒作圆周搅拌溶液，注意玻璃棒不要碰到杯壁和杯底。

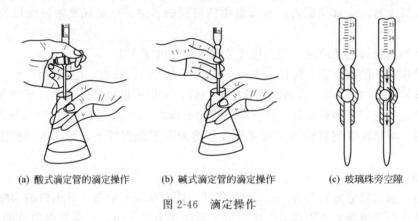

（a）酸式滴定管的滴定操作   （b）碱式滴定管的滴定操作   （c）玻璃珠旁空隙

图 2-46   滴定操作

6. 滴定速度

滴定时速度的控制一般是：开始时 10mL·min^{-1} 左右；接近终点时，每加一滴摇匀一次；最后，每加半滴摇匀一次（加半滴操作，是使溶液悬而不滴，让其沿器壁流入容器，再用少量去离子水冲洗内壁，并摇匀）。仔细观察溶液的颜色变化，直至到达滴定终点为止。读取最终读数，立即记录。注意，在滴定过程中左手不应离开滴定管，以防流速失控。

7. 平行实验

平行滴定时，应该每次都将初刻度调节在刻度 0.00mL，或接近"0"稍下的位置，这样可固定在某一段体积范围内滴定，以减少体积误差。

8. 最后整理

滴定完毕，应放出管中剩余的溶液，洗净滴定管，装满去离子水，罩上滴定管盖备用。

第三节   溶解与结晶

一、溶解

固体物质的溶解可视物质的多少分别在烧杯、试管中进行。若被溶解的物质固体颗粒较大，可以在溶解前先放入研钵中研细，再移入容器中溶解。为了加速溶解，可辅以搅拌、加热等方法。

加热时，应根据被溶解物的性质控制加热温度。

搅拌液体时，应使玻璃棒在容器中部的液体中均匀旋转，不要用力过大，也不要碰击容器，以免碰破容器。

在试管中溶解固体时，可用振荡试管的方法加速溶解，振荡时不能上下用力甩，也不能用手指堵住管口来回振荡，而应保持膀臂不动只利用手腕用力振荡。

二、蒸发

蒸发一般是指用加热的方法使溶液中的溶剂变成蒸气而挥发，从而使固体物质析出，或把溶液浓缩。

蒸发通常在蒸发皿中进行。溶液应在蒸发前过滤以除去不溶性杂质，然后将溶液移至蒸发皿中，溶液的量不超过蒸发皿的 2/3。把蒸发皿放在泥三角上加热，用玻璃棒不断搅动液体。当蒸发皿内的液体较少且析出固体颗粒时，说明蒸发接近完毕，应停止加热，利用余热继续蒸发，以免固体物质受热溅出。最安全可靠的蒸发是在快干时，把蒸发皿移至水浴上加热，使温度不超过 100℃，这样蒸发皿中的固体就不会因过热而四处飞溅。

如果溶剂是易燃的，蒸发时要特别小心，不得使用明火，应改用间接加热法。

三、结晶和重结晶

溶液蒸发到一定浓度后冷却，就会析出溶质晶体。析出晶体颗粒的大小与外界条件有关。

1. 溶液浓度高、溶质的溶解度小、冷却快，得到的晶体细小。反之可得较大颗粒的晶体。

2. 搅拌有利于细晶的生成；摩擦器壁后静置溶液或加入晶种有利于大晶体的生成。

结晶的快速生成有利于提高制备物的纯度，因为它不易裹入母液或其他杂质，而大的晶体的慢速生成则不利于纯度的提高。因此，无机制备中常要求制得的晶体不要粗大。

3. 重结晶：当结晶所得物质的纯度不合乎要求时，可以重新添加尽可能少的溶剂进行溶解、蒸发、结晶和分离，如此反复的操作过程称为重结晶。重结晶提纯法的一般过程为：

（1）选择适宜的溶剂（溶剂的选择详见实验三十九乙酰苯胺的重结晶）；

（2）将样品溶于适宜的热溶剂中制成饱和溶液；

（3）趁热过滤以除去不溶性杂质，如溶液的颜色深，则应先脱色再进行热过滤；

（4）冷却溶液或蒸发溶剂，使之慢慢析出结晶而杂质则留在母液中；

（5）减压过滤，分出结晶；

（6）洗涤结晶，除去附着的母液；

（7）干燥结晶。

一般重结晶法只适用于提纯杂质含量在 5% 以下的晶体化合物，如果杂质含量大于 5%，必须先采用其他方法进行初步提纯，如萃取、水蒸气蒸馏等，然后再用重结晶法提纯。

第四节　化合物的分离和提纯

一、固-液分离

把溶液和不溶性固体的混合物分离的方法主要有倾析法、过滤法、离心分离法。

（一）倾析法

图 2-47　倾析法

当沉淀物的密度较大或结晶的颗粒较大，静置后能很快沉降至容器的底部时，常用倾析法进行分离。即待沉淀已下沉至容器底部，小心地把上层澄清的溶液沿着玻璃棒倾入另一容器（图 2-47）。洗涤沉淀时，可往盛有沉淀的容器中加入少量的洗涤液，把沉淀和溶液充分搅匀，静置使沉淀下沉，倾出上层液体，如此重复两三次，则可把沉淀洗净。

（二）过滤法

把溶液和不溶性固体的混合物经滤器而分开的操作叫做过滤，它是分离液体和固体的常用方法。根据生成的沉淀物性质和实验要求的不同，过滤可以分为常压过滤、减压过滤和热过滤三种。

1. 常压过滤

常压过滤是最常见的过滤方法，用玻璃漏斗和滤纸进行操作。根据要过滤的沉淀物多少，选择大小合适的漏斗、滤纸。另一种为玻璃砂芯漏斗，不需要滤纸，其砂芯根据孔径大小分不同规格。

根据漏斗角度大小（标准玻璃漏斗圆锥体的角度为 60°），采用四折法折叠滤纸（图 2-48），即先将滤纸对折并按紧，然后再对折，但不要折紧，打开形成圆锥体后，放入漏斗中，试其与漏斗壁是否密合。如果滤纸与漏斗壁不十分密合，可稍稍改变滤纸折叠的角度，直到与漏斗密合为止。为了使漏斗与滤纸之间贴紧而无气泡，可将三层滤纸的外层折角撕下一小块（保留，用于擦拭烧杯内残留的沉淀）。

　　(a) 对折　　　　(b) 折成合适角度　　(c) 展开成锥形　　(d) 放进漏斗并撕去一角

图 2-48　滤纸的折叠与放置

滤纸的边缘应比漏斗略低 0.5～1.0cm，不要使滤纸边缘和漏斗边缘相平，更不要超出漏斗边缘。如果滤纸边缘过高，溶液就会沿滤纸上升而外溢。

过滤方法：在倾倒溶液之前，应选用同类溶剂润湿滤纸，把滤纸按在漏斗的内壁上，赶尽滤纸与漏斗壁间的气泡。这样既可以使滤纸紧贴漏斗而使过滤速度加快，又可以避免部分滤液被滤纸吸收而造成损失。若溶液浓度不可稀释，则不必先用溶剂润湿，可以直接倒入溶液过滤。

将溶液倒入漏斗时，还应注意以下几点：

（1）漏斗应放在漏斗架上，并调节漏斗架的高度，使漏斗的出口靠在接收容器的内壁上，以便滤液能顺着器壁流下，不致溅出。

（2）过滤时先转移上层清液，后转移沉淀。这样可以避免沉淀物过早地堵塞滤纸而减慢过滤速度。

（3）转移溶液和沉淀时，均应使用玻璃棒，让溶液沿玻璃棒流入漏斗中，玻璃棒直立，底端接近三层滤纸的一边，并尽可能接近滤纸，但不要与滤纸接触。切勿突然倒在滤纸底部的尖端和单层滤纸处，以免滤纸尖端受液体的冲击而破裂，影响过滤效果。

（4）加入漏斗中的溶液不能超过圆锥滤纸总容积的 2/3，加得过多，会使溶液通过滤纸和漏斗内壁间的缝隙流入接收容器而失去过滤的作用。

若沉淀物的颗粒较大，而且沉淀物弃去不要，也可以用棉花代替滤纸来过滤。方法是：取一块棉花放在漏斗底部，用水润湿，棉花的边缘应紧贴在漏斗的内壁上，然后把要过滤的液体小心倒入。

2. 减压过滤

减压过滤也称吸滤或抽滤，就是利用一些设备使滤纸上方的压力大于滤纸下方的压力，从而加快过滤速度的过滤方法。该方法可以使沉淀物（或晶体）充分与母液分离，并使固状物较干燥。分离胶态沉淀或颗粒很细的沉淀时，使用减压过滤就不太合适。减压过滤装置通常由抽气泵、缓冲瓶、抽滤瓶及专用的布氏漏斗组成，如图 2-49 所示。

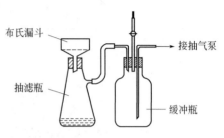

图 2-49　减压过滤装置

减压过滤前先剪一张大小合适的滤纸，按照比布氏漏斗内径略小而又能覆盖漏斗的全部小孔为宜。剪滤纸前不能把滤纸在湿的漏斗上扣一下来确定滤纸的大小，因湿滤纸很难剪好；一般不要将滤纸折叠，因折叠处在减压过滤时很容易透滤。

减压过滤操作方法如下所述：

（1）把剪好的滤纸放入布氏漏斗内，再按图 2-49 连接装置，注意漏斗管下方的斜口要对着抽滤瓶的支嘴。

（2）用少量相同溶剂或要过滤的溶液润湿滤纸，开启抽气泵，使滤纸紧贴布氏漏斗筛板（这样既可防止滤纸因滤液倒入而漂起，也可防止固状物颗粒从滤纸四周透入填塞漏斗筛孔）。

（3）将要过滤的混合物沿玻璃棒转移至漏斗中过滤，抽干后，拔掉橡皮管。

（4）加入洗涤液润湿沉淀，并用玻璃棒轻轻搅拌一下，再接上橡皮管，抽干。若沉淀需洗涤多次，则重复以上操作。

（5）过滤完毕，应先拔掉连接抽滤瓶的橡皮管（若连接的是活塞，就先关闭活塞），然后再关泵。

（6）取下布氏漏斗后用玻璃棒撬起滤纸边，取下滤纸和沉淀。瓶内的滤液应从瓶口倒出，不能从侧口倒出，以免使滤液污染。最后把布氏漏斗和抽滤瓶洗干净。

3. 热过滤

如果溶液中的溶质在温度下降时易大量析出结晶，而我们又不希望其在过滤过程中留在

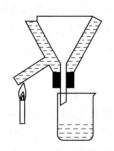

图 2-50　热过滤装置

滤纸上，这时就要进行热过滤。过滤时把玻璃漏斗放在铜质装有热水的热漏斗内，以维持溶液温度（图 2-50）。也可在过滤前把漏斗放在水浴上用蒸汽加热，然后使用。后法较简单易行。另外，热过滤时选用的玻璃漏斗颈部越短越好，以免过滤时溶液在漏斗颈内停留过久，因散热降温而析出晶体。

要求不高的趁热过滤，可将滤纸折成菊形，以防热量快速散失。菊形滤纸折叠的方法如图 2-51 所示：将选定的圆滤纸（方滤纸可在折好后再剪）按图先一折为二，再沿 2-4 折成四分之一。然后将 1-2 的

边沿折至 4-2；2-3 的边沿折至 2-4，分别在 2-5 和 2-6 处产生新的折纹。继续将 1-2 折向 2-6；2-3 折向 2-5，分别得到 2-7 和 2-8 的折纹。同样以 1-2 对 2-5、2-3 对 2-6 分别折出 2-9 和 2-10 的折纹。最后在 8 个等分的每一个小格中间以相反方向折成 16 等分。结果得到折扇一样的排列。再在 1-2 和 2-3 处各向内折一小折面，展开后即得到折叠滤纸或称菊形滤纸。在折纹集中的圆心处，折时切勿重压，否则滤纸的中央在过滤时容易破裂。在使用前，应将折好的滤纸翻转并整理好后再放入漏斗中，这样可避免被手指污染的一面接触滤过的滤液。

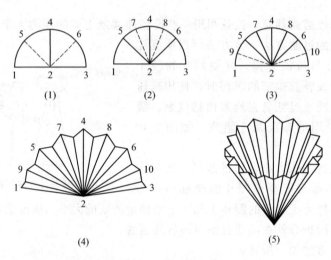

图 2-51　折叠菊形滤纸

（三）离心分离法

当被分离的沉淀物量较少时，使用上述方法过滤，沉淀会粘在滤纸上难以取下，这时可用离心分离法。该方法速度快，且能迅速判断沉淀是否完全。实验室常用的电动离心机如图 2-52 所示。方法是将盛有溶液和沉淀的离心管放在离心机内高速旋转，因离心作用使沉淀物聚集在管底，上部为澄清的溶液。

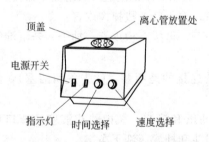

图 2-52　电动离心机构造示意图

电动离心机转动的速度极快，使用时要特别注意安全。使用离心机时，应在它的套管底部适当垫一点棉花。为使离心机转动时保持平衡，离心管要放在对称的位置上，且要求离心管的规格相同，管内的液体量尽可能相等，若只有一份试样，则在对称的位置上放一支装有与试样等量水的离心管。加入离心管内液体的量不应超过其容积的 1/2。放好离心管后，把盖旋紧。打开离心机开关，开始应把变速旋钮旋到低挡，以后逐渐加速，离心一定时间后，将旋钮逆时针旋到停止位置，待离心机自行停止，再打开盖子取出离心管，绝不可用外力使离心机强制停止，以免发生意外。

电动离心机在使用时，如机身振动或有噪声，应立即切断电源，查明原因。

通过离心作用，沉淀物紧密地聚集在离心管的底部而清液在上部，用吸管将上层清液吸出。如需得到纯净的沉淀物，必须洗涤。往离心管中注入少量的蒸馏水或洗涤液，用玻璃棒充分搅拌后再次离心分离沉降，用吸管吸出洗涤液，如此重复操作，直至洗净。

二、液-液分离

1. 萃取

液-液萃取利用物质在两种互不相溶（或微溶）的溶剂中溶解度或分配比的不同来达到分离、提取或纯化目的，其主要理论依据是分配定律。有机化合物的提取、分离或纯化常常通过萃取来完成，该操作通常在分液漏斗中进行。

取容积较溶液体积大1～2倍的分液漏斗，检查活塞、玻璃塞是否严密，检查的方法通常是用水试验：分液漏斗中装入少量水，检查旋塞处是否漏水，将漏斗倒转过来，检查盖子是否漏水。如有漏水现象应进行如下处理：先检查两个塞子是否配套，如是配套的，则取下活塞，用纸擦净活塞及活塞孔道的内壁，然后用玻璃棒蘸少量凡士林涂上薄薄的一层，注意勿堵住活塞孔，插上活塞，反时针旋转数圈至透明，即可使用。上面的玻璃塞不要涂油，而应塞紧。

将分液漏斗放入固定的铁圈中，关闭活塞。从上口依次加入待萃取溶液和萃取剂，塞好上端塞子。取下分液漏斗，以图2-53所示的方式，用右手手掌顶住漏斗上端玻璃塞，左手握住下端活塞部分，大拇指和食指按住活塞柄，中指垫在塞座下边，振摇数次。然后斜持漏斗使下端朝上，开启下端活塞朝无人处放气，以平衡压力（原来的蒸气压和空气加上振荡时产生的蒸气压，使漏斗内压力增大，若不放气，塞子可能会冲出，造成伤害）。如此重复4～5次，将漏斗静置于铁圈上数分钟，使其分层。

待乳浊液分层后，如图2-54所示，打开上面塞子，缓缓旋开下端活塞，将下层溶液从下口分出，注意尽可能分离干净，有时在两相间出现的絮状物也应分去；上层液体应从上口倒出，切不可由下口放出（避免被残留的下层溶液污染）。

图 2-53　分液漏斗的振摇和放气

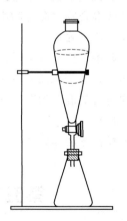
图 2-54　分液操作示意图

需要指出，溶液中溶有有机化合物后，有时密度会改变，因此不要以为密度小的溶剂在萃取时一定在上层。若分不清哪一层是有机层，可取少量任何一层液体，加水振荡，分层的则为有机层，不分层的则是水相。实验结束前，不要把萃取后的溶液轻易倒掉。

在液-液萃取中，有时会发生乳化现象，很难使两相明显地分层而进行分离。这时可根据乳化原因，采取相应措施：若因碱性产生乳化，可加少量稀酸中和；若因两种溶液部分互溶而乳化，可加少量电解质（如氯化钠），利用盐析作用加以破坏；若两相相对密度相差很小，可加氯化钠增加水相密度；若存在一些轻质沉淀，可采用长时间静置并过滤来消除；此外，还可采用加热破乳、滴加乙醇改变表面张力等方法来破坏乳化作用。

萃取效果的关键是萃取剂的选择，它应符合以下条件：

（1）萃取剂在水中溶解度很小或几乎不溶、对杂质溶解度小、与水和被萃取物都不反应；

（2）被萃取物在萃取剂中的溶解度比水大；

（3）萃取后萃取剂应易于用常压蒸馏方式回收，还要价格便宜、操作方便、毒性微小。

实验室常用的萃取剂有乙醚、苯、四氯化碳、石油醚、氯仿、二氯甲烷和乙酸乙酯等。一般经验是：难溶于水的物质用石油醚萃取，较易溶于水的物质用乙醚或苯萃取，易溶于水的物质用乙酸乙酯萃取效果显著。若使用乙醚，注意近旁不能有明火，否则易引起火灾。

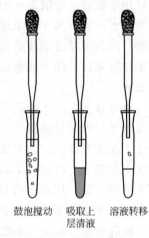

此外，还有另一类萃取剂，其萃取原理是它能与被萃取物质起化学反应，常用于从化合物中除去少量杂质或分离混合物，常用的有5％氢氧化钠、5％或10％的碳酸钠、碳酸氢钠溶液、稀盐酸、稀硫酸等。碱性萃取剂主要除去混合物中的酸性杂质，酸性萃取剂主要除去混合物中的碱性杂质，但要注意此时分配定律已不再适用。

若待分离液体量很少，则可在离心管中进行微型萃取，如图2-55所示。将溶液转移至合适的离心管中，通过挤压毛细滴管的乳胶头，充分鼓泡搅动（或将离心管加塞子振摇并开塞放气），充分混匀后加塞静置、分层，然后用毛细滴管将其中一层溶液吸出，转移至另一离心管中。若不小心吸入了混合液，可待液体重新分层后再重复进行。

鼓泡搅动　吸取上　溶液转移
　　　　　层清液

图 2-55　微型萃取

2. 蒸馏和分馏

蒸馏操作是有机化学实验中常用的实验技术，一般用于下列几个方面：

（1）分离液体混合物（混合物中各成分沸点有较大差别时，才能达到有效分离）；

（2）测定化合物的沸点；

（3）提纯，除去不挥发的杂质；

（4）回收溶剂，或蒸出部分溶剂以浓缩溶液。

分馏是使沸腾着的混合物蒸气通过分馏柱进行一系列的热交换，最终将沸点不同的物质分离出来的一种操作方法。

蒸馏和分馏操作方法详见"第二部分第五章第七节"。

第五节　化合物的干燥

一、液体干燥

从水溶液中分离出的液体有机物，常含有许多水分，直接蒸馏将会增加前馏分，产品也可能与水形成共沸混合物。此外，水分还可能与有机物发生化学反应，影响产品纯度。所以，蒸馏前一般都要用干燥剂干燥。有些溶剂的干燥也采用共沸干燥法。

（一）干燥剂去水

1. 干燥剂的选择

常用的干燥剂的种类很多，在选用时首先应注意其适用范围（表2-6）：

表 2-6 常用干燥剂的性能与适用范围

干燥剂	吸水产物	吸水容量	干燥性能	干燥速率	适用范围
分子筛	物理吸附	≈0.25	强	快	适用于各类有机化合物的干燥
硫酸钙	$CaSO_4 \cdot 0.5H_2O$	0.06	强	快	常与硫酸镁配合,做最后干燥
五氧化二磷	H_3PO_4	—	强	快	除去醚、烃、卤代烃、腈中痕量水分,不适用于醇、酸、胺、酮
金属钠	$NaOH + H_2$	—	强	快	除去醚、烃类中痕量水分,切成小块或压成钠丝使用
氢氧化钾	溶于水	—	中等	快	弱碱性,用于胺及杂环等碱性化合物,不能干燥醇、醛、酮、酯、酸、酚等
氯化钙	$CaCl_2 \cdot nH_2O$	0.97	中等	较快	不能用来干燥醇、酚、胺、酰胺、某些醛、酮及酸
硫酸镁	$MgSO_4 \cdot nH_2O$	1.05	较弱	较快	中性,可代替氯化钙,也可用于酯、醛、酮、腈、酰胺等化合物
碳酸钾	$K_2CO_3 \cdot nH_2O$	0.2	较弱	慢	弱碱性,用于醇、酮、酯、胺等碱性化合物,不适用于酸、酚及其他酸性化合物

（1）选用的干燥剂不能与待干燥的液体发生化学或催化作用。如无水氯化钙与醇、胺类易形成配位化合物,因此不能用它来干燥这两类化合物。

（2）干燥剂应不溶于该液态有机化合物。

（3）当选用与水结合生成水合物的干燥剂时,必须考虑干燥剂的吸水容量、干燥效能和干燥速率。吸水容量指单位质量干燥剂所吸收的水量,干燥效能指达到平衡时仍旧留在溶液中的水量,例如,无水硫酸钠可形成 $Na_2SO_4 \cdot 10H_2O$,即 1g Na_2SO_4 最多能吸 1.27g 水,其吸水容量为 1.27。但其水化物的蒸气压也较大（25℃时为 255.98Pa）,故干燥效能差。氯化钙能形成 $CaCl_2 \cdot 6H_2O$,其吸水容量为 0.97,此水化物在 25℃下蒸气压为 39.99Pa,故无水氯化钙的吸水容量虽然较小,但干燥性能强,所以干燥操作时应根据除去水分的具体要求而选择合适的干燥剂。通常这类干燥剂形成水合物需要一定的平衡时间,所以,加入干燥剂后必须放置一段时间才能达到脱水效果。

已吸收水的干燥剂受热后又会脱水,其蒸气压随着温度的升高而增加,所以,对已干燥的液体,在蒸馏之前必须把干燥剂滤去。

2. 干燥剂的用量

掌握好干燥剂的用量是很重要的。若用量不足,则不可能达到干燥目的;若用量过多,则由于干燥剂的吸附而造成液体的损失。以乙醚为例,水在乙醚中的溶解度在室温时为 1%～1.5%,若用无水氯化钙来干燥 100mL 含水乙醚时,全部转变成 $CaCl_2 \cdot 6H_2O$,其吸水容量为 0.97,也就是说 1g 无水氯化钙大约可吸收 0.97g 水,这样,无水氯化钙的理论用量至少要 1g,而实际上远远超过 1g,这是因为醚层中还有悬浮的微细水滴,其次形成高水化合物的时间需要很长,往往不可能达到应有的吸水容量,故实际投入的无水氯化钙的量是大大过量的,常需用 7～10g 无水氯化钙。操作时,一般投入少量干燥剂到液体中,进行振摇,如出现干燥剂附着器壁或相互黏结时,则说明干燥剂量不足;如投入干燥剂后出现水相,必须用吸管把水吸出,然后再添加新的干燥剂。

干燥前,液体呈浑浊状,经干燥后变成澄清,这可简单地作为水分基本除去的标志。一般干燥剂的用量为每 10mL 液体约需 0.5～1g。由于含水量不等、干燥剂质量的差异、干燥剂的颗粒大小和干燥时的温度不同等因素，较难规定具体数量，上述数量仅供参考。

3. 液态有机化合物干燥操作

液态有机化合物的干燥操作一般在干燥的三角烧瓶内进行。选定适量的干燥剂投入液体里，塞紧（用金属钠作为干燥剂时则例外，此时塞中应插入一个无水氯化钙管，使氢气放空而水汽不致进入），振荡片刻，静置，使所有的水分全被吸去。若干燥剂用量太少，致使部分干燥剂溶解于水时，用吸管吸出水层，再加入新的干燥剂，放置一定时间，至澄清为止。然后过滤，进行蒸馏精制。

（二）共沸干燥法

许多溶剂能与水形成共沸混合物，共沸点低于溶剂本身，因此当共沸混合物蒸完，剩下的就是无水溶剂。显然，这些溶剂不需要加干燥剂干燥。如工业乙醇通过简单蒸馏只能得到95.5%的乙醇，为了将乙醇中的水分完全除去，可在乙醇中加入适量苯进行共沸蒸馏。先蒸出的是沸点为65℃的水-苯-乙醇共沸混合物，然后是沸点为68℃的苯-乙醇混合物，残余物继续蒸出，即为无水乙醇。

共沸干燥法也可用来除去反应时生成的水。如羧酸与乙醇的酯化过程中，为了使酯的产率提高，可加入苯，使反应所生成的水-苯-乙醇形成三元共沸混合物而蒸馏出来。

二、固体干燥

干燥固体的方法很多，常用的方法有如下几种：

1. 空气晾干

适用于遇热易分解的物质或附有易燃、易挥发溶剂的结晶。将抽干的固体物质转移到表面皿上铺成薄薄的一层，再用一张滤纸覆盖以免灰尘沾污，然后在室温下放置，一般要经过几天后才能彻底干燥。

2. 用滤纸吸干

有时晶体吸附的溶剂在过滤时很难抽干，这时可将晶体放在二、三层滤纸上，上面再用滤纸挤压以吸出溶剂。此法的缺点是晶体上易沾污一些滤纸纤维。

3. 加热干燥

热稳定的固体可以直接放在烘箱中在低于该化合物熔点15～20℃的温度下进行烘干。实验室中常用红外线灯、烘箱或蒸气浴进行干燥。必须注意，由于溶剂的存在，结晶可能在较其熔点低得多的温度下就开始熔融了，因此必须十分注意控制温度并经常翻动晶体。必要时可以放在恒温真空干燥箱中进行。

4. 干燥器干燥

某些易吸水潮解或需要长时间保持干燥的固体可以放在干燥器中。要注意经常更换干燥剂。

第六节　熔点的测定与温度计校正

熔点测定仪器有提勒管、双浴式以及电热式显微熔点测定仪。这里介绍提勒管方法。

一、样品填装

将少量待测的干燥样品放在表面皿上，研细后堆成小堆，将熔点管（一端封闭的毛细管）开口端向下反复插入样品堆中几次，装取少量粉末后开口端向上，投入一根长约 30～40cm、竖直放在洁净表面皿上的玻璃管中心，使其自由落下并在表面皿上跳动，迫使样品震落于熔点管底部，然后从玻璃管下端取出，如此重复数次，使样品填装紧密并使样品高度约为 2～3mm。装入样品如有空隙，将导致传热不均匀，影响测定结果。黏附于管外的粉末必须拭去，以免污染浴液。

二、测定仪安装

如图 2-56 所示，固定好提勒管后，将浴液装入提勒管内，液面稍高于上支口；用橡皮圈把样品管与温度计套在一起，样品部位应紧靠在温度计水银球中部，然后用有缺口的塞子作为支撑套入温度计，直接插入浴液中，注意温度计水银球应位于提勒管两支口中部。

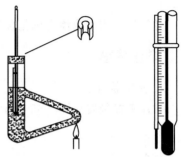

图 2-56　提勒管熔点测定装置及样品毛细管位置

三、测定

在图 2-56 所示位置加热，使浴液受热呈对流循环。

测已知样品时，可先加热较快，距熔点 10℃时，应以每分钟 1～2℃的速度加热，并仔细观察样品变化。如果样品开始出现变毛、塌落或湿润，表明开始熔化，此时即为初熔温度。继续缓缓升温，直至样品全熔，此刻即为全熔温度。固体熔化过程可参见图 2-57。

初始态　　　开始塌落　　　始现液珠　　晶体即将消失　　　全熔

图 2-57　固体样品熔化过程示意图

测未知样品可分粗测和精测两步进行。粗测时可快速加热，测得大致的熔点范围后，停止加热，使浴液温度降至熔点以下 30℃，进行精测。精测时需置换新毛细管，开始可较快升温，距粗测熔点约 10℃时，再如上述方法细测。熔点测定至少要有两次重复数据，每次都要换新熔点管重新装样。

对于易分解的样品（在达到熔点时，可见其颜色变化，且样品有膨胀和上升现象），可把浴液预热到距熔点 20℃左右，再插入样品毛细管，改用小火加热测定。若是易升华的物质，装入毛细管后，可将毛细管上端封闭再行测定。

四、温度计校正

水银温度计是实验室最常用的测温仪器之一。测定时往往由于温度的误差，影响到实验的可靠性，所以必须力求准确。但在测定熔点时，实测熔点与标准熔点之间常有一定的偏差。当然原因是多方面的，而温度计的偏差是一个重要因素：温度计质量差（如毛细孔不均匀、刻度不准确）；使用全浸式温度计（刻度是在温度计汞线全部均匀受热的情况下刻出来的）测熔点时仅有部分汞线受热，因而露出的汞线温度较全部受热者低。

为提高测定精确度，可对温度计进行校正：选用一标准温度计与之比较；或采用纯有机化合物熔点作为校正标准——测定数种纯化合物（熔点已知）的熔点，以所测熔点作为纵坐标，所测熔点与已知熔点的差值作为横坐标，作校正曲线，由曲线可读出任一温度的校正值。

第七节　蒸馏和分馏

蒸馏经常用于液体有机化合物的分离和纯化、溶剂的回收以及常量法测定液体的沸点。

一、常压蒸馏

1. 蒸馏装置

常压蒸馏装置如图 2-58 所示，一般由热源、蒸馏烧瓶、温度计、冷凝管、接液管和接收瓶组成。

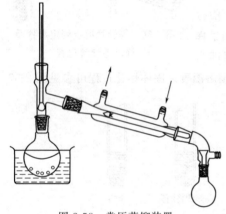

图 2-58　常压蒸馏装置

常用的热源有水浴、油浴、电加热套、煤气灯、酒精灯等，应根据所蒸馏产品的物理与化学性质进行选择。蒸馏烧瓶的大小要根据蒸馏液体的体积来选择，一般液体量不超过其容量的 2/3，也不要少于 1/3。温度计水银球的顶部应与蒸馏头支管的下限在同一水平线上。

蒸馏液体的沸点在 140℃ 以下时，用直形冷凝管冷凝，冷凝水应从冷凝管的下口流入，上口流出，以保证冷凝管的套管中始终充满水；沸点在 140℃ 以上时，应用空气冷凝管，或用未通水的直形冷凝管代替，因为通水时，在冷凝管接头处容易爆裂。蒸馏低沸点易燃液体时，应在接液管的支管处接一胶管通入水槽或室外，并将接收瓶在冰水浴中冷却。蒸馏易吸潮的液体时，应在接液管的支管处连一干燥管。

安装仪器顺序一般是自下而上，从左到右，并使仪器处于一个垂直平面内。拆卸仪器的顺序与此相反。铁架台应整齐地置于仪器的背面。安装的详细操作如下：在架设仪器的铁架台上放好煤气灯或酒精灯，再根据火焰的高低安装铁圈，铁圈上放置石棉网（或水浴），然后安装蒸馏烧瓶，烧瓶的底部应距石棉网 1~2cm，不要触及石棉网；用水浴时，瓶底应距水浴锅底 1~2cm。如果用加热套加热，加热套下应加一块垫板或升降台，以便在温度过高时方便取下加热套。蒸馏烧瓶与冷凝管必须用铁夹固定在铁架台上（铁夹内应垫以橡胶、石棉等软性物质，以免夹破仪器）。安装冷凝管时，应先调整它的位置与已装好的蒸馏烧瓶高度相适应，并与蒸馏头的侧管同轴，然后松开固定冷凝管的铁夹，使冷凝管沿此轴移动并与蒸馏烧瓶连接。铁夹不应夹得太紧或太松，以夹住后稍用力尚能转动为宜。在冷凝管尾部通过接液管连接锥形瓶或圆底烧瓶作为接收瓶。

注意：蒸馏低沸点易燃液体（如乙醚）时，不可用明火加热。常压蒸馏的整个装置应与大气相通，一定要避免造成封闭体系，体系压力过大有发生爆炸的危险。

2. 蒸馏操作

（1）加料

装料应在组装好仪器后进行。方法是取下温度计，在蒸馏头上放一长颈漏斗（防止直接倒入漏斗时蒸馏液由支管流入冷凝管），漏斗下口斜面朝向蒸馏头支管，慢慢将蒸馏液加入。如果加热过程中没有搅拌，则需另加2～3粒沸石以防止暴沸，如发现未加沸石，则应停止加热，稍冷后补加，切勿直接投放。若中途停止蒸馏，再续蒸时，加热前仍需补加沸石。再装好温度计，再次检查仪器各部位连接处是否严密，并排除封闭体系，然后开通冷凝水并调到适当的流速。

（2）加热

接通冷凝水（沸点超过140℃时要用空气冷凝管），开始加热，液体沸腾后调节火焰，控制蒸馏速度，以每秒1～2滴为宜。蒸馏时，温度计水银球上应始终保持有液滴，此时的温度即为该液体的沸点。液珠如果消失，表示蒸气过热，指示的温度较液体沸点高，应调小火力。

（3）馏分收集

达到所需物质沸点前，常有沸点较低的液体先蒸出，称为前馏分。前馏分蒸完，温度稳定后，另换接收瓶收集所需馏分。当温度超过沸程范围时，停止接收。

（4）结束蒸馏

当加热时不再有馏分流出或温度突然变化，表明该段馏分已近蒸完，如不需接收其他组分，可停止蒸馏（无论如何，都不要使蒸馏烧瓶蒸干，以防意外）。结束时应先停止加热，后关掉冷凝水，以与安装相反的顺序拆除仪器并清洗。

二、减压蒸馏

某些有机化合物的沸点较高，还有些有机化合物在未达到沸点时往往发生分解或氧化，所以不能用常压蒸馏。液体沸腾的温度是随外界压力的降低而降低的，如使用真空泵降低液体表面上的压力，即可降低液体的沸点。这种在较低压力下进行的操作称为减压蒸馏。

图2-59为减压蒸馏装置，分为蒸馏装置、减压装置以及测压和保护装置三个部分。

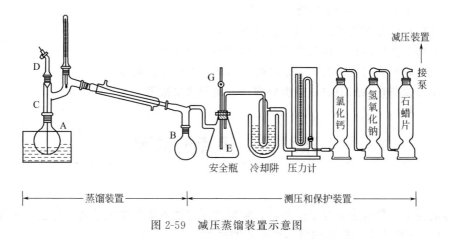

图2-59　减压蒸馏装置示意图

仪器装置完毕，应检查气密性和减压程度是否符合实验要求。如果含有低沸点物质，应先通过常压蒸馏除去。

在蒸馏烧瓶中加入待蒸液体（不超过1/2容积），旋紧烧瓶顶部螺旋夹D，打开安全瓶的二通活塞 G，开泵抽气。逐渐关闭二通活塞 G，观察压力计，调节至所需真空度。调节螺旋夹 D 使液体中有连续平稳的气泡通过，开启冷却水，用合适的热浴加热蒸馏。控制温度，使馏出速度为每秒 1～2 滴。蒸馏完毕，先撤去热源，冷却后再缓慢解除真空，平衡后关闭油泵。

除油泵外，条件不够的实验室也可采用水泵或水循环来进行减压，但效果不如油泵。

注意在减压蒸馏操作中，一定不要加入沸石，沸石在减压条件下不但不能起到气化中心的作用，反而会引起暴沸。也可用搅拌代替毛细管 C 引入气化中心。

三、分馏

蒸馏作为分离液态有机化合物的常用方法，要求其组分的沸点至少要相差 30℃，只有当组分的沸点差高达 110℃时，才能用蒸馏法充分分离。而对沸点相近的混合物，要获得良好的分离效果，就要采用分馏的方法。

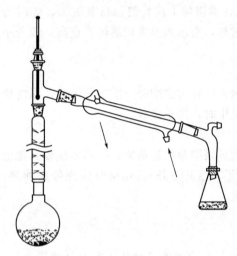

图 2-60　分馏装置

1. 装置

分馏装置如图 2-60 所示，包括热源、烧瓶、分馏柱、冷凝管和接收器五个部分，安装顺序与蒸馏相似，安装时要注意使分馏柱保持垂直。为保持蒸气不断上升，减少热量散发，可用保温材料包裹分馏柱。实验室常用的分馏柱是一种柱内呈刺状的简易分馏柱，不需另加填料，称为韦氏分馏柱。

2. 操作

分馏操作基本与蒸馏相似。烧瓶中装入待分馏液体，加 2～3 粒沸石，先通冷却水，然后加热。液体沸腾后需调节加热速度，使蒸气缓缓升入分馏柱，约 10min 升至柱顶，继续调节加热温度，控制馏出液体速度在每秒 2～3 滴。当温度突然下降，表明该组分已基本蒸完，记录收集馏分的温度范围和体积。继续升温，按沸点收集其他组分直至全部蒸出，停止加热。

要达到良好的分馏效果，必须注意以下几个方面：

(1) 分馏要缓慢进行，控制合适的、恒定的蒸馏速度。

(2) 调节好加热温度，使有一定量的液体从分馏柱流回烧瓶。

(3) 尽量保持热源的稳定，减少分馏柱波动和热量散发。

第八节　沸点的测定

沸点的测定有常量法和微量法两种，常量法测定沸点采用蒸馏装置，此法用量较大，要 10mL 以上。在操作上与蒸馏相同，详见蒸馏操作。

当样品量不多时，可用如图 2-61 所示的微量法测定装置测定沸点，部分装置与熔点测定装置相似，微量法仅适用于测定纯液体的沸点。

测定时首先将沸点管（小试管）用橡皮圈固定在温度计的一侧，然后在沸点管内加入几滴待测液体，试样部位与温度计水银球位置齐平，再放入一根内径 1mm、长 7～8mm 的一端封闭的毛细管，其开口端向下插入被测液体中。最后将整套装置悬放入一盛有水的小烧杯中加热。

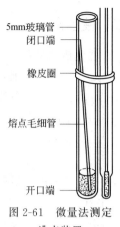

图 2-61　微量法测定沸点装置

随着温度的上升，毛细管内陆续有小气泡逸出。气泡由缓慢逸出变为快速而且持续不断地往外冒时，立即停止加热，随着温度的降低，气泡逸出的速率明显减慢。仔细观察，当最后一个气泡刚欲缩回至毛细管内的瞬间，记下此刻的温度，即为待测液体的沸点。重复测定时，每次均要另换干净毛细管。

测定沸点时要注意以下几点：

1. 加热不能过快，被测液体量不能太少，以免液体全部气化。
2. 毛细管内空气尽量赶尽，保证管内完全充满待测液蒸气。
3. 观察要仔细、及时并重复几次，其误差不得超过 1℃。

第九节　色谱分离技术

色谱法又称层析法。它是有机化合物分离、分析的重要方法之一。既可用于分离复杂的混合物，又可用来定性鉴定，尤其适用于少量物质的分离和鉴定。与溶剂萃取法相似，色谱法也是以相分配原理为依据。利用混合物中各组分在某一物质中的吸附、溶解性能的不同或其他亲和作用性能的差异，在混合物溶液流经该种物质时，通过反复的吸附或分配作用，将各组分分开。根据操作条件的不同，色谱法可分为纸色谱、柱色谱、薄层色谱、高效液相色谱及气相色谱等类型。其中，高效液相色谱及气相色谱在第二部分第四章的第十节和第十一节介绍。

一、纸色谱

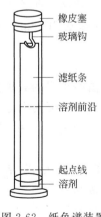

图 2-62　纸色谱装置

纸色谱又称为纸上层析法，特别适用于多官能团或极性大的化合物的分析，如糖类、氨基酸和天然色素等，其装置如图 2-62 所示。选择厚薄均匀、无折痕的滤纸，通常用新华 1 号滤纸，大小视展开缸而定。在滤纸一端 2～3cm 处用铅笔画起点线和点样位置，然后用毛细管将样品点在该位置上（直径约 1.5～2mm），如溶液较稀，斑点不够明显，则需重复多次点样以保证能获得鲜明的层析谱（注意：一次点样后，务必等待溶剂挥发后再在原先斑点的中心位置上进行第二次点样；每点一种试样，必须换一根毛细管）。干燥后，把滤纸另一端置于挂钩上，插入展开剂进行展开，注意展开剂液面必须位于样点之下。当展开剂前沿接近滤纸上端时，取出并立即画出前沿线，干燥。若为有色样品，则在滤纸上即可看到各种颜色斑点；若样品无色，可用显色剂喷雾使其显色，也可在紫外灯下观察荧光斑点。接着在滤纸上画出斑点位置和形状，计算各组分的比移值 R_f：

$$R_f = \frac{\text{从起始点到物质斑点（中心）的距离}}{\text{从起始点到溶剂前缘的距离}}$$

二、柱色谱

柱色谱法又称柱上层析法，简称柱层析，是提纯少量物质的有效方法。装置如图 2-63 所示，主要部件为色谱柱，它是一根下端带活塞的玻璃管，管内装入适合的吸附剂（氧化铝或硅胶）。

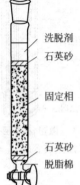

图 2-63 柱色谱装置

洗脱剂
石英砂

固定相

石英砂
脱脂棉

1. 装柱

装柱有干法和湿法两种。干法是在色谱柱下端塞一些脱脂棉，在上端放一干燥的漏斗，将吸附剂倒入漏斗，使其呈一股细流不断装入柱中，并轻轻敲打柱身，使填充均匀，然后加洗脱剂润湿，最后在吸附剂上端覆盖一层 0.5cm 的石英砂。湿法是先将溶剂倒入衬有脱脂棉的色谱柱内至柱高的 3/4 处，再慢慢加入用洗脱剂（混合洗脱剂选用极性最低的组分）调成糊状的吸附剂，同时打开活塞，控制溶剂流速为每秒 1 滴，并轻轻敲打柱身，直至吸附剂装填紧密、不再下沉为止，然后在吸附剂上端覆盖一层 0.5cm 的石英砂。无论哪种方法，都必须使吸附剂紧密均匀不留缝隙，并排除空气，且柱内洗脱剂的高度始终不能低于吸附剂最上端，这是分离效果好坏的关键。比较而言，湿法装柱更紧密均匀；而干法在添加洗脱剂时易出现气泡，吸附剂也易溶胀，故较少采用。

2. 分离

装柱完毕先要洗柱：打开活塞，沿柱壁缓缓加入洗脱剂，洗涤除去吸附剂中的可溶性杂质并驱走气泡，然后进行加样洗脱。

液体样品可直接加入，固体样品需用最少量的溶剂溶解后加入。当洗脱剂降至稍低于石英砂表面时停止排液，用滴管沿柱内壁一次性加入样品，注意滴管尽量靠近石英砂表面。然后打开活塞，使样品进入石英砂层，再加少量洗脱剂洗下壁上附着的样品，待这部分液体进入石英砂层后，加入洗脱剂淋洗，控制洗脱液流速为每秒 1～2 滴，分别接收不同组分的洗脱液，直至所有色带被展开。注意整个过程始终要有溶剂覆盖吸附剂。

三、薄层色谱

薄层色谱（thin layer chromatography，TLC）是一种快速而简单的色谱法，兼备了纸色谱和柱色谱的优点，既适用于小量样品（几十微克）的分离，又可用于多达 500mg 的样品的分离。

1. 层析板制备

实验室常用 10cm×3cm×0.25mm 的玻璃板或载玻片进行铺层。在洁净干燥的载玻片上铺设一层均匀的糊状薄层吸附剂（氧化铝、硅胶等），厚度为 0.25～1mm，可使用涂布器，也可用玻璃棒或边缘光滑的不锈钢尺将糊状物刮平，或将糊状液倒在载玻片上，用手轻轻振摇使表面均匀光滑。

将涂好的层析板晾干，放入烘箱加热活化。硅胶板要缓慢升温，在 105～110℃ 活化 30min，氧化铝板一般在 200～220℃ 活化 4h。活化后的层析板在室温下冷却数分钟后，立即存放于干燥器内备用。层析板也可直接购买成品使用。

2. 层析操作

如图 2-64 所示，层析操作在展开缸中进行（没有展开缸可用盖上表面皿的烧杯代替）。在距层析板一端 1～2cm 处作为起点线，用内径 1mm 的毛细管将样品垂直点在线上，点样直径不超过 2mm，样点间距至少 1～1.5mm，点样时间尽可能短，以免薄层吸收空气中的水分而降低吸附性能。

将点好样的层析板倾斜放入密闭的盛有展开剂的展开缸中，展开剂液面要低于样点，一般高度为 0.5cm。为使展开剂蒸气充满全缸并很快达到平衡，可在缸内衬一张滤纸。当展开剂上升至距板顶 1～1.5cm 处，取出层析板并立即画出前沿线，然后与纸色谱同样操作。

图 2-64　薄层色谱展开装置

纸色谱所用显色剂均可用于薄层色谱，而薄层色谱还可使用一些纸色谱不能用的腐蚀性显色剂，如浓硫酸、浓盐酸等。但是，薄层色谱在操作上不如纸色谱方便，层析板也不宜保存。

第十节　样品检测

样品检测大致包括以下几个步骤：取样、试样的分解、干扰组分的分离、测定、数据处理及分析结果的表示。此处仅就试样的采取和制备、试样的分解和处理、测定方法的选择进行讨论。

一、试样的采取和制备

试样的采取和制备必须保证所取试样具有代表性，即分析试样的组成能代表整批物料的平均组成。否则，无论分析工作做得怎样认真、准确，所得结果也毫无实际意义；更有害的是提供了无代表性的分析数据，会给实际工作造成严重的混乱。因此，慎重地审查试样的来源，使用正确的取样方法是非常重要的。

取样大致可分三步：（1）收集粗样（原始试样）；（2）将每份粗样混合或粉碎、缩分，减少至适合分析所需的数量；（3）制成符合分析用的样品。

正确取样应满足以下几个要求：

（1）大批试样（总体）中所有组成部分都有同等的被采集的概率；

（2）根据给定的准确度，采取有次序的和随机的取样，使取样的费用尽可能低；

（3）将 n 个取样单元（如车、船、袋或瓶等容器）的试样彻底混合后，再分成若干份，每份分析一次，这样比采用分别分析几个取样单元的办法更优化。

试样种类繁多、形态各异，试样的性质和均匀程度也各不相同。因此，首先将被采取的物料总体分为若干单元。它可以是均匀的气体和液体，也可以是车辆或船只装载的物料。其次，了解各取样单元间和各单元内的相对变化。如煤在堆积或运输中出现的偏析，即颗粒大的会滚在堆边上，颗粒小或密度大的会沉在堆下面，细粉甚至可能飞扬。正确划分取样单元和确定取样点是十分重要的。以下，针对不同种类的物料简略讨论一些采样方法。

组成比较均匀的物料，包括气体、液体和某些固体，取样单元可以较小。对于大气样品，根据被测组分在空气中存在的状态（气态、蒸气态或气溶胶）、浓度以及测定方法的灵敏度，可用直接法或浓缩法取样。对于贮存于大容器（如贮气柜或槽）内的物料，因密度不同可能影响其均匀性时，应在上、中、下等不同处采取部分试样混匀。对于水样，其代表性和可靠性，首先取决于取样面和取样点的选择，例如江河、湖泊、海域、地下水等取样点的取样法就很不一样；其次取决于取样方法，例如表层水、深层水、废水、天然水等水质不同，应采用不同的取样方法，同时还要注意季节的变化。对于含有悬浊物的液槽，在不断搅拌下于不同深度取出若干份样本，以补偿其不均匀性。

如果是较均匀的粉状固体或液体，且分装在数量较大的小容器（如桶、袋或瓶）内，可从总体中按有关标准规定随机地抽取部分容器，再采取部分试样混匀即可。

对于金属制品如板材和线材等，由于经过高温熔炼，组成一般较均匀，可将许多板（或线）对齐横切削一定数量的试样。但对钢锭和铸铁，由于表面和内部的凝固时间不同，铁和杂质的凝固温度也不一样，因此表面和内部所含杂质的量不同，采样时应在不同部位和深度钻取屑末混匀。对于那些坚硬的金属制品如白口铁、硅钢等，无法钻取，可用钢锤砸碎，在钢钵中再捣碎，取一部分作为分析试样。

组成很不均匀的物料，如矿石、煤炭、土壤等，颗粒大小不等，硬度相差也大，组成极不均匀。若是堆成锥形，应从底部周围几个对称点对顶点画线，再沿底线按均匀的间隔按一定数量的比例取样。若物料是采用输送带运送的，可在带的不同横断面取若干份样品。如用车或船运，可按散装固体随机抽样，再在每车（或船）中的不同部位多点取样，以克服运输过程中的偏析作用。取出份数越多，试样的组成越具有代表性，但处理时所耗人力、物力将大大增加。因此采样的数量可按统计学处理，选择能达到预期的准确度最节约的采样量。

固体试样加工的一般程序是：先用颚式破碎机或球磨机进行粗碎，使试样能通过 4～6 号筛；再用盘式破碎机进行中碎，使试样能过 20 号筛，然后再经过细磨至所需的粒度。不同性质的试样要求磨细的程度不同，一般要求分析试样能过 100～200 号筛。

试样过筛时未通过的细粒，应再碎至全部通过，决不能随意弃去，否则会影响试样的代表性，因为不易粉碎的粗粒往往具有不同的组成。

试样每经破碎至一定细度后，都需将试样仔细混匀进行缩分。缩分的目的是使破碎试样的质量减小，并保证缩分后试样中的组分含量与原始试样一致。缩分方法很多，常用的是四分法，即将试样混匀后，堆成圆锥形，略为压平，由锥中心划成四等份，弃去任意对角的两份，收集留下的两份混匀。如此反复处理至所需的分析试样为止。

将制好的试样分装成两瓶，贴上标签，注明试样的名称、来源和采样日期。一瓶作为正样供分析用，另一瓶作为副样备查。试样收到后，一般应尽快分析，否则也应妥善保存，避免试样受潮、风干或变质等。

二、试样的分解和处理

在一般的分析工作中，除干法分析（如光谱分析、差热分析等）外，通常都用湿法分析，即先将试样分解制成溶液再进行分析，故试样的分解是分析工作的重要步骤之一。它不仅直接关系到待测组分转变为合适的测定形态，也关系到以后的分离和测定。如果分解方法选择不当，就会增加不必要的分离手续，给测定造成困难和增大误差，有时甚至使测定无法进行。

分解试样时，带来误差的原因很多。如分解不完全，分解时与试剂和反应器皿作用导致待测组分的损失或玷污，这种现象在测定微量成分时尤应注意。另外，分解试样时应尽量避免引入干扰成分。

选择分解方法时，不仅要考虑其对准确度和测定速度的影响，而且要求分解后杂质的分离和测定都容易进行。所以，应选择那些分解完全、分解速度快、分离测定较顺利、对环境没有污染或很少污染的分解方法。

湿法是用酸或碱溶液来分解试样，一般称为溶解法。干法则用固体碱或酸性物质熔融或烧结来分解试样，一般称为熔融法。此外，还有一些特殊分解法。如热分解法、氧瓶燃烧法、定温灰化法、非水溶剂中金属钠或钾分解法等。在实际工作中，为了保证试样分解完全，各种分解方法常常配合使用。例如，在测定高硅试样中少量元素时，常先用 HF 分解加热除去大量硅，再用其他方法完成分解。

另外，在分解试样时总希望尽量少引入盐类，以免给测定带来困难和误差，所以分解试样尽量采用湿法。在湿法中选择溶剂的原则是：能溶于水的先用水溶解，不溶于水的酸性物质用碱性溶剂，碱性物质用酸性溶剂，还原性物质用氧化性溶剂，氧化性物质用还原性溶剂。

除常温溶解和加热溶解外，近来也有采用在封闭容器内微波溶解的技术。利用样品和适当的溶（熔）剂吸收微波能产生热量加热样品，同时微波产生的交变磁场使介质分子极化，极化分子在高频磁场交替排列导致分子高速振荡，使分子获得高的能量。由于这两种作用，样品表层不断被搅动破裂，促使样品迅速溶（熔）解，方法可靠、易控制。总之，分解试样时要根据试样的性质、分析项目要求和上述原则，选择一种合适的分解方法。

1. 无机物的分解

（1）溶解法

溶解试样常用的溶剂除水以外，还有以下几种：

① 盐酸　利用盐酸中 H^+ 和 Cl^- 的还原性及其与某些金属离子的配位作用，主要用于弱酸盐（如碳酸盐、磷酸盐等）、一些氧化物（如 Fe_2O_3、MnO_2 等）、一些硫化物（如 FeS、Sb_2S_3 等）及电位次序在氢以前的金属（如 Fe、Zn 等）或合金的溶解，还可溶解灼烧过的 Al_2O_3、BeO 及某些硅酸盐。

盐酸加 H_2O_2 或 Br_2 等氧化剂，常用来分解铜合金和硫化物矿等，同时还可破坏试样中的有机物，过量的 H_2O_2 或 Br_2 可加热除去。在溶解钢铁时，也常加入少量 HNO_3 以破坏碳化物。

用盐酸分解试样和蒸发其溶液时，必须注意 Ge(Ⅳ)、As(Ⅲ)、Sn(Ⅳ)、Se(Ⅳ)、Te(Ⅳ) 和 Hg(Ⅱ) 等氯化物的挥发损失。

② 硝酸　几乎所有的硝酸盐都易溶于水，且硝酸具有强氧化性，除铂、金和某些稀有金属外，浓硝酸能分解几乎所有的金属试样。但铁、铝、铬等在硝酸中由于生成氧化膜而钝化，锑、锡、钨则生成不溶性的酸（偏锑酸、偏锡酸和钨酸），这些金属不宜用硝酸溶解。几乎所有硫化物及其矿石皆可溶于硝酸，但宜在低温下进行，否则将析出硫黄；欲使硫氧化成 SO_4^{2-}，可用 HNO_3+KClO_3 或 HNO_3+Br_2 等混合溶剂。

浓硝酸和浓盐酸按 1:3（体积比）混合的王水，或 3:1 混合的逆王水，以及二者按其他比例的混合形成的混合酸，可用来氧化硫和分解黄铁矿及铬-镍合金钢、钼-铁合金、铜合金等。

试样中有机物的存在常干扰分析，可用浓硝酸加热氧化破坏，也可加入其他酸如 H_2SO_4 或 $HClO_4$ 来分解。

用硝酸溶解试样后，溶液中往往含有 HNO_2 和氮的低价氧化物，它们常能破坏某些有机试剂而影响测定，应煮沸除去。

③ 硫酸　除碱土金属和铅等硫酸盐外，其他硫酸盐一般都易溶于水，所以硫酸也是重要溶剂之一。其特点是沸点高（338℃），热的浓硫酸还具有强的脱水和氧化能力，用它分解试样较快。在高温下可用来分解萤石（CaF_2）、独居石（稀土和钍的磷酸盐）等矿物和某些

金属及合金（如铁、钴、镍、锌等）。当加热至冒白烟（产生 SO_3）时，可除去试样中低沸点的 HF、HCl、HNO_3 及氮的氧化物等，并可破坏试样中的有机物。

④ 高氯酸　除 K^+、NH_4^+ 等少数离子的高氯酸盐外，一般的高氯酸盐都易溶于水。浓热的高氯酸具有强的脱水和氧化能力，常用于不锈钢、硫化物的分解和有机物的破坏。高氯酸可将铬氧化为 $Cr_2O_7^{2-}$，钒氧化为 VO^{3-}，硫氧化为 SO_4^{2-}。由于 $HClO_4$ 的沸点高（203℃），加热蒸发至冒烟时也可驱除低沸点酸，所得残渣加水很易溶解。

在使用高氯酸时应注意安全。浓度低于 85% 的纯高氯酸在一般条件下十分稳定，但有强脱水剂（如浓硫酸）或有机物、某些还原剂等存在一起加热时，就会发生剧烈的爆炸。所以对含有机物和还原性物质的试样，应先用硝酸加热破坏，再用高氯酸分解，或直接用硝酸和高氯酸的混合酸分解，在氧化过程中随时补高氯酸必须有硝酸存在，这样才较安全。

⑤ 氢氟酸　常与 H_2SO_4 或 $HClO_4$ 等混合使用，分解硅铁、硅酸盐及含钨、铌、钛等试样。这时硅以 SiF_4 的形式除去，用 H_2SO_4 或 $HClO_4$ 是为了除去过量的氢氟酸。如有碱土金属和铅时，用 $HClO_4$，有 K^+ 时用 H_2SO_4。用氢氟酸分解试样，需用铂坩埚或聚四氟乙烯器皿（温度低至250℃），在通风柜内进行，并注意防止氢氟酸触及皮肤以及灼伤（不易愈合）。

⑥ 氢氧化钠溶液（20%～30%）　可用来分解铝、铝合金及某些酸性氧化物等。分解应在银或聚四氟乙烯器皿中进行。

（2）熔融法

根据所用的熔剂性质可分为酸熔法和碱熔法两种，此外还有半熔法。

① 酸熔法　常用焦硫酸钾（$K_2S_2O_7$）或硫酸氢钾（$KHSO_4$），可分解一些难溶于酸的碱性或中性氧化物、矿石，如 Fe_2O_3、刚玉（Al_2O_3）、金红石（TiO_2）等，生成可溶性的硫酸盐。例如：

$$TiO_2 + 2K_2S_2O_7 =\!=\!= Ti(SO_4)_2 + 2K_2SO_4$$

熔融常在瓷坩埚中进行，熔融温度不宜过高，时间也不要太长，以免硫酸盐再分解成难溶氧化物。熔块冷却后用稀硫酸浸取，有时还加入酒石酸或草酸等配位剂，抑制某些金属离子［如 Nb(V)、Ta(V) 等］水解。

此外，可用 KHF_2 分解稀土和钍的矿物，用它的铵盐可分解一些硫化物及硅酸盐。

② 碱熔法　常用的碱性熔剂有碳酸钠、碳酸钾、氢氧化钠、氢氧化钾、过氧化钠或它们的混合熔剂等。Na_2CO_3（或 K_2CO_3）可分解一些硅酸盐、酸性炉渣等，如用来分解钠长石和重晶石：

$$NaAlSi_3O_8 + 3Na_2CO_3 =\!=\!= NaAlO_2 + 3Na_2SiO_3 + 3CO_2$$

$$BaSO_4 + Na_2CO_3 =\!=\!= BaCO_3 + Na_2SO_4$$

经高温熔融后均转化为可溶于水和酸的化合物。

为了降低熔融温度，可用 1:1 Na_2CO_3 与 K_2CO_3 混合熔剂（熔点约700℃）。Na_2CO_3 加少量氧化剂（如 KNO_3 或 $KClO_3$）的混合熔剂，常用于分解含 S、As、Cr 等的试样，使它们分别分解并氧化为 SO_4^{2-}、AsO_4^{3-}、CrO_4^{2-}。Na_2CO_3 加入硫，常用于分解含 As、Sb、Sn 等的氧化物、硫化物和合金试样，使它们转变为可溶性硫代酸盐。例如锡石的分解：

$$2SnO_2 + 2Na_2CO_3 + 9S =\!=\!= 2Na_2SnS_3 + 3SO_2 + 2CO_2$$

NaOH 和 KOH 是低熔点强碱性熔剂，常用于分解硅酸盐、铝土矿、黏土等试样。在分解难熔物质时，可加入少量 Na_2O_2 或 KNO_3。

熔融时为了使分解反应完全，通常加入 6～12 倍的过量熔剂。由于熔剂对坩埚腐蚀比较严重，所以注意选择适宜的坩埚，以保证分析的准确度。例如以 $K_2S_2O_7$ 进行熔融时，可以在铂、石英甚至瓷坩埚中进行，但若在瓷坩埚中进行，会引入瓷中的组分，如少量铝等，这在分析含有这些元素的试样时就不宜选用。又如，用碳酸钠或碳酸钾作为熔剂熔融时可使用铂坩埚；但用氢氧化钠作为熔剂时会腐蚀铂器皿，应改用银坩埚或镍坩埚。此时银或镍亦将进入溶液中，但进入溶液的银易以不溶性的氯化物形式除去。当用碱性熔剂例如 Na_2O_2 熔融时，还常用价廉的刚玉坩埚。

③ 半熔法（烧结法）　将试样和熔剂在低于熔点的温度下进行反应，若试样磨得很细（如 200 目），分解时间长一些也可分解完全，又不致侵蚀器皿。烧结可在瓷坩埚中进行。例如，常用 Na_2CO_3＋MgO（或 ZnO）（1：2）作为熔剂，分解煤或矿石中的硫。其中 Na_2CO_3 为熔剂，MgO 或 ZnO 起疏松和通气作用，使空气中氧将硫氧化为硫酸盐，用水浸出即可测定。为了促使硫定量地氧化，也可在烧结剂中加入少量氧化剂，如 $KMnO_4$ 等。

用 $CaCO_3$＋NH_4Cl 可分解硅酸盐，测定其中的 K^+、Na^+。例如用它分解钾长石：

$$2KAlSi_3O_8＋6CaCO_3＋2NH_4Cl \Longrightarrow 6CaSiO_3＋Al_2O_3＋2KCl＋6CO_2＋2NH_3＋H_2O$$

烧结温度为 750～800℃，反应产物仍为粉末状，但 K^+、Na^+ 已转变为氯化物，可用水浸取。

2. 有机物的分解

（1）溶解法

低级醇、多元酸、糖类、氨基酸、有机酸的碱金属盐，均可用水溶解。许多有机物不溶于水，可溶于有机溶剂。例如，有机酸易溶于乙二胺、丁胺等碱性有机溶剂；生物碱等有机碱易溶于甲酸、冰醋酸等酸性有机溶剂。根据相似相溶原理，极性有机化合物易溶于甲醇、乙醇等极性有机溶剂，非极性有机化合物易溶于 $CHCl_3$、CCl_4、苯、甲苯等非极性有机溶剂。有关溶剂的选择可参考有关资料，此处不再详述。

表 2-7 列出了几种可溶解高聚物的有机溶剂。

表 2-7　高聚物及其溶剂

高聚物	溶剂
聚苯乙烯,醋酸纤维,醋酸-丁酸纤维素	甲基异丁基酮
聚丙烯腈,聚氯乙烯,聚碳酸酯	二甲替甲酰胺
聚氯乙烯-聚乙烯共聚物	环己酮
聚酰胺	60%甲酸
聚 醚	甲 醇

（2）分解法

欲测有机物中的无机元素，分解试样的方法可分湿法、干法和定温灰化法。

① 湿法　常用硫酸、硝酸或混合酸分解试样，在克氏烧瓶中加热，试样中有机物即被氧化成 CO_2 和 H_2O，金属元素则转变为硝酸盐或硫酸盐，非金属元素则转变为相应的阴离子。此法可用于测定有机物中的金属、硫、卤素等元素。

② 干法　典型的分解方式有两种。一种是在充满 O_2 的密闭瓶内，用电火花引燃有机试样，瓶内可盛适当的吸收剂以吸收其燃烧产物，然后用适当方法测定。这种方式叫氧瓶燃烧法。它广泛用于有机物中卤素、硫、磷、硼等元素的测定，也可用于许多有机物中部分金属元素，如 Hg、Zn、Mg、Co、Ni 等的测定。

③ 定温灰化法　将试样置于敞口皿或坩埚内，在空气中一定温度范围（500～550℃）

内，加热分解、灰化，所得残渣用溶剂溶解后进行测定。灰化前加入一些添加剂（如 CaO、MgO、Na_2CO_3 等），可使灰化更有效。此法常用于测定有机物和生物试样中的无机元素，如锑、铬、铁、钼、锶、锌等。近来使用低温灰化操作及装置，如高频电激发的氧气通过试样，温度仅 150℃ 即可使试样分解，这适用于生物试样中 As、Se、Hg 等易挥发元素的测定。

近年有人提出用 V_2O_5 作为熔剂。它的氧化力强，可用于含 N、S、卤素的有机物的分解，释放出的气体可检测出 N、S、卤素等。

三、测定方法的选择

随着工农业生产和科学技术的发展，对分析化学不断提出更高的要求和任务，同时也为分析化学提供了更多、更先进的测定方法，而且一种组分（无机离子或有机官能团等）可用多种方法测定，因此必须根据不同情况和要求选择一两种方法。选择测定方法应考虑以下几点：

1. 测定的具体要求

首先应明确测定的目的及要求，其中主要包括需要测定的组分、准确度及完成测定的速度等。一般对标准物和成品分析的准确度要求较高，微量成分分析则对灵敏度要求较高，而中间控制分析则要求快速简便。例如在无机非金属材料（如黏土、玻璃等）的分析中，二氧化硅是主要测定项目之一。测定二氧化硅的含量较多采用重量分析法，在试样分解后，在盐酸溶液中蒸干脱水两次，使二氧化硅呈硅酸盐胶凝状沉淀析出，然后过滤，灼烧至恒重。但得到的二氧化硅往往含有少量杂质，如 Fe^{3+}、Al^{3+}、Ti^{4+} 等，使结果偏高。若是标准样或管理样，准确度要求更高，应用 HF 和 H_2SO_4 进一步处理，使 SiO_2 转化为 SiF_4 挥发除去，再灼烧至恒重，由减差法求得二氧化硅含量。此法具有干扰少、准确度高、滤液可用于其他组分测定等优点；但操作繁复、时间冗长。如果是成品分析，可只脱水两次，或改用动物胶-盐酸脱水一次，这样分析时间就大大缩短。如果是生产过程中的例行分析，则要求更快，就宜用氟硅酸钾滴定法。

2. 待测组分的含量范围

适用于测定常量组分的方法常不适用于测定微量组分或低浓度的物质；反之，测定微量组分的方法也多不适用于常量组分的测定，因此在选择测定方法时应考虑欲测组分的含量范围。常量组分多采用滴定分析法（包括电位、电导、库仑和光度等滴定法）和重量分析法，它们的相对误差为千分之几。由于滴定法简便、快速，因此当两者均可应用时，一般选用滴定法。对于微量组分的测定，则应用灵敏度较高的仪器分析法，如分光光度法、原子吸收光谱法、色谱分析法等。这些方法的相对误差一般是百分之几，因此用这些方法测定常量组分时，其准确度就不可能达到滴定法和重量法的那样高；但对微量组分的测定，这些方法的准确度已能满足要求了。例如，钢铁中硅的测定，不能用重量法和滴定法，而应用分光光度法或原子吸收光谱法。

3. 待测组分的性质

了解待测组分的性质常有助于测定方法的选择。例如大部分金属离子均可与 EDTA 形成稳定的螯合物，因此配位滴定法是测定金属离子的重要方法。对于碱金属，特别是钠离子等，由于它们的配合物一般都很不稳定，大部分盐类的溶解度较大，又不具有氧化还原性质，但能发射或吸收一定波长的特征谱线，因此火焰光度法及原子吸收光谱法是较好的测定方法。又如溴酸盐法可测定有机物的不饱和度；再如生物碱大多数具有一定的碱性，可用酸碱滴定法测定。

4. 共存组分的影响

选择测定方法时，必须同时考虑共存组分对测定的影响。例如测定铜矿中的铜时，用 HNO_3 分解试样，选用碘量法测定，其中所含 Fe^{3+}、$Sb(V)$、$As(V)$、Al^{3+}、Zn^{2+}、Pb^{2+} 等能与 EDTA 配位，也干扰测定；若用原子吸收光谱法，则一般元素 Fe、Zn、Pb、Al、Co、Ni、Ca、Mg 等均不干扰，但 H_2SO_4（或 SO_4^{2-}）的存在使吸收值降低，产生负干扰。因此，如果没有合适的直接滴定法，应改变测定条件，加入适当的掩蔽剂或进行分离，排除各种干扰后再行测定。

5. 实验室条件

选择测定方法时，还要考虑实验室是否具备所需条件。例如，现有仪器的精密度和灵敏度，所需试剂和水的纯度以及实验室的温度、湿度和防尘等实际情况。有些方法虽能在很短时间内分析成批试样，很适合用于例行分析，但需要昂贵的仪器，一般实验室不一定具备，也只能选用其他方法。

一个理想的分析方法应该灵敏度高、检出限低、精密度佳、准确度高、操作简便，但在实际中往往很难同时满足这些要求，所以需要综合考虑各个指标，对选择的各方法进行综合分析。最近邓勃提出一个综合评价分析方法的函数，它主要包括了表征分析方法特征的各参数：标准偏差（S）、检出限（L）、灵敏度（b）、测定次数（n）、系统误差（δ）及置信概率（P）等。

选择分析方法时，首先查阅有关文献，然后根据上述原则判定切实可行的分析方案，通过实验进行修改完善，最好应用标准样或管理（合成）样判断方法的准确度和精密度，确认能满足分析的要求后，再进行试样的测定。

第十一节　无水无氧操作

在化学实验中，经常会遇到一些对空气中的氧气和水敏感的化合物。为了研究这类化合物的合成、分离、纯化和分析鉴定，必须使用特殊的仪器和无水无氧操作技术。否则，即使合成路线和反应条件都是合适的，最终也得不到预期的产物。所以，无水无氧操作技术已广泛应用于化学实验中。目前采用的无水无氧操作有以下三种。

（1）直接向反应体系中通入惰性气体保护。对于一般要求不是很高的体系，可采用直接将惰性气体通入反应体系置换出空气的方法，这种方法简便易行，广泛用于各种常规有机合成，是最常见的保护方式。惰性气体可以是普通氮气，也可是高纯氮气或氩气。使用普通氮气时最好让气体通过浓硫酸洗气瓶或装有合适干燥剂的干燥塔，使用效果会更好。

（2）手套箱操作：常用的手套箱是用有机玻璃板制作的，将高纯惰性气体充入箱体内，并循环过滤掉其中的活性物质即可达到无氧。在其中放入干燥剂即可进行无水操作。对于需要称量、研磨、转移、过滤等较复杂无水无氧的操作一般采用在手套箱中进行。但有机玻璃手套箱不耐压，不能通过抽气置换其中的空气，空气不易置换完全。使用手套箱也造成惰性气体的大量浪费。

严格无水无氧操作的手套箱是用金属制成的。操作室带有惰性气体进出口、氯丁橡胶手套及密封很好的玻璃窗。通过反复三次抽真空和充惰性气体，可保证操作箱中的空气完全置换为惰性气体。

（3）Schlenk 技术：所谓 Schlenk 仪器是为便于抽真空、充惰性气体而设计的带旋塞支管的普通玻璃仪器或装置，旋塞支管用来抽真空或充放惰性气体，保证反应体系能达到无水无氧状态。这一方法排除空气比手套箱好，对真空度要求不太高，更安全，更有效。其操作量从几克到几百克，对于无水无氧条件下的回流、蒸馏和过滤等操作，应用 Schlenk 仪器比较方便。

第十二节　误差及数据处理

由于实验方法的可靠程度，所用仪器的精密度和实验者的感官限度等各方面条件的限制，使得一切测量均带有测量值与真值之差，称为误差。因此，必须对误差产生的原因及其规律进行研究，方可在合理的人力物力支出条件下，获得可靠的实验结果，再通过实验数据的列表、作图、建立数学关系式等处理步骤，使实验结果变为有参考价值的资料。

一、误差的分类

误差按其性质可分为以下三种：系统误差、偶然误差和过失误差。

1. 系统误差

在相同条件下，多次测量同一量时，误差的绝对值和符号保持恒定，或在条件改变时，按某一确定规律变化的误差。改变实验条件可以发现系统误差的存在，针对产生原因可采取措施将其消除。系统误差产生的原因如下：

（1）实验方法的缺陷。例如使用了近似公式。

（2）仪器药品不良引起。如电表零点偏差、温度计刻度不准、药品纯度不高等。

（3）操作者的不良习惯。如观察视线偏高或偏低。

2. 偶然误差（随机误差）

在相同条件下多次测量同一量时，误差的绝对值时大时小，符号时正时负，但随测量次数的增加，其平均值趋近于零，即具有抵偿性，此类误差称为偶然误差。它产生的原因并不确定，一般是由环境条件的改变（如大气压、温度的波动）、操作者感官分辨能力的限制（如对仪器最小分度以内的读数难以读准确等）所致。

偶然误差虽可通过改进仪器和测量技术、提高实验操作的熟练程度来减小，但有一定的限度。所以说，偶然误差的存在是不可避免的。偶然误差是由相互制约、相互作用的一些偶然因素所造成的，它有时大、有时小、有时正、有时负，方向不一定，大小和符号一般服从正态分布规律。偶然误差可采取多次测量取平均值的办法来消除，而且测量次数越多（在没有系统误差存在的情况下），平均值就越接近于"真值"。

3. 过失误差（或粗差）

这是一种明显歪曲实验结果的误差。它无规律可循，是由操作者读错、记错所致，只要加强责任心，此类误差可以避免。发现有此种误差产生，所得数据应予以剔除。

二、有效数字

对一个测量的量进行记录时，所记数字的位数应与仪器的精密度相符合，即所记数字的最后一位为仪器最小刻度以内的估计值，称为可疑值，其他几位为准确值，这样一个数字称为有效数字，它的位数不可随意增减。例如，普通 50mL 的滴定管，最小刻度为 0.1mL，则记录 26.55 是合理的；若记录 26.5 和 26.556 都是错误的，因为它们分别缩小和夸大了仪器的精密度。为方便地表达有效数字位数，一般用科学记数法记录数字，即用一个带小数的个位数乘以 10 的相当幂次表示。例如 0.000567 可写为 5.67×10^{-4}，有效数字为三位；10680 可写为 1.0680×10^4，有效数字是五位等。用以表达小数点位置的零不计入有效数字位数。

在间接测量中，须通过一定公式将直接测量值进行运算，运算中对有效数字位数的取舍应遵循如下规则：

1. 误差一般只取一位有效数字，最多两位。

2. 有效数字的位数越多，数值的精确度也越大，相对误差越小。

(1) (1.35 ± 0.01)m，三位有效数字，相对误差 0.7%。

(2) (1.3500 ± 0.0001)m，五位有效数字，相对误差 0.007%。

3. 若第一位的数值等于或大于 8，则有效数字的总位数可多算一位，如 9.23 虽然只有三位，但在运算时，可以看作四位。

4. 运算中舍弃过多不定数字时，应用"4 舍 6 入，逢 5 尾留双"的法则，例如有下列两个数值：9.435、4.685，整化为三位有效数字，根据上述法则，整化后的数值为 9.44 与 4.68。

5. 在加减运算中，各数值小数点后所取的位数，以其中小数点后位数最少者为准。例如：$56.38 + 17.889 + 21.6 = 56.4 + 17.9 + 21.6 = 95.9$

6. 在乘除运算中，各数保留的有效数字，应以其中有效数字最少者为准。例如：$1.436 \times 0.020568 \div 85$

其中 85 的有效数字最少，由于首位是 8，所以可以看成三位有效数字，其余两个数值，也应保留三位，最后结果也只保留三位有效数字。

7. 在乘方或开方运算中，结果可多保留一位。

8. 对数运算时，对数中的首数不是有效数字，对数的尾数的位数，应与各数值的有效数字相当。

9. 算式中，常数 π、e 和某些取自手册的常数，如阿伏伽德罗常数、普朗克常数等，不受上述规则限制，其位数按实际需要取舍。

三、数据处理

化学实验数据的表示法主要有如下三种方法：列表法、作图法和数学方程式法。我们主要介绍前两种方法。

1. 列表法

将实验数据列成表格，排列整齐，使人一目了然。这是数据处理中最简单的方法，列表时应注意以下几点：

(1) 表格要有名称。

(2) 每行（或列）的开头一栏都要列出物理量的名称和单位，并把二者表示为相除的形式。因为物理量的符号本身是带有单位的，除以它的单位，即等于表中的纯数字。

(3) 数字要排列整齐，小数点要对齐，公共的乘方因子应写在开头一栏与物理量符号相乘的形式。

（4）表格中表达的数据顺序为：由左到右，由自变量到应变量，可以将原始数据和处理结果列在同一表中，但应以一组数据为例，在表格下面列出算式，写出计算过程。

2. 作图法

作图法可更形象地表达出数据的特点，如极大值、极小值、拐点等，并可进一步用图解求积分、微分、外推、内插值。作图应注意如下几点：

（1）图要有图名。例如"lnK-1/T 图""V-t 图"等。

（2）要用市售的正规坐标纸，并根据需要选用坐标纸种类：直角坐标纸、三角坐标纸、半对数坐标纸、对数坐标纸等。物理化学实验中一般用直角坐标纸，只有三组分相图使用三角坐标纸。

（3）在直角坐标中，一般以横轴代表自变量，纵轴代表因变量，在轴旁须注明变量的名称和单位（二者表示为相除的形式），10 的幂次以相乘的形式写在变量旁。

（4）适当选择坐标比例，以表达出全部有效数字为准，即最小的毫米格内表示有效数字的最后一位。每厘米格代表 1、2、5 为宜，切忌 3、7、9；如果作直线，应正确选择比例，使直线呈 45°倾斜为好。

（5）坐标原点不一定选在零，应使所作直线与曲线匀称地分布于图面中。在两条坐标轴上每隔 1cm 或 2cm 均匀地标上所代表的数值，而图中所描各点的具体坐标值不必标出。

（6）描点时，应用细铅笔将所描的点准确而清晰地标在其位置上，可用○、△、□、×等符号表示，符号总面积表示了实验数据误差的大小，所以不应超过 1mm 格。同一图中表示不同曲线时，要用不同的符号描点，以示区别。

（7）作曲线时，应尽量多地通过所描的点，但不要强行通过每一个点。对于不能通过的点，应使其等量地分布于曲线两边，且两边各点到曲线的距离之平方和要尽可能相等。描出的曲线应平滑均匀。

第十三节　形象化的计算机模拟化学实验

计算机模拟实验是用计算机模拟实验过程，作为代替和加强传统的实验教学的手段，可帮助学生解决一些实验中的实际困难，加强对学生的实验技能训练，培养学生独立解决问题的能力，而且可以大大地节省实验费用。

许多同学都做过酸碱中和反应实验，如果用计算机来模拟这个实验，学生启动计算机后，彩色显示屏上可显示一套滴定实验装置，锥形瓶中盛有 x mol 的盐酸，滴定管中盛有 y mol 的氢氧化钠溶液，学生按下键盘上的键"S"，滴定开始。氢氧化钠溶液从滴定管中逐滴地滴入锥形瓶的盐酸中，到达滴定终点时，锥形瓶中的溶液颜色突变，随着滴定的进行，滴定的曲线不断延伸，整个实验过程非常形象，学生看得清清楚楚。同时"计算机教师"从数据库中调出各种问题，随机给出不同的 x 或 y 值向学生提问，要求学生回答，答错者要求重新进行计算或重做实验，直到回答正确为止。

下面是无机化学中一个置换法测定镁化学计量值的模拟实验。学生启动计算机，在荧光屏上显示出一套实验装置和需要使用的各种化学试剂。通过人机对话，学生从键盘输入各种实验参数：镁的质量，实验温度及在该温度下的饱和水蒸气压，实验时的大气压。此后计算机问，是否加入硫酸（Y/N），学生键入 Y，硫酸开始加入试管中，置换反应开始，试管内出现闪烁，镁块消失，同时看到氢气泡冒出，平衡管液面下降，达到平衡后读取产生的氢气体积数。这时出现氢气体积是多少的提问：V？学生键入氢气体积数，计算机随即计算出镁化学计量值、标准镁化学计量值和实验误差并显示。学生可以改变实验条件，重复进行几次实验，对几次重复实验的结果进行统计处理，最后打印出实验报告。计算机模拟实验非常形象，有利于学生深入理解实验的内容。学生在实验过程中，必须积极开动脑筋，手脑并用才能完成任务，有利于调动学生的学习积极性。

对于有危险性的化学实验，不便进行真实的实验，如稀释硫酸的操作，用计算机模拟，告诉学生正确的做法是，只能将浓硫酸缓慢地一小份一小份地加入到水中，让产生的热量充分地散发出去。如果将水加入浓硫酸中，就会发生浓硫酸飞溅出来烧伤人的严重事故，这时在屏上显示出飞溅的浓硫酸烧伤人的情景，会在学生的头脑中留下深刻的印象，以后在实验中就会牢牢地记住正确的操作。对于实验周期长、费用高的大型化学化工实验，由于客观条件的限制，在短短的教学时间内常常不可能进行真实的实验，用计算机进行模拟更具有突出的优越性。

随着科学技术的发展，大型精密分析仪器在高等学校的教学科研中使用越来越普遍，这些大型精密分析仪器都是组装好的，学生无法清楚地了解其内部结构，教师也不能随便将仪器拆开来让学生看。而计算机可以把仪器"拆开"，将其内部的各部件和整体结构显示在学生面前，让学生一目了然。这样非常有利于学生对仪器整体结构、各部件的功能的深入了解，以及对仪器的正确使用和日常维护。

进行实验获取可靠的实验数据，只是获取有用信息的第一步，要将实验数据变为可利用的信息，还需对实验数据进行加工处理，如数据运算、噪声滤波、曲线平滑、曲线拟合、求导、谱峰分辨和解析、背景和空白校正等，都需用到计算机。

第三部分 实 验

第六章

无机化学实验

实验一 仪器的认领、洗涤和干燥

一、实验目的

1. 认领化学实验常用的仪器，熟悉各自的名称规格，了解使用的注意事项。
2. 学习并掌握常用仪器的洗涤和干燥方法。

二、实验原理

玻璃仪器具有良好的化学稳定性，在化学实验中经常大量使用。玻璃分硬质和软质两种。从断面处看偏黄者为硬质玻璃，偏绿者为软质玻璃。硬质玻璃耐热性、抗腐蚀性、耐冲击性能较好。软质玻璃上述性能稍差，所以软质玻璃常用来制造非加热仪器，如量筒、容量瓶等。化学实验常用的仪器名称、使用范围及其注意事项见表 2-2。

（一）仪器的洗涤

化学实验中经常用到各种玻璃仪器。如果仪器不洁净，往往因污物和杂质的存在，而得不到正确的结果，故玻璃仪器的洗涤是化学实验中的一项基本而又重要的内容。实验要求、污物性质以及黏着程度不同，洗涤要求也不同。洗涤方式有水洗、洗涤剂洗、洗液洗涤、超声波洗涤等，不管哪种方法洗过的仪器，均需先用自来水冲净，后用蒸馏水（或去离子水）荡洗。洗涤过的仪器要求内壁被水均匀润湿而无条纹、不挂水珠，不应用布或纸擦抹。

1. 水洗：用水和试管刷刷洗，可除去仪器上的灰尘、可溶性和不溶性物质。

2. 洗涤剂洗：常用的洗涤剂有去污粉、肥皂和合成洗涤剂（洗衣粉、洗涤精等）。对于有刻度的度量仪器一般采用洗液洗涤法或超声波洗涤法，不可以用毛刷刷洗。

3. 洗液洗涤：洗液有铬酸洗液、碱性高锰酸钾洗液、盐酸洗液、NaOH-乙醇洗液、HNO_3-乙醇洗液、王水等。根据污迹的性质选择相应的洗液，采取浸泡的方法洗涤，即浸泡一段时间后取出，用自来水冲洗，用蒸馏水润洗。

4. 超声波洗涤：用超声波清洗器洗涤仪器，既省时又方便，只要把用过的仪器放在配有洗涤剂的溶液中，接通电源即可。其原理是利用声波的振动和能量，达到清洗仪器的目的。

5. 仪器常见附着物的洗涤：

（1）沾附在仪器壁上的碱、碳酸盐、碱性氧化物、二氧化锰、氢氧化铁等，可用 $6mol \cdot L^{-1}$

的盐酸溶解后，再用水冲洗。

（2）油脂可用热的纯碱液洗，然后用毛刷刷洗，也可用毛刷蘸取少量洗涤液刷洗。

（3）附在器壁上的硫黄，可用煮沸的石灰水清洗。

（4）硫酸钠或硫酸氢钠的固体残留在容器内，加水煮沸使其溶解，趁热倒出。

（5）煤焦油污迹可用浓碱浸泡一天，再用水冲洗。

（6）研钵的洗涤，可取少量食盐放在研钵内研磨，倒去食盐后用水冲洗。

（7）蒸发皿和坩埚上的污迹，可用浓硝酸洗涤。

（8）不便用刷子洗的管口细小的仪器，或用以上方法清洗不掉的污物，可用洗液浸泡后再用水冲洗。

铬酸洗液的配制：配制浓度（5%～12%）各有不同配制方法大致相同：取一定量的工业用重铬酸钾，先用1～2倍的水加热溶解（加水量非固定不变，以能溶解为度），稍冷后，将浓硫酸按所需体积数徐徐加入重铬酸钾水溶液中（千万不可将重铬酸钾溶液倒入浓硫酸中），边加边搅拌，注意不要溅出，混合均匀。待冷却后装入洗液瓶备用。新配制的洗液呈红褐色，氧化能力很强；当洗液用久后，变为黑绿色，说明洗液已失去氧化洗涤能力。

6. 洗瓶的使用：洗瓶常用于洗涤仪器和沉淀，用水量少且效果好。本实验采用挤压型洗瓶。挤压型洗瓶由塑料细口瓶和瓶口装置出水管组成，一般有500mL和250mL两种规格。使用时挤压瓶身即可出水。

（二）仪器的干燥

实验时往往需要既洁净又干燥的仪器，仪器的干燥与否有时甚至是实验成败的关键。常用的仪器干燥方法有自然晾干、火焰烤干、热风吹干、烘干、有机溶剂干燥等。在化学实验中常用倒置自然晾干的方法干燥仪器，对于有特殊需要的应根据实际情况采用相应的干燥方法。带有刻度的计量仪器不能用加热法干燥，否则会影响其精度，如需干燥时，可采用晾干或有机溶剂干燥，吹干则应用冷风。

1. 自然晾干：将洗涤后的仪器倒置在适当的仪器架上自然晾干 ［图 3-1(1)］。

2. 吹烤：倒尽仪器内的水并擦干外壁，直接用小火烤干，注意用火烘烤时试管必须开口向下，烧杯、锥形瓶等需在石棉网上 ［图 3-1(2)］。也可用电热吹风机吹干残留水分 ［图 3-1(3)］。

3. 烘干：将洗净的仪器放入电热恒温干燥箱加热烘干，注意尽量将仪器内的水倒干，并开口朝上安放平稳，于105℃左右加热15min即可 ［图 3-1(4)］。也可用玻璃仪器气流烘干器加热烘干 ［图 3-1(5)］，将玻璃仪器口朝下插入支架上烘干。

4. 有机溶剂干燥：体积较小的仪器急需干燥时可用此法。倒尽仪器内的水，加入少量乙醇或丙酮摇洗（用后回收），然后晾干或用冷风吹干即可 ［图 3-1(6)］。

三、仪器和药品

（一）仪器

常用规格的试管，烧杯，量筒，锥形瓶，洗瓶。

（二）药品

洗涤液，去污粉，洗衣粉，蒸馏水。

四、实验步骤

1. 按照仪器清单逐一认领化学实验中常用的仪器。

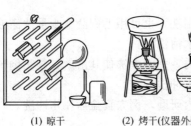

(1) 晾干　　(2) 烤干(仪器外壁擦干后，用小火烤　　(3) 吹干
　　　　　　干，同时要不断地摇动使受热均匀)

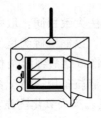

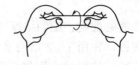

(4) 烘干(105℃左右控温)　　(5) 气流烘干　　(6) 烘干(有机溶剂法)
(先用少量丙酮或酒精使内壁均
匀润湿一遍倒出，再用少量乙
醚使内壁均匀润湿一遍后晾干
或吹干，丙酮或酒精、乙醚等
应回收)

图 3-1　仪器的干燥

2. 用去污粉或洗涤液清洗实验常用的试管、烧杯、量筒和锥形瓶，抽取一支试管和一只烧杯交给教师检查。

3. 烤干两支试管交给老师检查。

4. 将实验柜擦干净，把洗净后的仪器合理有序地存放在实验柜内，晾干处理。

思　考　题

1. 仪器中尚有反应残留液时，是否可以直接加水冲洗？为什么？

2. 带有刻度的度量仪器如何洗涤？如何干燥？

3. 简述烤干一支试管的正确操作。

实验二　灯的使用、玻璃工操作和塞子的钻孔

一、实验目的

1. 了解各类灯的构造、原理、正常火焰及各部分的温度，掌握其正确的使用方法。

2. 学会截断、弯曲、拉制、熔光玻璃管（棒）的基本操作。

3. 练习选配塞子及塞子的钻孔。

二、实验原理

酒精可以燃烧，实验室常用酒精灯加热。酒精灯的加热温度为 400～500℃，适宜于温度不需要太高的实验；煤气灯的加热温度在 400～900℃左右。

玻璃的硬度小，在其表面用玻璃刀（金刚石）、砂轮或三角锉划出痕印后，背面用力即

可将其折断。

热弯玻璃的成型温度一般为580℃左右，只有在玻璃的软化点（玻璃的组成不同，软化点温度相差也比较大，一般在500℃以上）附近掌握好火候使其受热均匀，以及把握好玻璃弯曲成型的时间，才能保证产品的质量。对于特殊的曲面玻璃制品要经过局部加热或利用外力的作用才能成型。

化学实验必备的常用器材如玻璃棒、滴管、导管、瓶塞等可以直接购买，但有特殊要求的、特别尺寸的则要自己制作。

三、仪器和药品

（一）仪器

酒精灯，煤气灯，石棉网，锉刀，钻孔器，玻璃管，玻璃棒，橡皮塞。

（二）药品

灯用酒精。

四、实验步骤

（一）灯的使用

1. 酒精灯

构造：酒精灯由灯帽、灯芯和盛有酒精的灯壶及风罩构成。灯芯通常是由多股棉纱线拧在一起制成的。

使用方法：

（1）检查灯芯：用剪刀将其修平整。灯芯插进灯芯瓷套管中，长度以下面插入酒精后还要长 4～5cm 为宜。

（2）添加酒精：通过漏斗将酒精加入灯壶内，酒精不能装太满，以不超过灯壶容积的 2/3 为宜。

（3）点燃：新灯芯要用酒精浸泡后才能点燃。点燃酒精灯一定要用燃着的火柴，绝不能用燃着的酒精灯对灯点火！点燃后正常火焰为淡蓝色，灯焰由外焰（氧化焰）、内焰（还原焰）和焰心三部分形成。外焰部分温度最高，焰心部分温度最低。

（4）熄灭：用灯帽盖灭的方法熄灭酒精灯，并要重复盖几次，让酒精蒸气尽量挥发，防止再次点燃时引爆或者冷却后造成负压不好打开灯帽。

必要时可以使用酒精灯的防风罩，使用防风罩能使酒精灯的火焰平稳，并适当提高酒精灯的火焰温度。

2. 煤气灯

构造：煤气灯由灯管和灯座组成（图 3-2）。灯管一般为铜管，灯座由铁铸成。灯管通过螺口连接在灯座上。灯管下部有几个圆孔用于调节空气的进入量。灯座的侧面有煤气入口，用胶管与煤气管道的阀门连接，在另一侧有调节煤气进入量的螺旋阀（针），顺时针关闭。根据需要量的大小可调节煤气的进入量。

使用方法：

（1）点燃：向下旋转灯管，关闭空气入口；先擦燃火柴，后打开煤气开关，将煤气灯点燃。

（2）火焰的调节：调节煤气的开关或螺旋针，使火焰保持适当的高度。这时煤气燃烧不完全并产生炭粒，火焰呈黄色，温度不高。向上旋转灯管调节空气进入量，使煤气燃烧完全，这时火焰由黄变蓝，直至分为三层，称为正常的火焰（图 3-3）。

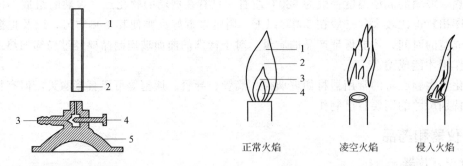

图 3-2　煤气灯的构造

1—灯管；2—空气入口；3—煤气入口；

4—针阀；5—灯座

图 3-3　煤气灯的火焰

1—氧化焰；2—最高温处；

3—还原焰；4—焰心

当空气或煤气的进入量调节不合适时，会产生不正常的火焰（图 3-3）。当空气和煤气进入量很大时，火焰离开灯管燃烧，称为凌空火焰。当火柴熄灭时，火焰也立即熄灭。当空气进入量很大而煤气量很小时，煤气在灯管内燃烧，管口上有细长火焰，这种火焰称为侵入火焰。侵入火焰会使灯管烧得很烫，应避免烫手。当遇到不正常火焰时，要关闭煤气开关，待灯管冷却后重新调节点燃。

（3）熄灭：将空气关闭，再将煤气关闭，最后关闭煤气管道阀。

（4）重复练习煤气灯的点燃、调节和关闭。

必须指出，煤气中含有毒气体 CO，使用中要防止煤气的泄漏，用完后要立即关闭煤气开关，离开实验室要关闭煤气总阀，避免引起中毒和火灾。

（二）玻璃管（棒）的简单加工

1. 玻璃管的截断和熔光

（1）挫痕：将玻璃管平放在桌面上，左手拇指按住玻璃管准备切断的地方，用三角锉刀的棱用力锉出一道凹痕。向一个方向锉，不要来回锉。锉痕应与玻璃管垂直。

（2）截断：双手平持玻璃管（凹痕向外），用大拇指在凹痕的后面轻轻外推，同时食指用力把玻璃管略向外拉，以折断玻璃管。

（3）熔光：玻璃管的截断面很锋利，容易把手划破，且难以插入塞子的圆孔内，所以必须在氧化焰中熔烧。把截断面斜插入（与桌面呈 45°）氧化焰中熔烧，缓慢转动玻璃管使熔烧均匀，直到熔烧光滑为止。灼热的玻璃管，应放在石棉网上冷却，不要放在桌上，以免烧焦桌面，也不要用手去摸，以免烫伤。

2. 玻璃管的弯曲

（1）烧管：先将玻璃管用小火预热一下。然后双手持玻璃管，把要弯曲的地方斜插入氧化焰中，以增大玻璃管的受热面积（也可以在煤气灯上罩以鱼尾灯头扩展火焰，来增大玻璃管的受热面积）。缓慢而均匀地转动玻璃管，两手用力要均等，转速要一致，以免玻璃管在火焰中扭曲。加热到它发黄变软。

（2）弯管：自火焰中取出玻璃管，稍等一两秒钟，使各部分温度均匀，准确地把它弯成所需要的角度。弯曲速度要合适，太快则弯曲部位易变形，太慢则冷却之后不能弯成所需角度。

弯好后，等其冷却变硬后才撒手，把它放在石棉网上继续冷却。冷却后，应检查其角度是否标准，整个玻璃管是否在同一平面上。弯管操作质量也由加热是否均匀决定。

120°以上的角度，可以一次弯成。较小的锐角可以分几次弯成，先弯一个较大的角度，然后在第一次受热部位的偏左、偏右处进行第二次、第三次的加热和弯曲，直到弯成所需的角度为止。

3. 玻璃管的拉细与滴管的制作

（1）烧管：拉玻璃管时加热玻璃管的方法与弯玻璃管时相同，不过要烧得更软一些，受热面积也不要那么大。玻璃管烧到红黄色时才从火焰中取出。

（2）拉滴管：玻璃管烧好后离开火焰，顺着水平方向边拉边来回转动玻璃管，拉到所需要的细管时，一手持玻璃管，把玻璃管转成垂直向下，等冷却后，按需要长短进行截断。

（3）扩口、熔光：扩口一般是将圆锉的一头伸进玻璃管的粗端，边烧边转圈，加热要均匀，手上用力也要均匀，使管口外翻；也可将玻璃管的粗端烧至发黄变软，迅速直立在石棉网或铁架台上轻轻地用力向下压一下，使管口外翻；细的一端截取后也要熔光，注意不要烧过了，以免把管口封住。

4. 玻璃棒的加工与制作

玻璃棒的截断与玻璃管的截断技术差不多，玻璃棒截断时可适当用点力向前或向后划痕（同样不能来回往复锉！）。玻璃棒比玻璃管熔烧的时间要长一些。熔光时要将平的截口烧成半圆形。

（三）塞子钻孔

常用钻孔器是一组直径不同的金属管。选一个比需要插入塞子的玻璃管（或温度计）略细的钻孔器，左手握塞，右手按住钻孔器柄头，由塞子较小端起钻，边旋转边向塞子内挤压，缓缓将钻孔器钻入预定位置；钻到一半深时，将钻孔器旋转拔出，捅出管内残物，再从塞子另一端相应位置同法钻孔，直至钻透为止。注意钻孔器与塞子表面保持垂直，以免将孔打斜。

本实验要求制作下列 5 种产品：

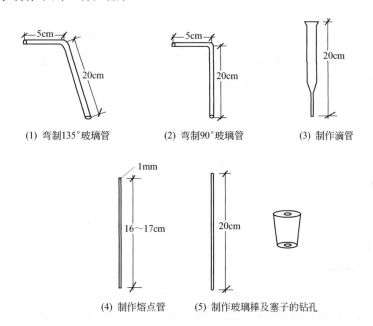

(1) 弯制135°玻璃管　　(2) 弯制90°玻璃管　　(3) 制作滴管

(4) 制作熔点管　　(5) 制作玻璃棒及塞子的钻孔

1. 弯曲和拉细玻璃管时，玻璃管的温度有什么不同？弯制好了的玻璃管，如果和冷的物件接触会发生什么不良的后果？应该怎样才能避免？

2. 在加热玻璃管（棒）前，应用小火预热。在加工完后又需小火"退火"，为什么？

3. 把玻璃管插入塞子孔道中时要注意些什么？怎样做才不会割破皮肤？拔出时要怎样操作才安全？

4. 本实验中哪些操作比较危险？应怎样避免？

实验三　分析天平的使用和样品的称量

一、实验目的

1. 了解分析天平的结构、使用方法及使用规则。
2. 学会正确的称量方法，训练准确称取一定量的试样。
3. 正确运用有效数字进行称量记录和计算。

二、实验原理

分析天平是实验室中精密而又贵重的仪器，使用时要特别小心，必须严格遵照仪器的使用规则进行操作。了解分析天平的结构和正确地进行称量，是做好定量分析实验的基本保证。各类分析天平在构造和使用方法上虽有些不同，但基本原理是相同的，即都是根据杠杆原理设计制造的（参见第二部分第四章第三节分析天平）。

实验中应根据实际精度需要选用合适精度的天平，实验室常用的分析天平可准确称量至 $\pm(0.0001 \sim 0.0002)g$。

称量有直接法称量和减量法称量两种。对不易吸湿、在空气中性质稳定的一些固体样品如金属、矿物等，可采用直接称量法；对易吸湿、在空气中不稳定的样品，宜用减量法进行称量，即两次称量之差就是被称物的质量。

三、仪器与药品

（一）仪器

全自动电光分析天平，称量瓶，纸条。

（二）药品

无水碳酸钠（s）。

四、实验步骤

（一）天平的检查

检查天平是否保持水平，如不在水平状态，调节底座旋钮至水平。检查天平称量盘是否洁净，若不干净，可用软毛刷刷净。预热足够时间后，轻按 ON 显示器键，等出现 0.0000g 称量模式后即可称量。

（二）称量练习

1. 直接法称量

从干燥器中，取一只装有固体粉末试样（无水碳酸钠）的称量瓶（切勿用手拿取，用干净的纸带套在称量瓶上，手拿取纸带），打开侧门，放在天平称量盘中心（称量瓶的取放如图 3-4 所示），关上侧门，待天平稳定后读取数据 m_1，记录在报告本上并与教师核对。记录实验数据时注意有效数字。

2. 减量法称量

练习用减量法从称量瓶中准确称量出 0.2～0.3g 固体试样两份，要求称准至 0.0001g。

方法一：用干净的纸带套在已用直接称量法称出准确质量 m_1 的装有固体试样的称量瓶上，手拿取纸带，再用一小纸片握住瓶盖，在烧杯上方打开称量瓶（要保证打开时掉出的样品能落入烧杯），用瓶盖轻轻敲击称量瓶的上沿口，边敲击边倾斜瓶身使样品落入烧杯或锥形瓶中。待估计敲出量接近要求时，一边敲击一边竖直瓶身，然后盖上瓶盖（中途称量瓶始终需在烧杯上方且不可接触器壁）。倾出样品的方法如图 3-5 所示。然后准确称量含剩余试样的称量瓶的质量 m_2。若（m_1-m_2）＜0.2g，则表示倾出样品未到 0.2g，再继续敲击倾出一部分样品，再称量，直至 0.2g≤（m_1-m_2）≤0.3g，则实验符合要求；若（m_1-m_2）＞0.3g，说明倾出的样品超过了 0.3g，则此份样品作废，需重新进行以上的操作，直至称量符合要求。

图 3-4　称量瓶的取放　　　图 3-5　倾出样品的方法

用同样操作，在另一干净的烧杯中，准确称量另一份 0.2～0.3g 的试样。

方法二：将装有固体粉末试样（无水碳酸钠）的称量瓶置于天平称量盘上，关上侧门，归零（天平显示读数为 0.0000g）。倾出样品，再将含剩余试样的称量瓶置于称量盘上，此时显示屏显示一个负值，即为倾出的样品质量。若数值的绝对值在 0.2～0.3g 之间，说明符合要求；若小于 0.2g 则表示倾出样品未到 0.2g，再继续敲击倾出一部分样品，再称量，直至符合要求；若大于 0.3g，说明倾出的样品超过了 0.3g，则重新归零后，将已经倾出的样品倒入回收瓶并清洗烧杯，重复以上步骤，直至称量符合要求。在整个过程中，称量瓶的取放和样品的倾倒同方法一。

用同样操作，称取另一份无水碳酸钠样品。

注意：减量法称取样品时，最好在 1～2 次内倒出所需的样品量，以减少样品的吸湿和损失。

（三）称量后的检查

称量结束后应检查天平是否关闭；天平称量盘上的物品是否已放回干燥器；天平箱内及桌面上有无残留物等，若有，要及时清理干净。自查后请教师复查、签字。罩好天平罩，切断电源后方可离开。

思 考 题

1. 使用天平时为什么要调整零点？是否每次都要调整？
2. 称量时，能否徒手拿取小烧杯或称量瓶？为什么？
3. 记录称量数据应精确到几位？为什么？
4. 用减量法称量试样时，若称量瓶内的试样吸湿，对称量结果造成什么误差？若试样倾入烧杯后再吸湿，对称量结果是否有影响？为什么？（此问题是指一般的称量情况）。

实验四　试剂取用与试管操作

一、实验目的

1. 学习并掌握固体和液体试剂的取用方法。
2. 学习并掌握振荡试管和加热试管中固体和液体的方法。

二、实验原理

（一）试剂取用

盛装试剂的玻璃瓶或塑料瓶称试剂瓶，有棕色和无色两种，分广口、细口、磨口、无磨口等多种。广口瓶用于盛固体试剂，细口瓶用于盛液体试剂，棕色瓶用于盛避光的试剂，磨口塞瓶能防止试剂吸潮和浓度变化。瓶口带有磨口滴管的叫滴瓶。试剂瓶不耐热。

所有试剂瓶上都应贴有明显的标签，写明试剂的名称、规格，绝对不能在试剂瓶中装入不是标签所写的试剂，否则会造成差错。没有标签标明名称和规格的试剂，在未查明前不能随便使用。

试剂取用应注意：看清标签避免张冠李戴；取用时，瓶塞正确放置，绝不可污染；试剂取用适量，多取的药品，不能放回原瓶。

1. 固体试剂的取用

固态试剂一般都用药匙取用。药匙的两端为大小两个匙，分别取用大量固体和少量固体（有些药匙是单匙）。专匙专用，用过的药匙必须洗净擦干后方可再使用。取出的药品置于干净的称量纸上称量，具有腐蚀性或易潮解的药品需放在表面皿或称量瓶中称量（有毒药品要有教师指导！），试剂一旦取出，就不能再倒回瓶内，可将多余的试剂放入指定容器。往试管中加固体试剂，可用药匙或将药品放在干净的对折的纸片上，伸进试管约三分之二处，使药品滑入试管；加块状固体，可将试管倾斜，使其沿着管壁慢慢滑下，以免碰破管底。固体颗粒较大时，可在洁净的研钵中研碎，量不要超过研钵的三分之一。

2. 液体试剂的取用

（1）由试剂瓶中取用

取下瓶盖，并倒置于桌上。然后如图3-6所示，右手握试剂瓶，标签向手心，将试剂缓缓倒入容器中，再慢慢将瓶子竖起，注意把瓶口残余的液滴靠到容器内，用好试剂应立即将瓶盖盖上。多取的试剂不能倒回原瓶中，可以回收。定量液体试剂一般用量筒量取或用滴管吸取。量筒有5mL、10mL、50mL、100mL和1000mL等规格。取液时，先取下瓶塞并将它倒置在桌上，一手拿量筒，一手拿试剂瓶（注意让瓶上的标签朝向掌心），然后倒出所需量的试剂，最后将瓶口在量筒上靠一下，再使试剂瓶竖直，以免留在瓶口的液滴流到瓶的外壁；读取体积时视线与量筒内液体的凹液面最低处保持水平。

（2）由滴瓶中取用

图3-7为用滴瓶上的滴管吸取试剂。滴加到容器中时，应在容器口上方将试剂滴入，严禁将滴管伸入容器内部，以免玷污滴管而污染试剂。滴管必须专管专用，避免倾斜或倒立，防止试剂流入橡皮滴头内而被污染，用完立即插回原瓶（注意先将滴管中的剩余试剂捏回滴瓶，再放松橡皮滴头）。

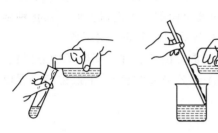
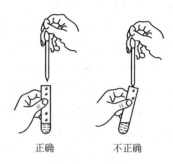

正确　　　不正确

图3-6　从试剂瓶中倒取液体试剂　　　图3-7　由滴瓶中取用液体试剂

用滴管滴加试剂时，大约每20滴的体积相当于1mL，若用量未加指明，应尽可能用最少滴数。

加入反应器内所有液体的总量不得超过总容量的2/3，如为试管，则不能超过其容量的1/2。

（二）试管操作

振荡试管：用拇指、食指和中指持住试管中上部，试管略倾斜，手腕用力振荡试管。不可上下或左右振荡，易使管内液体振出。

试管中液体试剂的加热（图3-8）：用试管夹夹住试管中上部，试管与桌面约呈60°倾斜；试管口不要朝着别人或自己；先加热液体的中上部，慢慢移动试管，热及后下部，并不时地移动或振荡，使受热均匀，避免因局部过热而使液体迸溅引发烫伤。

试管中固体试剂的加热（图3-9）：将固体试剂平铺于试管底部，管口略向下；先用火焰来回预热试管，然后固定在有固体物质的部位加强热。

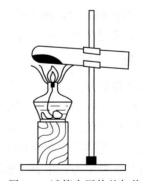

图3-8　试管中液体的加热　　　图3-9　试管中固体的加热

三、仪器和药品

（一）仪器

10mL量筒，250mL锥形瓶，试管，试管夹，酒精灯，电子天平，研钵，酒精灯，滴管，药匙，石棉网。

（二）药品

四氯化碳，异戊醇，1%亚甲基蓝溶液，$0.1\mathrm{mol\cdot L^{-1}}$硫酸镍溶液，25%乙二胺溶液，1%丁二酮肟溶液，碘，碘化钾，氢氧化钠，硫酸铜，葡萄糖。

四、实验步骤

（一）"三色杯"实验

取一只10mL量筒，沿筒壁注入2mL四氯化碳溶液，往里注入4mL水，再加入2mL异戊醇溶液（异戊醇难闻可放最后做）。用水润湿的玻璃棒黏起表面皿上的"碘化钾碘"混合物，插入装有上述溶液的量筒中，轻轻搅动，观察量筒溶液中的三层颜色。

可观察到的实验现象为：下层紫色（四氯化碳最重，位于底部，萃取了碘显紫色）；中间黄色（水的相对密度为第二，位于第二层，溶解了部分碘显黄色）；上层橙色（异戊醇最轻，位于上层，萃取了碘显橙色）。

（二）"蓝瓶子"实验

在250mL锥形瓶中加入125mL水，溶入2.5g氢氧化钠和2.5g葡萄糖（还原剂），再加入4滴1%的亚甲基蓝水溶液。摇匀后，塞住瓶口，观察颜色；接着打开瓶塞摇动瓶子，观察颜色变化；再塞住瓶口放置，再一次观察颜色。如此反复进行，观察颜色变化。

可观察到的实验现象为：塞住瓶口，转为无色；打开瓶塞摇动瓶子，变成蓝色；再加塞放置又变成无色，打开振摇又变蓝色……

亚甲基蓝不仅是氧化还原反应的指示剂，还是氧的输送者，起催化作用：

氧化态亚甲基蓝（蓝色）

O_2，空气 ↑   ↓ 脱氧（输送给葡萄糖溶液）

还原态亚甲基蓝（无色）

（三）硫酸铜脱水实验

在试管内放入几粒 $CuSO_4\cdot 5H_2O$ 晶体，在酒精灯上加热，观察颜色。冷却后，加入3~5滴水，注意颜色的变化，用手摸一下试管有什么感觉？

可观察到的实验现象为：加热后变白色，冷却后加水变蓝色且放热。

（四）"五色管"实验

取5支试管分别编为（1）~（5）号，先在每支试管里注入1mL $0.1\mathrm{mol\cdot L^{-1}}$硫酸镍溶液。然后分别向试管（1）（2）（3）中注入4滴、8滴和12滴25%乙二胺（en）溶液；向试管（4）中注入1mL 1%丁二酮肟（Hdmg）溶液；试管（5）作对比用（呈绿色）。振荡试管后，观察并比较五支试管中配合物的不同颜色。

可观察到的实验现象为：水合硫酸镍呈绿色，故未加后续试剂时所有试管都呈绿色，添加试剂后，变化如下：

试管（1）由绿色转为浅蓝色 $[Ni(H_2O)_6]^{2+}+en\longrightarrow [Ni(H_2O)_4(en)]^{2+}+2H_2O$

绿色   浅蓝色

试管（2）由绿色转为蓝色 $[Ni(H_2O)_6]^{2+}+2en\longrightarrow [Ni(H_2O)_2(en)_2]^{2+}+4H_2O$

绿色   蓝色

试管（3）由绿色转为紫色　　$[Ni(H_2O)_6]^{2+}+3en \longrightarrow [Ni(en)_3]^{2+}+6H_2O$

　　　　　　　　　　　　　　　绿色　　　　　　　　　　　紫色

试管（4）由绿色转为红色　　$[Ni(H_2O)_6]^{2+}+2Hdmg \longrightarrow [Ni(dmg)_2]^{2+}+2H^+$

　　　　　　　　　　　　　　　绿色　　　　　　　　　　　　红色

思　考　题

1. 试结合自己掌握的知识解释上述实验现象。

实验五　粗盐的提纯

一、实验目的

1. 了解关于化学试剂的基本知识。
2. 了解并掌握化学试剂制备及提纯的基本方法。
3. 掌握溶解、加热、过滤、蒸发、结晶和干燥等基本操作。
4. 了解 SO_4^{2-}、Ca^{2+}、Mg^{2+} 等离子的定性鉴定。

二、实验原理

化学试剂或医学用的 NaCl 都是以粗食盐为原料提纯的。粗食盐中含有 Ca^{2+}、Mg^{2+}、K^+、SO_4^{2-} 等可溶杂质和泥沙等不溶性杂质。选择适当的试剂可使 Ca^{2+}、Mg^{2+}、SO_4^{2-} 等离子生成沉淀而除去。一般先在食盐溶液中加入 $BaCl_2$ 溶液，除去 SO_4^{2-}：

$$Ba^{2+}+SO_4^{2-} =\!=\!= BaSO_4 \downarrow$$

然后，在溶液中加入 Na_2CO_3 溶液，除去 Ca^{2+}、Mg^{2+} 和过量的 Ba^{2+}：

$$Ca^{2+}+CO_3^{2-} =\!=\!= CaCO_3 \downarrow$$

$$4Mg^{2+}+5CO_3^{2-}+2H_2O =\!=\!= Mg(OH)_2 \cdot 3MgCO_3 \downarrow +2HCO_3^-$$

$$Ba^{2+}+CO_3^{2-} =\!=\!= BaCO_3 \downarrow$$

过量的 Na_2CO_3 溶液用盐酸中和。

粗食盐中的 K^+ 与这些沉淀剂不起作用，仍留在溶液中。温度相同时，由于 KCl 的溶解度比 NaCl 大，且在粗食盐中的含量较少，所以在蒸发浓缩食盐溶液时，NaCl 首先结晶出来，而 KCl 仍留在溶液中。

三、仪器和药品

（一）仪器

台秤或电子天平（精度 0.1g），漏斗，抽滤装置，蒸发皿，100mL、250mL 烧杯，50mL 量筒，酒精灯。

（二）药品

粗食盐，$6mol \cdot L^{-1}$ HCl，$2mol \cdot L^{-1}$ HCl，$2mol \cdot L^{-1}$ HAc，$6mol \cdot L^{-1}$ NaOH，$1mol \cdot L^{-1}$ $BaCl_2$，饱和碳酸钠，饱和草酸铵，镁试剂，pH 试纸。

四、实验步骤

（一）粗食盐的溶解

称取 5g 粗食盐于 100mL 烧杯中，加 20mL 水，加热搅拌使其溶解。

（二）过滤

1. 过滤器准备

取大小合适的滤纸一张，对折两次，在三层处展开成一个圆锥体放入漏斗，滤纸的边缘应比漏斗稍低。多出的滤纸要剪去。再使滤纸紧贴漏斗壁，用水完全湿润（中间不应留有气泡，否则用手指压去，尽量在漏斗颈部以下形成水柱以加速过滤），即成过滤器。

2. 过滤方法

将准备好的过滤器放在漏斗架或铁圈上，下放一接收滤液的烧杯，调整高度，使漏斗口紧靠杯壁，以免滤液溅出。将上述液体沿玻璃棒（下端紧靠三层滤纸的一边）分次注入过滤器中，过滤器的液面应稍低于滤纸边缘。滤液应透明澄清，否则应重复过滤。

（三）除去 SO_4^{2-}

将上述滤液在石棉网上加热近沸，边搅拌边滴加 $1mol \cdot L^{-1}$ $BaCl_2$ 溶液 0.5mL（约 10 滴），继续加热 5min，使沉淀颗粒长大，过滤，弃去沉淀。

（四）除去 Ca^{2+}、Mg^{2+}、Ba^{2+}

将上述溶液加热近沸，边搅拌边滴加饱和 Na_2CO_3 溶液直到不再有沉淀生成为止。继续再多加 2 滴 Na_2CO_3 溶液，静置、过滤、弃去沉淀。

（五）除去过量的 CO_3^{2-}

将上面的滤液中逐滴加入 $2mol \cdot L^{-1}$ HCl，中和过量的 Na_2CO_3 并加热搅拌至溶液显微酸性（pH 试纸检查）。

（六）浓缩和结晶

将溶液倒入 250mL 烧杯中，蒸发浓缩到有大量 NaCl 结晶出现（约为原体积的 1/4）。冷却，吸滤。然后用少量蒸馏水洗涤晶体、抽干。

将 NaCl 晶体转移到蒸发皿中，在泥三角上用小火烘干。冷却后称量，计算产率。

（七）产品纯度的检验

取产品和原料各 1g 分别溶于 5mL 蒸馏水中，然后进行下列离子的定性检验：

1. SO_4^{2-} 检验

各取溶液 1mL 于试管中，分别加入 $6mol \cdot L^{-1}$ HCl 溶液 2 滴和 $1mol \cdot L^{-1}$ $BaCl_2$ 溶液 2 滴。比较两溶液中沉淀产生的情况。

2. Ca^{2+} 检验

各取溶液 1mL，加 $2mol \cdot L^{-1}$ HAc 使呈酸性，再分别加入饱和 $(NH_4)_2C_2O_4$ 溶液 3~4 滴，若有白色 CaC_2O_4 沉淀产生，表示有 Ca^{2+} 存在（该反应可用于 Ca^{2+} 的定性鉴定。Mg^{2+} 对此反应有干扰，也产生 MgC_2O_4 白色沉淀。但 MgC_2O_4 溶于 HAc，故加 HAc 可排除 Mg^{2+} 干扰）。比较两溶液中沉淀产生的情况。

3. Mg^{2+} 检验

各取溶液 1mL，加入 $6mol \cdot L^{-1}$ NaOH 溶液 5 滴和镁试剂 2 滴〔对硝基偶氮间苯二酚，俗称镁试剂，在碱性条件下呈红色或紫红色，被 $Mg(OH)_2$ 吸附后呈天蓝色]，若有天蓝色沉淀生成，表示有 Mg^{2+} 存在（该反应可用于 Mg^{2+} 的定性鉴定）。比较两溶液的颜色。

思 考 题

1. 在除去 Ca^{2+}、Mg^{2+}、SO_4^{2-} 时，为何先加入 $BaCl_2$ 溶液，后加入 Na_2CO_3 溶液？
2. 用沉淀法除杂质时，是否可以采用反复沉淀的方法把杂质基本除尽？

实验六　化学反应速率和活化能的测定

一、实验目的

1. 试验浓度、温度及催化剂对化学反应速率的影响。
2. 测定过二硫酸铵与碘化钾反应的反应速率，并计算反应级数、反应速率常数及反应的活化能。

二、实验原理

1. 反应速率的测定

在水溶液中，$(NH_4)_2S_2O_8$（过二硫酸铵）和 KI 发生以下反应，离子方程式为：

$$S_2O_8^{2-} + 3I^- \Longrightarrow 2SO_4^{2-} + I_3^- \tag{1}$$

反应的平均反应速率可以表示为：

$$v = -\frac{\Delta c(S_2O_8^{2-})}{\Delta t} = k[c(S_2O_8^{2-})]^m [c(I^-)]^n$$

式中，v 为平均反应速率；$\Delta c(S_2O_8^{2-})$ 为 Δt 时间内 $S_2O_8^{2-}$ 的浓度变化；$c(S_2O_8^{2-})$ 和 $c(I^-)$ 分别为 $S_2O_8^{2-}$ 与 I^- 的起始浓度；k 为反应速率常数；m 和 n 则为反应级数。

为了测定 Δt 时间内 $S_2O_8^{2-}$ 的浓度变化，需要在 $(NH_4)_2S_2O_8$ 溶液和 KI 溶液混合的同时，加入一定体积已知浓度的 $Na_2S_2O_3$ 溶液和淀粉溶液。这样在反应（1）进行的同时还发生以下反应：

$$I_3^- + 2S_2O_3^{2-} \Longrightarrow 3I^- + S_4O_6^{2-} \tag{2}$$

反应（2）的速率比反应（1）快得多，所以由反应（1）生成的 I_3^- 立即与 $S_2O_3^{2-}$ 作用，生成无色的 $S_4O_6^{2-}$ 和 I^-。因此，在反应开始阶段，看不到碘与淀粉作用显示出的蓝色。一旦 $Na_2S_2O_3$ 耗尽，反应（1）生成的微量 I_3^- 就立即与淀粉作用，使溶液显蓝色。

从式(1) 和式(2) 可以看出，$S_2O_8^{2-}$ 每减少 1mol 时，$S_2O_3^{2-}$ 减少 2mol，即：

$$\Delta c(S_2O_8^{2-}) = \frac{\Delta c(S_2O_3^{2-})}{2}$$

实验中，记录从反应开始到溶液出现蓝色所需要的时间 Δt。由于在 Δt 时间内 $S_2O_3^{2-}$ 全部耗尽，所以由 $Na_2S_2O_3$ 的起始浓度可求 $\Delta c(S_2O_3^{2-})$，进而可以计算反应速率：

$$v = -\frac{\Delta c(S_2O_8^{2-})}{\Delta t}$$

2. 反应级数的测定

对反应速率表示式 $v = k[c(S_2O_8^{2-})]^m[c(I^-)]^n$ 两边取对数，得

$$\lg v = m\lg c(S_2O_8^{2-}) + n\lg c(I^-) + \lg k$$

通过改变 $S_2O_8^{2-}$ 和 I^- 的初始浓度，测定所需要的时间 Δt，计算得到对应的反应速率 v，从而确定反应级数 m 和 n。

当 $c(I^-)$ 不变时，以 $\lg v$ 对 $\lg c(S_2O_8^{2-})$ 作图，可得一直线，斜率为 m；同理，当 $c(S_2O_8^{2-})$ 不变时，以 $\lg v$ 对 $\lg c(I^-)$ 作图，可得 n；求出 m 和 n，根据 $v = k[c(S_2O_8^{2-})]^m[c(I^-)]^n$ 可求得反应速率常数 k。

3. 反应活化能的测定

根据 Arrhenius 经验公式，反应速率常数 k 与反应温度 T 一般有以下的关系：

$$\lg k = A - \frac{E_a}{2.303RT}$$

式中，E_a 为反应活化能；R 为气体常数；T 为绝对温度。

测出不同温度时的 k 值，以 $\lg k$ 对 $1/T$ 作图，可得一直线，由直线的斜率可求得反应的活化能 E_a。

三、仪器和药品

（一）仪器

量筒，烧杯，秒表，坐标纸，温度计，250mL 锥形瓶，恒温水浴缸。

（二）药品

$0.20 mol \cdot L^{-1}$ $(NH_4)_2S_2O_8$ 溶液，$0.20 mol \cdot L^{-1}$ KI 溶液，$0.010 mol \cdot L^{-1}$ $Na_2S_2O_3$ 溶液，0.2% 淀粉溶液，$0.20 mol \cdot L^{-1}$ KNO_3 溶液，$0.20 mol \cdot L^{-1}$ $(NH_4)_2SO_4$ 溶液，$0.02 mol \cdot L^{-1}$ $Cu(NO_3)_2$ 溶液。

四、实验步骤

（一）试验浓度对化学反应速率的影响并求反应级数

在室温下，用三个量筒分别量取 20mL $0.20 mol \cdot L^{-1}$ KI 溶液、8mL $0.010 mol \cdot L^{-1}$ $Na_2S_2O_3$ 溶液和 4mL 0.2% 淀粉溶液，加入 250mL 锥形瓶中，混合均匀。再用另一量筒量取 20mL $0.20 mol \cdot L^{-1}$ $(NH_4)_2S_2O_8$ 溶液，快速加到锥形瓶中，同时按下秒表，并不断振摇。当溶液刚出现蓝色时，立即停秒表。记下时间及室温。

用同样方法按照表 1 中的用量进行另外四次实验。为了使每次实验中溶液的离子强度和总体积保持不变，不足的量分别用 $0.20 mol \cdot L^{-1}$ KNO_3 溶液和 $0.20 mol \cdot L^{-1}$ $(NH_4)_2SO_4$ 溶液补足。

计算出各实验中的反应速率 v。

用表 1 中实验 Ⅰ、Ⅱ、Ⅲ 的数据作 $\lg v$-$\lg c(S_2O_8^{2-})$ 图，求出 m；用实验 Ⅰ、Ⅳ、Ⅴ 的数据作 $\lg v$-$\lg c(I^-)$ 图，求出 n。求出 m 和 n 后，再算出实验的反应速率常数 k。

表 1　浓度对化学反应速率的影响实验结果

实验序号		I	II	III	IV	V
反应温度/℃						
试剂用量/mL	$0.20 mol \cdot L^{-1} (NH_4)_2 S_2 O_8$ 溶液	20	10	5	20	20
	$0.20 mol \cdot L^{-1}$ KI 溶液	20	20	20	10	5
	$0.010 mol \cdot L^{-1} Na_2 S_2 O_3$ 溶液	8	8	8	8	8
	0.2% 淀粉溶液	4	4	4	4	4
	$0.20 mol \cdot L^{-1} KNO_3$ 溶液	0	0	0	10	15
	$0.20 mol \cdot L^{-1} (NH_4)_2 SO_4$ 溶液	0	10	15	0	0
起始浓度/ $mol \cdot L^{-1}$	$(NH_4)_2 S_2 O_8$ 溶液					
	KI 溶液					
	$Na_2 S_2 O_3$ 溶液					
$S_2 O_8^{2-}$ 的浓度变化, $\Delta c(S_2 O_8^{2-})/mol \cdot L^{-1}$						
反应时间, $\Delta t/s$						
反应的平均速率, $v/mol \cdot L^{-1} \cdot s^{-1}$						
m						
n						
反应速率常数 k						

（二）试验温度对化学反应速率的影响并求活化能

按实验 IV 中各物质的用量，把 KI、$Na_2 S_2 O_3$、KNO_3 和淀粉溶液加入 250mL 锥形瓶中，把 $(NH_4)_2 S_2 O_8$ 溶液加在另一烧杯中，将它们同时放在冰水浴中冷却。等烧杯和锥形瓶中的溶液都冷却到 0℃ 时，把 $(NH_4)_2 S_2 O_8$ 溶液倒入含有 KI 等混合溶液的锥形瓶中，同时开动秒表，并不断振摇。当溶液刚出现蓝色时，立即停秒表。记下反应时间。

在约 10℃、20℃、30℃ 的条件下，重复以上实验，即可得到四个温度（0℃、10℃、20℃、30℃）下的反应时间（实验序号记为 VI、VII、VIII、IX）。计算在四个温度下的反应速率常数，记入表 2，然后用各次实验的 $\lg k$ 对 $1/T$ 作图，求出反应（1）的活化能 E_a。

表 2　温度对化学反应速率的影响

实验序号	VI	VII	VIII	IX
反应温度/K				
$S_2 O_8^{2-}$ 的浓度变化 $\Delta c(S_2 O_8^{2-})/mol \cdot L^{-1}$				
反应时间 $\Delta t/s$				
反应的平均速率 $v = -\dfrac{\Delta c(S_2 O_8^{2-})}{\Delta t}/mol \cdot L^{-1} \cdot s^{-1}$				
反应速率常数 k				
$\lg k$				
E_a				

（三）试验催化剂对反应速率的影响

$Cu(NO_3)_2$ 可以使 $(NH_4)_2 S_2 O_8$ 氧化 KI 的反应加快。按实验 IV 中各物质的用量，把

KI、$Na_2S_2O_3$、KNO_3 和淀粉溶液加入 250mL 锥形瓶中，再加入 2 滴 $0.02mol \cdot L^{-1}$ $Cu(NO_3)_2$ 溶液，摇匀，然后迅速加入 $(NH_4)_2S_2O_8$ 溶液，不断振摇，记录溶液刚出现蓝色的时间，填入表 3。把此实验（实验序号记为 Ⅹ）中的反应速率与实验 Ⅳ 的结果进行比较。

表 3　催化剂对化学反应速率的影响

实验序号	Ⅹ
反应温度/℃	
$S_2O_8^{2-}$ 的浓度变化 $\Delta c(S_2O_8^{2-})$/mol・L^{-1}	
反应时间 Δt/s	
反应的平均速率 v/mol・L^{-1}・s^{-1}	
与实验 Ⅳ 对比，结果分析	

思 考 题

1. 若不用 $S_2O_8^{2-}$ 而用 I^- 或 I_3^- 的浓度变化来表示反应速率，反应速率 v 和反应速率常数 k 是否一样？

2. 下列情况对实验结果有何影响？

(1) 慢慢加入 $(NH_4)_2S_2O_8$ 溶液。

(2) 取用 6 种试剂的量筒没有分开专用。

(3) 先加 $(NH_4)_2S_2O_8$ 溶液，最后加 KI 溶液。

实验七　醋酸标准解离常数和解离度的测定

一、实验目的

1. 测定醋酸的标准解离常数和解离度，加深对标准解离常数和解离度的理解。
2. 学习酸度计的使用。
3. 学习移液管的基本操作和容量瓶的使用。

二、实验原理

醋酸是弱电解质，在溶液中存在如下的解离平衡：

$$HAc \rightleftharpoons H^+ + Ac^-$$

其标准解离常数的表达式为

$$K_a^\ominus = \frac{[H^+][Ac^-]}{[HAc]} \tag{1}$$

式中，$[H^+]$、$[Ac^-]$、$[HAc]$ 分别为 H^+、Ac^-、HAc 的平衡浓度。

在 HAc 溶液中，以 c 代表 HAc 的起始浓度，则

$$[HAc] = c - [H^+], \quad [H^+] = [Ac^-]$$

代入式(1)，得

$$K_a^\ominus = \frac{[H^+]^2}{c - [H^+]} \tag{2}$$

当 $c/K_a^\ominus \geqslant 500$（$\alpha < 5\%$）时，公式简化为：

$$K_a^\ominus = \frac{[\mathrm{H^+}]^2}{c} \tag{3}$$

HAc 的解离度 α 可表示为：

$$\alpha = \frac{[\mathrm{H^+}]}{c} \times 100\% \tag{4}$$

如果溶液中还有 NaAc，则因为同离子效应，解离度会降低，但平衡常数不会发生变化。此时计算平衡常数的公式为

$$K_a^\ominus = \frac{[\mathrm{H^+}]c(\mathrm{NaAc})}{c} \tag{5}$$

本实验用酸度计测定已知浓度 HAc 的 pH 值，因 $\mathrm{pH} = -\lg[\mathrm{H^+}]$，由此可反推出 $[\mathrm{H^+}]$，代入式(3)、式(4)、式(5)，即可求得 $K_a^\ominus$ 和 α。

三、仪器和药品

（一）仪器

酸度计，50mL 容量瓶 4 只，50mL 烧杯 5 只，5mL 移液管 2 支，10mL 移液管 1 支，25mL 移液管 2 支，洗耳球 1 个。

（二）药品

$0.1\mathrm{mol \cdot L^{-1}}$ HAc（准确浓度已标定），$0.1\mathrm{mol \cdot L^{-1}}$ NaAc。

四、实验步骤

（一）配制不同浓度的醋酸溶液

用移液管移取 25.00mL $0.1\mathrm{mol \cdot L^{-1}}$ 的 HAc 于一干净的 50mL 容量瓶中，加入 $0.1\mathrm{mol \cdot L^{-1}}$ NaAc 溶液 5.00mL，用蒸馏水稀释至刻度，摇匀，编号为 1。

再用移液管分别移取 5.00mL、10.00mL、25.00mL $0.1\mathrm{mol \cdot L^{-1}}$ 的 HAc 溶液于 3 只 50mL 容量瓶中，用蒸馏水稀释至刻度，摇匀。连同未稀释的 HAc 溶液可得到四种浓度不同的溶液，由稀到浓依次编号为 2、3、4、5。

（二）HAc 溶液的 pH 测定

用 5 只干燥的 50mL 烧杯，分别盛入上述五种溶液各 30mL，按照编号顺序（酸度逐渐增大）在酸度计上测定它们的 pH 值（酸度计的使用请参考第二部分第四章第四节），记录数据并计算 $K_a^\ominus$ 和 α。

思 考 题

1. 如果改变所测 HAc 溶液的浓度和温度，则解离度和标准解离常数有无变化？

2. 下列情况能否用公式 $K_a^\ominus = \frac{[\mathrm{H^+}]^2}{c}$ 求标准解离常数？

（1）所测 HAc 溶液的浓度极稀。

（2）在 HAc 溶液中加入一定数量的 NaAc(s)。

（3）在 HAc 溶液中加入一定数量的 NaCl(s)。

实验八　水溶液中的酸碱平衡与沉淀溶解平衡

一、实验目的

1. 测定水溶液中一些常见电解质的酸碱性，学会配制缓冲溶液并认识其性质。
2. 认识同离子效应和盐类的水解平衡及影响因素。
3. 熟悉溶度积规则，试验沉淀的生成、溶解及转化条件。
4. 掌握指示剂及 pH 试纸的使用，学习离心分离操作。

二、实验原理

1. 酸碱平衡

在弱电解质溶液中加入与弱电解质具有相同离子的强电解质，使得弱电解质解离度降低的现象，称为同离子效应。例如：在弱电解质 HAc 溶液中存在如下解离平衡：

$$HAc + H_2O \rightleftharpoons H_3O^+ + Ac^-$$

当加入少量强电解质 NaAc 时，由于 NaAc 在溶液中全部解离为 Na^+ 和 Ac^-，使溶液中 Ac^- 浓度增大，HAc 在水溶液中质子转移平衡向左移动，从而降低了 HAc 的解离度。

能够抵抗少量外加的强酸或强碱，或者适当的稀释作用，而保持 pH 值几乎不变的溶液称为缓冲溶液。缓冲溶液对强酸、强碱的抵抗作用称为缓冲作用。由共轭酸 HA 和共轭碱 A^- 组成的缓冲溶液的 pH 值计算式为：

$$pH = pK_a + \lg \frac{c(A^-)}{c(HA)}$$

式中，K_a 为共轭酸的质子转移平衡常数；$c(HA)$ 和 $c(A^-)$ 分别为缓冲溶液中共轭酸和共轭碱的起始浓度。

2. 沉淀溶解平衡

在难溶强电解质的饱和溶液中，存在如下沉淀溶解平衡：

$$A_m B_n(s) \rightleftharpoons m A^{n+} + n B^{m-}$$

平衡时，离子浓度的幂的乘积为该反应的平衡常数，以 $K_{sp}^{\ominus}$ 表示，称为溶度积常数，简称溶度积；任意情况下离子浓度的乘积称为离子积，用符号 Q_i 表示。即：

$$K_{sp}^{\ominus} = [A^{n+}]^m [B^{m-}]^n \qquad Q_i = c^m(A^{n+}) c^n(B^{m-})$$

对于某一给定的溶液，Q_i 与 $K_{sp}^{\ominus}$ 的关系是难溶强电解质多相离子平衡移动规律的总结，称为溶度积规则：

$Q_i = K_{sp}^{\ominus}$，此时溶液为饱和溶液，饱和溶液与未溶解固体处于平衡状态；

$Q_i > K_{sp}^{\ominus}$，此时溶液为过饱和溶液，沉淀将从溶液中析出，平衡向逆反应方向移动，直至建立新的平衡为止；

$Q_i < K_{sp}^{\ominus}$，此时溶液为未饱和溶液，无沉淀生成。若向溶液中加入固体，平衡向正反应方向移动，固体会溶解，直至建立新的平衡为止。

根据溶度积规则可以控制溶液中难溶强电解质的离子浓度，使之产生沉淀或使沉淀溶解。

三、仪器和药品

（一）仪器

试管，烧杯，量筒，滴管，离心试管，电动离心机等。

（二）药品

$0.1mol \cdot L^{-1}$ 和 $1mol \cdot L^{-1}$ HAc，$1mol \cdot L^{-1}$ 和 $6mol \cdot L^{-1}$ HCl，$6mol \cdot L^{-1}$ HNO_3，$6mol \cdot L^{-1}$ $NH_3 \cdot H_2O$，$1mol \cdot L^{-1}$ NaOH，$0.1mol \cdot L^{-1}$ $MgCl_2$，饱和 NH_4Cl 溶液，$1mol \cdot L^{-1}$ NaAc，$0.1mol \cdot L^{-1}$ Na_2CO_3，$0.1mol \cdot L^{-1}$ 和 $1mol \cdot L^{-1}$ NaCl，$0.1mol \cdot L^{-1}$ $Al_2(SO_4)_3$，$0.1mol \cdot L^{-1}$ Na_3PO_4，$0.1mol \cdot L^{-1}$ Na_2HPO_4，$0.1mol \cdot L^{-1}$ NaH_2PO_4，$0.001mol \cdot L^{-1}$ 和 $0.1mol \cdot L^{-1}$ $Pb(NO_3)_2$，$0.001mol \cdot L^{-1}$ 和 $0.1mol \cdot L^{-1}$ KI，饱和 $(NH_4)_2C_2O_4$ 溶液，$0.1mol \cdot L^{-1}$ $CaCl_2$，$0.1mol \cdot L^{-1}$ $AgNO_3$，$0.1mol \cdot L^{-1}$ $CuSO_4$，$0.1mol \cdot L^{-1}$ Na_2S，$0.05mol \cdot L^{-1}$ K_2CrO_4，NaAc(s)，0.1%甲基橙，广泛和精密 pH 试纸。

四、实验步骤

（一）同离子效应

1. 取两支小试管，各加入 1mL $0.1mol \cdot L^{-1}$ HAc 溶液及 1 滴甲基橙，混合均匀，溶液呈什么颜色？在其中一支试管中再加入少量 NaAc(s)，振摇均匀后观察，指示剂颜色有什么变化？试说明两试管中颜色不同的原因。

2. 取两支小试管，各加入 5 滴 $0.1mol \cdot L^{-1}$ $MgCl_2$ 溶液，在其中一支试管中加入 5 滴饱和 NH_4Cl 溶液，然后分别在这两支试管中加入 5 滴 $2mol \cdot L^{-1}$ $NH_3 \cdot H_2O$，混合均匀后观察，两试管发生的现象有何不同？说明原因。

（二）缓冲溶液的配制和性质

1. 用 $1mol \cdot L^{-1}$ 的 HAc 和 $1mol \cdot L^{-1}$ 的 NaAc 溶液配制 pH＝4.0 的缓冲溶液 10mL，应该如何配制？配好后，用精密 pH 试纸测定其 pH 值，检验其是否符合要求。

2. 将上述缓冲溶液分成二等份，在其中一份中加入 1 滴 $1mol \cdot L^{-1}$ HCl，在另一份中加入 1 滴 $1mol \cdot L^{-1}$ NaOH，分别用精密 pH 试纸测定其 pH 值。

3. 另取两支试管，各加入 5mL 蒸馏水，用精密 pH 试纸测定其 pH 值。然后分别加入 1 滴 $1mol \cdot L^{-1}$ HCl 和 1 滴 $1mol \cdot L^{-1}$ NaOH，再用精密 pH 试纸测定其 pH 值。与上面实验结果比较，说明缓冲溶液的缓冲性质。

（三）盐的水解

1. 在三支小试管中分别加入 1mL $0.1mol \cdot L^{-1}$ Na_2CO_3、NaCl 及 $Al_2(SO_4)_3$ 溶液。用精密 pH 试纸分别测定它们的 pH 值，说明其酸碱性。解释原因，并写出有关反应方程式。

2. 用精密 pH 试纸分别测定 $0.1mol \cdot L^{-1}$ Na_3PO_4、Na_2HPO_4、NaH_2PO_4 溶液的 pH 值，说明其酸碱性。思考酸式盐是否都是酸性，为什么？

（四）溶度积原理的应用

1. 沉淀的生成

取两支试管，在一支试管中加入 1mL $0.1mol \cdot L^{-1}$ $Pb(NO_3)_2$ 溶液，然后加入 1mL $0.1mol \cdot L^{-1}$ KI 溶液，观察有无沉淀生成？在另一支试管中加入 1mL $0.001mol \cdot L^{-1}$ $Pb(NO_3)_2$ 溶液，然后加入 1mL $0.001mol \cdot L^{-1}$ KI 溶液，观察有无沉淀生成？

试用溶度积原理解释以上的现象。

2. 沉淀的溶解

先自行设计实验方法制取 CaC_2O_4、$AgCl$ 和 CuS 沉淀。

然后按下述要求，设计实验方法将它们分别溶解：

① 溶解 CaC_2O_4 沉淀：用生成弱电解质的方法。

② 溶解 $AgCl$ 沉淀：用生成配离子的方法。

③ 溶解 CuS 沉淀：用氧化还原反应的方法。

3. 分步沉淀

在试管中加入 0.5mL 0.1mol·L^{-1} NaCl 和 0.5mL 0.05mol·L^{-1} K_2CrO_4 溶液，然后逐滴加入 0.1mol·L^{-1} $AgNO_3$ 溶液，边加边振荡，观察形成沉淀的颜色变化，试用溶度积原理来解释。

4. 沉淀的转化

取一支离心试管，加入 5 滴 0.1mol·L^{-1} $AgNO_3$ 溶液，再加入 6 滴 0.1mol·L^{-1} NaCl 溶液，观察有什么颜色的沉淀生成？离心分离，用吸管将上层清液吸出并弃去，向沉淀中滴加 2 滴 0.1mol·L^{-1} Na_2S 溶液，观察又有什么现象？为什么？

思 考 题

1. $NaHCO_3$ 溶液是否具有缓冲能力？为什么？

2. 为什么 $NaHCO_3$ 水溶液呈碱性，而 $NaHSO_4$ 水溶液呈酸性？

3. 怎样配制 Fe^{3+}、Sn^{2+}、Bi^{3+} 等盐的水溶液？

4. 利用平衡移动原理，判断下列难溶电解质可否用 HNO_3 来溶解？

$MgCO_3$，CaC_2O_4，$BaSO_4$，Ag_3PO_4，$AgCl$

5. 电动离心机在使用时有哪些需要注意的事项？

实验九　氧化还原反应

一、实验目的

1. 了解化学电池的电动势。

2. 熟悉常用氧化剂和还原剂的反应以及利用标准电极电势判断氧化还原反应自发方向的方法。

3. 掌握电极的本性及电对的氧化型或还原型物质的浓度、介质的酸度对电极电势、氧化还原反应的方向、产物、速率的影响。

二、实验原理

氧化还原反应是指反应前后发生电子的得失或偏移的化学反应。通过将氧化还原反应设计成原电池，可以使其中化学能转化为电能。如：锌铜原电池，其总反应为：

$$Zn+Cu^{2+}=\!\!=\!\!=\!Zn^{2+}+Cu$$

锌铜原电池产生电流的原理如下：

在负极锌片上，Zn 失去电子，发生氧化反应，变成 Zn^{2+} 进入溶液：

$$Zn \longrightarrow Zn^{2+} + 2e^-$$

在正极铜片上，溶液中的 Cu^{2+} 从铜片上得到由外电路转移来的电子，发生还原反应，变成金属 Cu 在铜片上析出：

$$Cu^{2+} + 2e^- \longrightarrow Cu$$

同时，盐桥内的饱和 KCl 溶液中，Cl^- 和 K^+ 分别迁移到 $ZnSO_4$ 溶液和 $CuSO_4$ 溶液中，以平衡两溶液中过剩的离子电荷，维持电中性，从而使 Zn^{2+} 的氧化和 Cu^{2+} 的还原可以继续进行下去，电流得以不断产生。

在电极上，存在着同一元素的两种不同氧化数的物质，称为氧化还原电对，其中：氧化数高者称为氧化型物质，研究其氧化性；氧化数低者称为还原型物质，研究其还原性。

我们可以通过标准电极电势 $E^{\ominus}$ 的大小来衡量电对中还原型物质失去电子和氧化型物质得到电子的能力，$E^{\ominus}$ 越大，氧化型的氧化能力越强，$E^{\ominus}$ 越小，还原型的还原能力越强，$E^{\ominus}$ 较大的电对的氧化型可以与 $E^{\ominus}$ 较小的电对的还原型自发地反应。在标准电极电势表中，这两者之间的反应就是判断氧化还原反应方向的"对角线规则"。

某些中间氧化数的物质，如 Fe^{2+}、Sn^{2+}、H_2O_2 等，既可以做氧化剂，又可以做还原剂，做氧化剂时，看成氧化型物质，与比其氧化数低的物质组成电对；做还原剂时，看成还原型物质，与比其氧化数高的物质组成电对。

在 298K 时电极反应：

$$a \text{ 氧化型} + ne^- \Longrightarrow g \text{ 还原型}$$

其能斯特方程式为：

$$E = E^{\ominus} + \frac{0.0592}{n} \lg \frac{c^a(\text{氧化型})}{c^g(\text{还原型})}$$

式中，n 为电极反应得失电子数；a 和 g 分别是氧化型和还原型物质在电极反应方程式中的计量系数。

由能斯特方程可以看出，浓度、酸度等因素会影响电极电势的大小，从而可能影响物质氧化还原的方向。此外，浓度和酸碱度对氧化还原反应的产物也可能有影响，例如：不同浓度的硝酸与金属反应的还原产物、不同酸碱度条件下的高锰酸钾的还原产物都有不同。

三、仪器和药品

（一）仪器

伏特计，素烧瓷筒，电极架，导线若干，烧杯，试管，酒精灯，试管夹。

（二）药品

$1mol \cdot L^{-1}$ $CuSO_4$，$1mol \cdot L^{-1}$ $ZnSO_4$，浓氨水，$0.1mol \cdot L^{-1}$ KI，$0.1mol \cdot L^{-1}$ $FeCl_3$，CCl_4，$0.1mol \cdot L^{-1}$ KBr，$0.1mol \cdot L^{-1}$ $FeSO_4$，$0.1mol \cdot L^{-1}$ KSCN，溴水，$1mol \cdot L^{-1}$ H_2SO_4，H_2O_2 $(w=0.03)$，$0.1mol \cdot L^{-1}$ $KMnO_4$，硫代乙酰胺 $(w=0.05)$，氯水，浓硝酸，$6mol \cdot L^{-1}$ 硝酸，$6mol \cdot L^{-1}$ NaOH，$1mol \cdot L^{-1}$ H_2SO_4，$0.1mol \cdot L^{-1}$ KIO_3，$0.1mol \cdot L^{-1}$ Na_2SO_3，锌粒，铜棒，石蕊试纸或 pH 试纸。

四、实验步骤

（一）原电池电动势的测定

在 50mL 小烧杯中加入 $1mol \cdot L^{-1}$ $CuSO_4$ 溶液 15mL，在素烧瓷筒中加入 $1mol \cdot L^{-1}$

$ZnSO_4$ 溶液 6mL，并将其放入盛有 $CuSO_4$ 溶液的小烧杯中。然后通过电极架在 $CuSO_4$ 溶液中插入 Cu 棒，在 $ZnSO_4$ 溶液中插入 Zn 棒，两极各连一导线，Cu 极导线与伏特计的正极相接，Zn 极导线与伏特计的负极相接，测量其电动势。

在小烧杯中滴加浓氨水，不断搅拌，直至生成的沉淀完全溶解变成深蓝色的 $[Cu(NH_3)_4]^{2-}$ 为止，测量其电动势。再在素烧瓷筒中滴加浓氨水，使沉淀完全变成 $[Zn(NH_3)_4]^{2-}$，再测量其电动势。

比较以上三次测量的结果，说明浓度对电极电势的影响。

（二）比较电极电势的高低

1. 在一支试管中加入 1mL $0.1mol \cdot L^{-1}$ KI 溶液和 5 滴 $0.1mol \cdot L^{-1}$ $FeCl_3$ 溶液，振荡后观察有何变化。再加入 $0.5mL$ CCl_4，充分振荡，待分层后观察 CCl_4 层的颜色，判断反应的产物。

2. 用 $0.1mol \cdot L^{-1}$ KBr 溶液代替 $0.1mol \cdot L^{-1}$ KI 溶液进行相同的实验，能否发生反应？为什么？

3. 在试管中加入 1mL $0.1mol \cdot L^{-1}$ $FeSO_4$ 溶液，加 5 滴溴水，振荡后再滴加 $0.1mol \cdot L^{-1}$ KSCN 溶液，观察溶液的颜色变化，判断 $FeSO_4$ 与溴水反应生成什么产物。

根据以上实验，比较 Br_2/Br^-、I_2/I^- 和 Fe^{3+}/Fe^{2+} 三个电对的电极电势的高低，判断何者为最强氧化剂，何者为最强还原剂？写出其中发生的反应。

（三）常见的氧化剂和还原剂的反应

1. H_2O_2 的氧化性

在小试管中加入 0.5mL $0.1mol \cdot L^{-1}$ KI 溶液，再加入 2~3 滴 $1mol \cdot L^{-1}$ H_2SO_4 酸化，然后逐滴加入 w 为 0.03 的 H_2O_2 溶液，振荡试管，再加入 CCl_4，振荡后观察 CCl_4 层的颜色。写出反应式。

2. $KMnO_4$ 的氧化性

在小试管中加入 0.5mL $0.1mol \cdot L^{-1}$ $KMnO_4$ 溶液，再加入 3 滴 $1mol \cdot L^{-1}$ H_2SO_4 酸化，然后逐滴加入 w 为 0.03 的 H_2O_2 溶液，振荡试管并观察现象，写出反应式。

3. H_2S 的还原性

在小试管中加入 1mL $0.1mol \cdot L^{-1}$ $FeCl_3$ 溶液，滴加 10 滴 w 为 0.05 的硫代乙酰胺溶液，振荡并微热之，观察有何现象，写出反应式。

4. KI 的还原性

在小试管中加入 0.5mL $0.1mol \cdot L^{-1}$ KI 溶液，逐滴加入氯水，再加入 CCl_4。观察溶液颜色的变化，写出反应式。

（四）影响氧化还原反应的因素

1. 浓度对氧化还原反应的影响

在通风橱中，在两支各盛有一锌粒的试管中，分别加入 1mL 浓硝酸和 $2mol \cdot L^{-1}$ HNO_3 溶液，观察所发生的现象，判断不同浓度的 HNO_3 与 Zn 作用的反应产物和反应速率有何不同。请设计实验检验 $2mol \cdot L^{-1}$ HNO_3 的还原产物中是否有 NH_4^+。写出相关反应方程式。

2. 介质对氧化还原反应的影响

（1）介质对氧化还原反应方向的影响

在一支盛有 1mL $0.1mol \cdot L^{-1}$ KI 溶液的试管中，加入数滴 $1mol \cdot L^{-1}$ H_2SO_4 酸化，

然后逐滴加入 $0.1mol \cdot L^{-1}$ KIO_3 溶液，振荡并观察现象，写出反应式。然后在该试管中再逐滴加入 $6mol \cdot L^{-1}$ $NaOH$ 溶液，振荡后观察有何现象产生，写出反应式。

（2）介质对氧化还原反应产物的影响

在三支各盛有 5 滴 $0.1mol \cdot L^{-1}$ $KMnO_4$ 溶液的试管中，分别加入 $1mol \cdot L^{-1}$ H_2SO_4 溶液、去离子水和 $6mol \cdot L^{-1}$ $NaOH$ 溶液各 0.5mL，混合后再逐滴加入 $0.1mol \cdot L^{-1}$ Na_2SO_3 溶液。观察溶液的颜色变化，写出反应式。

思 考 题

1. H_2O_2 为什么既可作为氧化剂又可作为还原剂？写出有关电极反应并查阅其标准电极电势，说明 H_2O_2 在什么情况下可作为氧化剂，在什么情况下可作为还原剂？

2. 金属铁与盐酸、浓硝酸、稀硝酸作用得到的主要产物分别是什么？

3. 铜是较不活泼的金属，但能与较活泼金属铁的某些盐溶液（如三氯化铁）进行反应，这是为什么？请根据标准电极电势来说明。

实验十　配合物的生成和性质

一、实验目的

1. 比较并解释配离子的稳定性。
2. 了解配位解离平衡与其他平衡之间的关系。
3. 了解配合物的一些应用。

二、实验原理

金属离子能与某些中性分子或阴离子以配位键结合，形成比较稳定的复杂离子，这些复杂离子称为配离子，其中金属离子称为中心离子，周围的中性分子或阴离子称为配体。配离子与组成它的简单离子具有不同的性质。含有配离子的化合物称为配合物。

配离子在溶液中存在着解离平衡，可以用稳定常数 $K_f^{\ominus}$ 来衡量配离子的解离程度，$K_f^{\ominus}$ 越大，配离子越稳定。配离子的解离平衡是一种离子平衡，通过沉淀的生成、酸碱度的改变、氧化还原反应的发生等变化，可以影响溶液中金属离子或者配体的浓度，从而使平衡发生移动。

一个配体中如果有两个或两个以上的配位原子，称为多齿配体，其与一个中心离子相结合所形成的环状配合物称为螯合物。金属螯合物有些是难溶于水并具有鲜明特征颜色的化合物，分析化学中常用来鉴定金属离子。例如：Ni^{2+} 与二乙酰二肟（丁二酮肟）作用生成鲜红色螯合物沉淀：

$$Ni^{2+} + 2\ \begin{matrix} CH_3-C=NOH \\ | \\ CH_3-C=NOH \end{matrix} \longrightarrow \text{（鲜红色螯合物结构）} \downarrow + 2H^+$$

鲜红色

上述反应中 H^+ 的存在不利于 Ni^{2+} 的检出。H^+ 浓度太大，Ni^{2+} 沉淀不完全或不生成沉淀。但 OH^- 的浓度也不宜太大，否则会生成 $Ni(OH)_2$ 沉淀。合适的酸度是 $pH=5\sim10$。

利用生成配合物也可掩蔽干扰离子，在定性鉴定或定量测定中如果遇到干扰离子，常常利用形成配合物的方法把干扰离子掩蔽起来（称为配位掩蔽法）。例如 Co^{2+} 的鉴定：将 Co^{2+} 与 SCN^- 反应生成 $[Co(SCN)_4]^{2-}$，该配离子易溶于有机溶剂并呈现宝蓝色。若 Co^{2+} 溶液中含有 Fe^{3+}，因 Fe^{3+} 遇 SCN^- 生成血红色的配离子而会产生干扰。这时，我们可利用 Fe^{3+} 与 F^- 形成更稳定的无色 $[FeF_6]^{3-}$，把 Fe^{3+} 掩蔽起来，从而避免它的干扰。

三、仪器和药品

（一）仪器

试管，烧杯，白色点滴板，电动离心机，离心管。

（二）药品

$0.1mol \cdot L^{-1}$ $FeCl_3$，$0.1mol \cdot L^{-1}$ $K_3[Fe(CN)_6]$，$0.1mol \cdot L^{-1}$ NH_4SCN，饱和草酸铵，$0.1mol \cdot L^{-1}$ $AgNO_3$，$0.1mol \cdot L^{-1}$ $NaCl$，$6mol \cdot L^{-1}$ $NH_3 \cdot H_2O$，$0.1mol \cdot L^{-1}$ KBr，$1mol \cdot L^{-1}$ $Na_2S_2O_3$，$0.1mol \cdot L^{-1}$ KI，碘水，CCl_4，$0.1mol \cdot L^{-1}$ $K_4[Fe(CN)_6]$，$0.1mol \cdot L^{-1}$ $Fe_2(SO_4)_3$，1% NH_4SCN，$6mol \cdot L^{-1}$ HCl，$0.1mol \cdot L^{-1}$ $CuSO_4$，$0.1mol \cdot L^{-1}$ Na_2S，$0.5mol \cdot L^{-1}$ $FeCl_3$，10% NH_4F，Ni^{2+} 试液，二乙酰二肟（$w=0.01$），Co^{2+} 与 Fe^{3+} 混合试液，$2mol \cdot L^{-1}$ NH_4F，饱和 NH_4SCN，戊醇，$0.1mol \cdot L^{-1}$ EDTA 二钠盐。

四、实验步骤

（一）配离子和简单离子的比较

在分别盛有 2 滴 $0.1mol \cdot L^{-1}$ $FeCl_3$ 溶液和 $K_3[Fe(CN)_6]$ 溶液的两支试管中，分别滴入 2 滴 $0.1mol \cdot L^{-1}$ NH_4SCN 溶液，观察有何现象。两支试管中都有 Fe(Ⅲ)，请解释上述现象。

（二）配离子稳定性的比较

1. 往盛有 2 滴 $0.1mol \cdot L^{-1}$ $FeCl_3$ 溶液的试管中，加入 $0.1mol \cdot L^{-1}$ NH_4SCN 溶液数滴，观察有何现象。然后再逐滴加入饱和 $(NH_4)_2C_2O_4$ 溶液，观察溶液颜色的变化。写出有关反应方程式，并结合稳定常数 $K_f^{\ominus}$ 比较 Fe^{3+} 的两种配离子的稳定性大小。

2. 在盛有 10 滴 $0.1mol \cdot L^{-1}$ $AgNO_3$ 溶液的试管中，加入 10 滴 $0.1mol \cdot L^{-1}$ $NaCl$ 溶液，酒精灯上微热，将 $AgCl$ 沉淀悬浊液倒入离心管，离心分离后弃去上层清液，然后在离心试管中按下列次序进行试验：

(1) 滴加 $6mol \cdot L^{-1}$ $NH_3 \cdot H_2O$（不断摇动试管）至沉淀刚好溶解。

(2) 加 10 滴 $0.1mol \cdot L^{-1}$ KBr 溶液，观察生成的沉淀的颜色。

(3) 离心分离后弃去上层清液，滴加 $1mol \cdot L^{-1}$ $Na_2S_2O_3$ 溶液至沉淀溶解。

(4) 滴加 $0.1mol \cdot L^{-1}$ KI 溶液，观察生成的沉淀的颜色。

请写出以上各反应的方程式，解释反应发生的原理，并根据实验现象比较：

a. $[Ag(NH_3)_2]^+$、$[Ag(S_2O_3)_2]^{3-}$ 的 $K_f^{\ominus}$ 的大小；

b. $AgCl$、$AgBr$、AgI 的 $K_{sp}^{\ominus}$ 的大小。

3. 在 2～3 滴碘水中，加入 1mL CCl_4，再逐滴加入 $0.1mol \cdot L^{-1}$ $K_4[Fe(CN)_6]$ 溶液约 1.5mL，不断地用力振荡并观察下层（CCl_4 层）的颜色的变化。写出反应式。

（三）配位解离平衡的移动

1. 酸碱平衡与配位平衡

在一支试管中加入 2 滴 $0.1mol \cdot L^{-1}$ $Fe_2(SO_4)_3$ 溶液，再加入 10 滴饱和 $(NH_4)_2C_2O_4$ 溶液。观察溶液颜色的变化，判断生成什么物质。然后再加入 1 滴 1‰NH_4SCN 溶液，观察溶液颜色的变化。最后再向溶液中逐滴加入 $6mol \cdot L^{-1}$ HCl 溶液，观察溶液颜色的变化。请解释反应发生的原理并写出有关的反应式。

2. 沉淀平衡与配位平衡

加 10 滴 $0.1mol \cdot L^{-1}$ $CuSO_4$ 溶液于一试管中，逐滴加入 $6mol \cdot L^{-1}$ 氨水，并振荡试管，直到最初生成的浅蓝色沉淀刚好溶解，观察溶液的颜色。再逐滴加入 Na_2S 溶液，观察是否有沉淀产生。写出反应式，并结合 $K_{sp}^{\ominus}$ 和 $K_f^{\ominus}$ 的大小解释反应发生的原理。

3. 氧化还原平衡与配位平衡

在试管中加入 $0.5mol \cdot L^{-1}$ $FeCl_3$ 5 滴，先逐滴加入 10% NH_4F 至溶液变为无色。再加入 $0.1mol \cdot L^{-1}$ KI 溶液数滴，然后再加 CCl_4 溶液 10 滴，振摇后观察 CCl_4 层的颜色。如果一开始未加入 NH_4F 会怎样？请说明相应的原理。

（四）配合物的某些应用

1. 利用生成有色配合物定性鉴定某些离子

在白色滴板上加入 Ni^{2+} 试液 1 滴，$6mol \cdot L^{-1}$ 氨水 1 滴和 w 为 0.01 的二乙酰二肟溶液 1 滴，有鲜红色沉淀生成表示有 Ni^{2+} 存在。

2. 利用生成配合物掩蔽干扰离子（Co^{2+} 的鉴定）

取 Fe^{3+} 和 Co^{2+} 混合试液 2 滴于一试管中，加 2～3 滴饱和 NH_4SCN 溶液，有何现象产生？逐滴加入 $2mol \cdot L^{-1}$ NH_4F 溶液，并摇动试管，有何现象？最后加戊醇 6 滴，振荡试管，静置，观察戊醇层（上层）的颜色。

3. 硬水软化

取两只 100mL 烧杯各盛 50mL 天然水（如井水），在其中一只烧杯中加入 3～5 滴 $0.1mol \cdot L^{-1}$ 的 EDTA 二钠盐溶液。然后将两只烧杯中的水加热煮沸 10min。可以看到未加 EDTA 二钠盐溶液的烧杯中有白色 $CaCO_3$ 等悬浮物生成，而加 EDTA 二钠盐溶液的烧杯中则没有，这表明水中 Ca^{2+} 等阳离子发生了什么变化？为何没有白色悬浮物产生？

思 考 题

1. 何谓配离子？配离子与简单离子的性质是否相同？

2. 衣服上沾有铁锈时，常用草酸去洗，试说明原理。

3. 在印染业的染浴中，常因某些离子（如 Fe^{3+}、Cu^{2+} 等）使染料颜色改变，加入 EDTA 便可纠正此弊，试说明原理。

4. 请用适当的方法将下列各组化合物逐一溶解：

（1）$AgCl$，$AgBr$，AgI （2）$Mg(OH)_2$，$Zn(OH)_2$，$Al(OH)_3$ （3）CuC_2O_4，CuS

实验十一　光度法测定铁的含量

一、实验目的

1. 掌握比色法测定的原理和方法。
2. 学习标准曲线的绘制。
3. 了解分光光度计的性能、结构及使用方法。

二、实验原理

1. 朗伯-比尔定律

当一束平行的单色光通过一均匀的吸光物质溶液时，溶液的吸光度 A 与溶液的液层厚度 b、溶液的浓度 c 成正比，该关系称为朗伯-比尔定律。即：

$$A = \varepsilon b c$$

当溶液光程厚度以 cm 表示，吸光物质浓度用 $mol \cdot L^{-1}$ 表示时，ε 称为摩尔吸光系数。它是各种吸光物质在特定波长和溶剂下的一个特征常数，数值上等于通过 1cm 的溶液光程厚度、$1mol \cdot L^{-1}$ 吸光物质时的吸光度，它是吸光物质吸光能力的量度。

2. 显色反应

亚铁离子在 pH＝3～9 的水溶液中与邻菲罗啉（邻二氮菲，phen）生成稳定的橙红色 $[Fe(phen)_3]^{2+}$，反应如下：

$$Fe^{2+} + 3 \quad \text{（phen）} \xrightarrow{pH=3\sim9} [Fe(phen)_3]^{2+}$$

稳定常数为 K，$lgK = 21.3$，$\varepsilon_{508} = 1.1 \times 10^4 \ L \cdot mol^{-1} \cdot cm^{-1}$，铁含量在 $0.1\sim6\mu g \cdot mL^{-1}$ 范围内遵守朗伯-比尔定律。

3. 显色条件

（1）盐酸羟胺的作用：由于 Fe^{2+} 容易被氧化成 Fe^{3+}，显色前需加还原剂盐酸羟胺将 Fe^{3+} 全部还原为 Fe^{2+}，然后再加入邻二氮菲。有关反应如下：

$$2Fe^{3+} + 2NH_2OH \cdot HCl = 2Fe^{2+} + N_2 \uparrow + 2H_2O + 4H^+ + 2Cl^-$$

（2）NaAc 的作用：加入 NaAc 可以中和反应产生的酸以及调节溶液至适宜的显色酸度范围。

4. 标准曲线法

本实验采用标准曲线法进行定量测定，即先配制一系列不同浓度的标准溶液，在选定的反应条件下使标准溶液中被测物质显色，测得相应的吸光度，以浓度为横坐标，吸光度为纵坐标绘制标准曲线。另取待测试液经适当处理后，在相同的条件下显色并测定其吸光度。由测得的吸光度从标准曲线上求得被测物质的含量。

三、仪器和药品

（一）仪器

25mL 移液管，1mL、2mL、5mL、10mL 吸量管各 1 支，250mL 容量瓶 2 个 50mL 容量瓶 7 个，721 型分光光度计 1 台。

（二）药品

$10mg \cdot L^{-1}$ $NH_4Fe(SO_4)_2$ 标准溶液，邻菲罗啉水溶液（w 为 0.0015），盐酸羟胺水溶液（w 为 0.10，此溶液只能稳定数日），$1mol \cdot L^{-1}$ NaAc 溶液，$6mol \cdot L^{-1}$ HCl。

$10mg \cdot L^{-1}$ $NH_4Fe(SO_4)_2$ 标准溶液配制方法：称取 0.2159g $NH_4Fe(SO_4)_2 \cdot 12H_2O$，加入少量水及 20mL $6mol \cdot L^{-1}$ HCl，使其溶解后，转移至 250mL 容量瓶中，用蒸馏水稀释至刻度，摇匀。此溶液中 Fe^{3+} 浓度为 $100mg \cdot L^{-1}$；吸取此溶液 25.00mL 于 250mL 容量瓶中，用蒸馏水稀释至标线，摇匀。此溶液中 Fe^{3+} 浓度为 $10mg \cdot L^{-1}$。

四、实验步骤

（一）标准曲线的绘制

在 6 个 50mL 容量瓶中，用 10mL 吸量管分别加入 0.00mL，2.00mL，4.00mL，6.00mL，8.00mL，10.00mL $NH_4Fe(SO_4)_2$ 标准溶液 [$c(Fe^{3+}) = 10mg \cdot L^{-1}$]，依次再各加入 1.00mL 盐酸羟胺，5.00mL $1mol \cdot L^{-1}$ NaAc 溶液 [因为 Fe^{2+} 与邻菲罗啉反应的最宜 pH 范围为 3～9。所以当试液的酸性很强时，可加入 NaAc 以降低酸性，NaAc 的加入量由刚果红试纸的色变来控制。刚果红变色范围 3.0（蓝）～5.2（红）]、2.00mL 邻菲罗啉水溶液。用去离子水稀释至标度，摇匀。

在 510nm 波长下，用 1cm 比色皿，以试剂空白作为参比溶液测其吸光度 [试剂中含有极微量铁，因此实验中以试剂空白为参比溶液。其配制方法：于 50mL 容量瓶中，加入除了试液以外的所有试剂（加入量亦与测定液相同），用水稀释至刻度，摇匀]。

以铁含量为横坐标，相对应的吸光度为纵坐标绘出吸光度 A 对铁含量标准曲线。

（二）总铁的测定

吸取 25.00mL 被测试液代替标准溶液，置于 50mL 容量瓶中，依次再各加入 1.00mL 盐酸羟胺，5.00mL $1mol \cdot L^{-1}$ NaAc 溶液，2.00mL 邻菲罗啉水溶液，用去离子水稀释至标度，摇匀。测出吸光度并从标准曲线上查得相应于 Fe 的含量（单位为 $mg \cdot L^{-1}$）。

（三）Fe^{2+} 的测定

操作步骤与总铁的测定相同，但不加盐酸羟胺溶液。测出吸光度并从标准曲线上查得相应于 Fe^{2+} 的含量（单位为 $mg \cdot L^{-1}$）。

有了总铁量和 Fe^{2+} 量，便可求出 Fe^{3+} 含量。

思 考 题

1. 从实验测出的吸光度求铁含量的根据是什么？如何求得？
2. 如果试液测得的吸光度不在标准曲线范围之内怎么办？
3. 如试液中含有某种干扰离子，它在测定波长下也有一定的吸光度，该如何处理？

实验十二　碘酸铜溶度积常数的测定——分光光度法

一、实验目的

1. 掌握无机化合物沉淀的制备、洗涤和过滤操作。
2. 了解分光光度法测定碘酸铜的溶度积的原理和方法，加深对溶度积概念的理解。
3. 进一步熟悉分光光度计的使用以及吸收曲线和工作曲线的绘制。

二、实验原理

（一）混合硫酸铜溶液和碘酸钾溶液可以得到难溶强电解质——碘酸铜沉淀

$$CuSO_4 + 2KIO_3 \Longrightarrow Cu(IO_3)_2 \downarrow + K_2SO_4$$

在碘酸铜 $Cu(IO_3)_2$ 的饱和溶液中存在以下沉淀溶解平衡

$$Cu(IO_3)_2 \Longrightarrow Cu^{2+} + 2IO_3^-$$

在一定温度下，碘酸铜沉淀的饱和溶液中，溶解产生的 Cu^{2+} 和 IO_3^- 的离子浓度以计量系数为指数的幂的乘积是一个常数（确切地说，应该是活度幂的乘积，但是因为离子浓度很小，可以近似看成浓度），即溶度积常数 $K_{sp}^{\ominus}$

$$K_{sp}^{\ominus} = [Cu^{2+}][IO_3^-]^2$$

在碘酸铜沉淀的饱和溶液中，$[IO_3^-] = 2[Cu^{2+}]$

因此　　　　　　　　　　　　$K_{sp}^{\ominus} = 4[Cu^{2+}]^3$

这样，只需要测定饱和碘酸铜溶液中的 Cu^{2+} 浓度，就可以计算出碘酸铜的溶度积常数。

（二）光线通过有色溶液时，一部分被溶液吸收，另一部分透过溶液。根据朗伯-比尔定律（Lambert-Beer Law），有色溶液对光的吸收程度与溶液的浓度和光穿过的液层厚度的乘积成正比：

$$A = -\lg T = \lg \frac{I_0}{I_t} = \varepsilon bc$$

式中，A 为溶液的吸光度；T 为溶液的透光率（透射比）；I_0 和 I_t 分别为入射光和透射光的光强；b 为液层厚度（即比色皿宽度）；c 为浓度，$mol \cdot L^{-1}$；ε 是摩尔吸光系数。

当比色皿大小一定时，在确定的实验条件下，某物质的溶液的 ε 和 b 数值均确定，则吸光度 A 只与浓度成正比。ε 越大，则实验测定对象的吸光能力越强，显色能力越强，实验测定的灵敏度越高，因此常常通过加入显色剂（对于金属离子常使用配位剂生成非常稳定的有色配离子）来提高摩尔吸光系数。浅蓝色的 Cu^{2+} 可以使用浓氨水配位后，变成深蓝色的 $[Cu(NH_3)_4]^{2+}$，提高其摩尔吸光系数。这样通过分光光度法测定 $[Cu(NH_3)_4]^{2+}$，即得到 Cu^{2+}，进而计算出 $K_{sp}^{\ominus}$。

此外，沉淀溶度积的测定还可以采用滴定法（如醋酸银沉淀）、离子交换法（如 $PbCl_2$ 沉淀）、电导法（如 $BaSO_4$ 沉淀）、离子电极法（如 $PbCl_2$ 沉淀）、电极电势法（如 $AgCl$ 沉淀）等方法。

三、仪器和药品

(一) 仪器

量筒，抽滤装置，50mL 容量瓶，10mL 移液管，721 型分光光度计，25mL 移液管，玻璃棒，漏斗。

(二) 药品

$0.25mol \cdot L^{-1}$ $CuSO_4$，$0.10mol \cdot L^{-1}$ $Cu(NO_3)_2$，$0.50mol \cdot L^{-1}$ KIO_3，50% 浓氨水，$6mol \cdot L^{-1}$ HCl，$1mol \cdot L^{-1}$ $BaCl_2$。

四、实验步骤

(一) $Cu(IO_3)_2$ 沉淀的制备

量取 50mL $0.25mol \cdot L^{-1}$ $CuSO_4$ 溶液于烧杯中，搅拌下加入 50mL $0.50mol \cdot L^{-1}$ KIO_3 溶液，加热混合液保持在 70℃ 左右并不断搅拌约 30min，停止加热，静置至室温，用倾析法（图 2-47）弃去上层清液并洗涤所得碘酸铜沉淀，大约需 5～6 遍以上，每次需要 10mL 去离子水。取洗涤废液 1mL 加入 2 滴 $6mol \cdot L^{-1}$ HCl 和 2 滴 $1mol \cdot L^{-1}$ $BaCl_2$ 检查是否有 SO_4^{2-}，检查不到 SO_4^{2-} 即洗涤完成。减压过滤，抽干后烘干。

(二) $Cu(IO_3)_2$ 饱和溶液的配制

取少量（黄豆般大小，约 1.5g）的 $Cu(IO_3)_2$ 沉淀放入 150mL 锥形瓶中，加入 100mL 去离子水，加热至 70～80℃，充分搅拌。冷却至室温，静置 2h，待溶液澄清后，用致密的定量滤纸和干燥的漏斗常压干过滤（滤纸不要用水润湿），以干燥的烧杯收集滤液即得 $Cu(IO_3)_2$ 饱和溶液。

(三) $[Cu(NH_3)_4]^{2+}$ 标准溶液的配制

用移液管分别吸取 0mL、1.0mL、2.5mL、5.0mL、7.5mL $0.10mol \cdot L^{-1}$ $Cu(NO_3)_2$ 溶液于 5 支 50mL 容量瓶中，各以移液管加入 6.0mL 50% 浓氨水，然后加去离子水稀释，摇匀，定容，得到不同浓度的 $[Cu(NH_3)_4]^{2+}$ 标准溶液，并按顺序编号。

(四) $[Cu(NH_3)_4]^{2+}$ 吸收曲线的绘制

以试剂空白溶液（1 号标准溶液）为参比溶液，用 1cm 比色皿在 540～680nm 范围内测定 5 号溶液的吸光度，使用坐标纸或者数据处理软件绘制 $[Cu(NH_3)_4]^{2+}$ 吸收曲线（A-λ），从曲线上读取最大吸收波长 λ_{max}（大约在 600～620nm）。

(五) $[Cu(NH_3)_4]^{2+}$ 标准曲线的绘制

以试剂空白溶液（1 号标准溶液）为参比溶液，用 1cm 比色皿，在上述实验所确定的最大吸收波长 λ_{max} 处，分别测定 2～5 号标准溶液的吸光度，使用坐标纸或者数据处理软件绘制 $[Cu(NH_3)_4]^{2+}$ 标准曲线（工作曲线，A-c）。

(六) $Cu(IO_3)_2$ 饱和溶液中 Cu^{2+} 浓度的测定

分别吸取三份 25.00mL $Cu(IO_3)_2$ 饱和溶液于 50mL 容量瓶中，以移液管加入 6.0mL 50% 浓氨水，然后加去离子水稀释，摇匀，定容，在上述实验所确定的最大吸收波长 λ_{max} 处分别测定其吸光度，取平均值。

（七）数据记录与结果处理

1. 数据记录（表1～表3）

表1　不同波长下5号标准溶液的吸光度

波长 λ/nm				
吸光度 A				

表2　2～5号各标准溶液的吸光度

溶液	标准溶液2	标准溶液3	标准溶液4	标准溶液5
浓度 c/mol·L^{-1}				
吸光度 A				

表3　$Cu(IO_3)_2$ 饱和溶液的吸光度

溶液	饱和溶液1	饱和溶液2	饱和溶液3
浓度 c/mol·L^{-1}			
吸光度 A			
吸光度平均值 $\overline{A}$			

2. 数据处理

分别绘制 $[Cu(NH_3)_4]^{2+}$ 的吸收曲线和工作曲线，并在工作曲线上根据吸光度的平均值计算 $Cu(IO_3)_2$ 饱和溶液中 Cu^{2+} 的浓度，再根据公式计算 $Cu(IO_3)_2$ 的 $K_{sp}^{\ominus}$。已知298K下的 $Cu(IO_3)_2$ 的 $K_{sp}^{\ominus}$ 理论参考值为 1.4×10^{-7}。

思　考　题

1. 溶度积常数和什么因素有关？

2. 为什么要采用干过滤操作，如果过滤时加入去离子水会对实验结果产生什么影响？

3. 如果在过滤 $Cu(IO_3)_2$ 饱和溶液时有 $Cu(IO_3)_2$ 固体颗粒穿透滤纸，将对实验结果产生什么影响？

实验十三　碳酸氢钠的制备及组成测定

一、实验目的

1. 了解由氯化钠和碳酸氢铵制备碳酸氢钠的过程。

2. 学会利用溶解度的差异来制备和提纯无机化合物的方法。

3. 巩固分析基本操作。

二、实验原理

由氯化钠和碳酸氢铵为原料制备碳酸氢钠的反应为：

$$NaCl + NH_4HCO_3 \Longrightarrow NaHCO_3 + NH_4Cl$$

该反应为水溶液中离子间的相互反应，存在4种盐的平衡及溶解度的相互影响。四种盐在不同温度的溶解度见表1。

$t/℃$	0	10	20	30	40	50	60
NaCl	35.7	35.8	36.0	36.3	36.6	37.0	37.3
NH_4HCO_3	11.9	15.8	21.0	27.0	—	—	—
NH_4Cl	29.4	33.3	37.2	41.4	45.8	50.4	55.2
$NaHCO_3$	6.9	8.2	9.6	11.1	12.7	14.5	16.4

表 1　四种盐在不同温度的溶解度　　　　　　　　　　　　单位：g

由表可知，当温度超过 40℃ 时，NH_4HCO_3 开始分解；温度太低，则会影响 NH_4HCO_3 的溶解，所以，要得到纯的 $NaHCO_3$，温度应控制在 30～35℃ 左右，由于 NH_4HCO_3 的溶解度不是太大，反应时将研细的 NH_4HCO_3 溶于 NaCl 溶液并充分搅拌，控制各种盐的浓度，只让 $NaHCO_3$ 过饱和析出，就能制备纯 $NaHCO_3$。

三、仪器和药品

（一）仪器

研钵，台秤或电子天平（精度 0.1g），100mL 锥形瓶，250mL 烧杯，玻璃棒，抽滤装置，温度计，烘箱，分析天平，50mL 酸式滴定管，250mL 锥形瓶，酒精灯等。

（二）药品

NaCl，NH_4HCO_3，0.1000mol·L^{-1} HCl 标准溶液，甲基橙指示剂。

四、实验步骤

（一）制备碳酸氢钠

称取 6.3g NaCl 于 100mL 锥形瓶中，加 20mL 去离子水并溶解，在 30～35℃ 水浴中，不断搅拌的情况下，分次加入 8.4g 研细的 NH_4HCO_3。加完后，继续搅拌反应物，使反应在 30～35℃ 水浴中充分进行 30min，取出，静置冷却，抽滤得 $NaHCO_3$ 晶体，用少量水洗涤 2 次，抽干，105℃ 烘箱烘 1h，冷却称重，计算产率。

（二）产品含量的测定

在分析天平上准确称取三份 0.2000g 左右的 $NaHCO_3$，分别放入 250mL 锥形瓶中，用 100mL 去离子水溶解，各加两滴甲基橙指示剂，这时溶液为黄色，用盐酸标准溶液滴定，使溶液由黄至橙，加热煮沸 1～2min，冷却后，溶液又为黄色，再用盐酸滴定至橙色，半分钟不褪即为滴定终点，记下所用盐酸的体积 V。重复实验三次。

（三）结果计算

按下式计算碳酸氢钠的含量 $[M(NaHCO_3)=84.01g·mol^{-1}]$：

$$w(NaHCO_3)=\dfrac{c(HCl)V(HCl)\dfrac{M(NaHCO_3)}{1000}}{m}\times100\%$$

思　考　题

1. 水浴时，温度为什么要控制在 30～35℃？

2. 为什么计算 $NaHCO_3$ 的产率时，要以 NaCl 的用量为准？影响碳酸氢钠产率的因素有哪些？

第七章

分析化学实验

实验十四　酸碱溶液的配制和比较滴定

一、实验目的

1. 掌握酸碱溶液的配制方法。

2. 练习滴定的基本操作和终点的判断。

3. 初步了解数理统计处理在分析化学中的应用。

二、实验原理

在酸碱滴定中，常用的酸碱溶液为盐酸和氢氧化钠，由于它们均为非基准试剂，故其标准溶液必须采用间接法配制，即先配成近似浓度，然后再用基准物质进行标定。

比较滴定就是酸碱之间相互滴定。

根据等物质的量的反应规律：

$$c(酸)V(酸)=c(碱)V(碱)$$

通过比较滴定可求出酸碱体积比。若已标定了一种溶液的浓度，就能求出另一种溶液的浓度。

三、仪器和药品

（一）仪器

台秤或电子天平（精度 0.1g），50mL 酸式滴定管，50mL 碱式滴定管，250mL 锥形瓶，500mL 烧杯，10mL 量筒。

（二）药品

氢氧化钠（s），浓盐酸，酚酞指示剂。

四、实验步骤

（一）$0.1mol \cdot L^{-1}$ HCl 溶液的配制

用洁净的 10mL 量筒量取 4.2mL 浓 HCl（$d=1.19g \cdot mol^{-1}$）溶液，倒入 500mL 试剂瓶中，用蒸馏水稀释至 500mL，盖上玻璃塞，摇匀、贴上标签备用。

（二）$0.1mol \cdot L^{-1}$ NaOH 溶液的配制

在台秤上称取固体 NaOH 2g，置于 500mL 烧杯中，加 50mL 水使之全部溶解，转移至 500mL 试剂瓶中，再加水 450mL，用橡皮塞塞好瓶口，摇匀，贴上标签备用。

（三）酸碱溶液的比较滴定

1. 洁净的酸式、碱式滴定管分别用配好的 HCl、NaOH 溶液润洗 2～3 次，每次 5～

10mL，放出残液，然后装液，调好零刻度。

2. 由酸式滴定管放出 HCl 溶液 25.00mL 于 250mL 锥形瓶内，加入 1～2 滴酚酞指示剂，用 0.1mol·L^{-1} NaOH 溶液滴定。滴定时不停地摇动锥形瓶，直到加入 1 滴或半滴 NaOH 溶液后，溶液由无色变为淡粉红色，并在半分钟内不褪色，即为滴定终点，记录读数。如果 NaOH 过量，可用 HCl 返滴定。反复练习滴定操作和观察滴定终点，记录最后读数。

3. 根据 HCl 和 NaOH 的实用体积，求出体积比 V（HCl）/V（NaOH）及其平均值和相对平均偏差，要求相对平均偏差不大于 0.2%。

思 考 题

1. 为什么盐酸和氢氧化钠标准溶液都是用间接法配制的？

2. 既然酸、碱标准溶液都是间接配制的，那么在滴定分析中所使用的滴定管为什么需要用操作液润洗几次？锥形瓶是否也需要用操作液润洗？为什么？

实验十五　盐酸溶液的标定

一、实验目的

1. 学会用基准物质标定盐酸浓度的方法。

2. 进一步掌握滴定操作。

3. 学习定容操作。

4. 深入了解数理统计处理在分析化学中的应用。

二、实验原理

标定 HCl 溶液的基准物质有无水碳酸钠（Na_2CO_3）和硼砂（$Na_2B_4O_7·10H_2O$），较常用的是无水碳酸钠，其反应如下：

$$Na_2CO_3 + 2HCl = 2NaCl + H_2O + CO_2(g)$$

滴定至反应完全时，化学计量点的 pH 为 3.89，可以选用甲基橙、甲基红、溴酚蓝以及混合指示剂溴甲酚绿-二甲基黄等指示终点。本实验采用溴甲酚绿-二甲基黄作为终点指示剂，终点颜色变化为绿色（或蓝绿色）转变为亮黄色，根据 Na_2CO_3 的质量（m）和所消耗的 HCl 体积（V），可以计算出盐酸的浓度 c（HCl）。

由于测定过程中总是存在一定的误差，因此，所测定的盐酸浓度和真实浓度存在一定的误差。根据数理统计原理可知，只有当不存在系统测量误差时，无限多次测量的平均结果才接近真实值。在实际工作中，我们对盐酸溶液的测定不可能进行无限多次，只能进行有限次测量，对于有限多次（例如 3 次）的测量，利用数理统计方法，通过计算其平均值、标准误差等，可以判断测定结果与真实值的接近程度，评价分析质量的好坏。

三、仪器和药品

（一）仪器

250mL 锥形瓶，50mL 酸式滴定管，100mL 烧杯，100mL 容量瓶，25mL 移液管，分析天平。

（二）药品

碳酸钠基准物质：先置于烘箱中（270～300℃）烘干至恒重后，保存于干燥器中；

$0.1mol \cdot L^{-1}$ HCl 溶液：使用实验四中所配试液；

溴甲酚绿-二甲基黄混合指示剂：取 4 份 w 为 0.002 的溴甲酚绿酒精溶液和 1 份 w 为 0.002 的二甲基黄酒精溶液，混匀。

四、实验步骤

用减量法准确称取已干燥的无水 Na_2CO_3 一份约 0.5～0.6g 于 100mL 烧杯中，加水使其完全溶解，定容至 100mL 容量瓶中。用 25mL 移液管准确移取此液 25.00mL 至 250mL 锥形瓶中，加 3～4 滴溴甲酚绿-二甲基黄混合指示剂，用待标定的 HCl 溶液滴定，快到终点时，用洗瓶中蒸馏水冲洗锥形瓶内壁。继续滴定到溶液由绿色转变为亮黄色，记录滴定过程中所用去的 HCl 体积。平行测定三次。

根据实验数据计算盐酸溶液的浓度和相对平均偏差。盐酸溶液的浓度计算公式如下：

$$c(HCl) = \frac{2m(Na_2CO_3) \times \frac{1}{4}}{M(Na_2CO_3) \times V(HCl) \times 10^{-3}}$$

式中，$m(Na_2CO_3)$ 为称取的无水碳酸钠的质量，g；$V(HCl)$ 为消耗的盐酸的体积，mL；$M(Na_2CO_3)$ 为碳酸钠的摩尔质量，$106.0g \cdot mol^{-1}$。

思 考 题

1. 0.0798 的有效数字是几位？

2. 标定 HCl 溶液的浓度除了用 Na_2CO_3 外，还可以用何种基准物质？为何 HCl 和 NaOH 标准溶液配制后，一般要经过标定？

3. 用 Na_2CO_3 标定 HCl 溶液时，为什么可以用溴甲酚绿-二甲基黄作为终点指示剂？能否改用酚酞作为指示剂？

4. 盛放 Na_2CO_3 的锥形瓶是否需要预先烘干？加入的水量是否要准确？

5. 第一份滴定完成后，如滴定管中剩下的滴定溶液还足够做第二份滴定时，是否可以不再添加滴定溶液而继续往下滴第二份？为什么？

实验十六　电位滴定法测定醋酸的浓度

一、实验目的

1. 掌握酸碱电位滴定的原理和方法。

2. 学会绘制电位滴定曲线，掌握由滴定曲线确定滴定终点的方法。

二、实验原理

电位滴定法是根据滴定过程中，指示电极的电位或 pH 值产生"突跃"来确定终点的一种分析方法。

在用 NaOH 标准溶液滴定 HAc 溶液的酸碱电位滴定过程中，以玻璃电极为指示电极，饱和甘汞电极为参比电极，组成原电池。当不断地向 HAc 溶液滴加 NaOH 溶液时，溶液中 H^+ 的浓度不断变化，引起指示电极的电位不断变化，从而使电池电动势不断变化，在滴定终点附近，产生电位"突跃"。通过测量溶液 pH 值的变化和在终点附近产生的 pH 值突变，即可确定滴定终点。

以滴定时所加入 NaOH 标准溶液的体积为横坐标，以溶液的相应 pH 值为纵坐标，可以绘出 pH-V 滴定曲线，曲线斜率的最大处，即曲线陡峭部分的中点就是滴定终点［参见图 3-10(a)］；也可以滴定时所加入 NaOH 标准溶液的体积为横坐标，以 $\Delta pH/\Delta V$ 为纵坐标，绘出 $\Delta pH/\Delta V$-V 滴定曲线，曲线的最大值处就是滴定终点［参见图 3-10(b)］。根据滴定终点所对应的 NaOH 标准溶液的体积和浓度，可以计算出 HAc 的浓度。

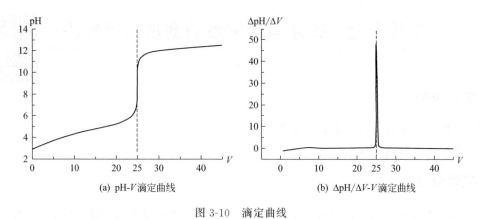

(a) pH-V 滴定曲线   (b) $\Delta pH/\Delta V$-V 滴定曲线

图 3-10　滴定曲线

三、仪器和药品

（一）仪器

pH 计，25mL 移液管，烧杯，50mL 碱式滴定管，搅拌磁子，电磁搅拌器。

（二）药品

$0.1mol \cdot L^{-1}$ HAc 溶液，$0.1mol \cdot L^{-1}$ NaOH 标准溶液。

四、实验步骤

（一）初测突跃范围

用移液管准确移取 25.00mL HAc 试液于 200mL 烧杯中，用去离子水稀释至 100mL，放入电极及搅拌磁子，开启电磁搅拌器，用 NaOH 标准溶液滴定。先加入 20.00mL $0.1mol \cdot L^{-1}$ NaOH 溶液，测溶液的 pH 值，之后每加 1mL NaOH 溶液，测一次 pH 值，直至加入 30.00mL NaOH 溶液。从测定数据找出 pH 值的突跃范围。

（二）精确测定

用移液管准确移取 25.00mL HAc 试液于 200mL 烧杯中，用去离子水稀释至 100mL，放入电极及搅拌磁子，开启电磁搅拌器，测定溶液的初始 pH 值并记录，之后用 NaOH 标准溶液进行滴定。每加入一定量的 NaOH 标准溶液，测定并记录一次相应的 pH 值。开始滴定时，每次加入 NaOH 的量可多些，接近突跃范围时则需少加，可每加 0.1mL 测定一次 pH 值，直至滴定到超过突跃范围；之后加入 NaOH 的量又可多些，直至滴定到超过突跃范围数毫升为止。

（三）绘制曲线

根据所得数据绘制 pH-V 曲线，由曲线确定滴定终点时的 V_{NaOH}，并计算 HAc 的浓度。

思 考 题

1. 本实验所用烧杯是否需要干燥？
2. 用去离子水稀释 HAc 试液时，去离子水的量是否需要精确定量？
3. 每次加入 NaOH 溶液后，若搅拌不均匀，对测定结果有无影响？
4. 在处理实验数据时，能否直接用 $0.1 mol \cdot L^{-1}$ NaOH 溶液？

实验十七　铵盐中含氮量的测定（甲醛法）

一、实验目的

1. 掌握铵盐中含氮量测定的原理和方法。
2. 进一步掌握滴定操作。

二、实验原理

NH_4Cl 和 $(NH_4)_2SO_4$ 等铵盐是常用的无机氮肥，其中所含的 NH_4^+ 的酸性太弱（$K_a^{\ominus}$ 值约为 5.6×10^{-10}），不能用 NaOH 标准溶液直接准确滴定。测定铵盐中氮含量一般用蒸馏法和甲醛法。

1. 蒸馏法

将铵盐试样置于蒸馏瓶中，加入过量 NaOH，加热煮沸蒸馏出 NH_3，将 NH_3 用过量的酸标准溶液吸收，然后用碱标准溶液返滴定剩余的酸，以求出氮含量。

蒸馏出来的 NH_3 也可用过量的 H_3BO_3 溶液吸收：

$$NH_3 + H_3BO_3 \Longrightarrow NH_4^+ + H_2BO_3^-$$

再用 HCl 标准溶液滴定生成的 $H_2BO_3^-$，选用甲基红作指示剂。

$$H_2BO_3^- + H^+ \Longrightarrow H_3BO_3$$

此法的优点是用 H_3BO_3 作吸收剂，H_3BO_3 在整个过程中不被滴定，其浓度和体积不需要很准确，只要保证过量即可，因此只需一种标准溶液。蒸馏法测定含氮量的准确度较高，应用广泛，但操作过程比较繁琐。经典的蛋白质定量分析方法——凯氏定氮法，即以蒸馏法为基础。

2. 甲醛法

利用甲醛与 NH_4^+ 作用，定量置换出酸，并生成质子化的六次甲基四胺 $(CH_2)_6N_4H^+$，由于它的酸性不太弱（$pK_a^{\ominus} = 5.15$），因此可以使用 NaOH 标准溶液滴定并采用酚酞作为指示剂（半分钟内微红色不褪即为滴定终点），其反应为：

$$4NH_4^+ + 6HCHO \Longrightarrow (CH_2)_6N_4H^+ + 3H^+ + 6H_2O$$

$$(CH_2)_6N_4H^+ + 3H^+ + 4NaOH \Longrightarrow (CH_2)_6N_4 + 4H_2O + 4Na^+$$

通过测定质子化的六次甲基四胺 $(CH_2)_6N_4H^+$ 以及置换出来的 H^+ 来间接测定等量的 NH_4^+。

由于甲醛受空气氧化，常含有少量的甲酸，会使测量结果产生正误差，使用前应预先中和除去。

本实验采用甲醛法进行测定。

三、仪器和药品

（一）仪器

50mL 碱式滴定管，250mL 锥形瓶，25mL 移液管，100mL 容量瓶，烧杯，玻璃棒，分析天平。

（二）药品

$0.1mol \cdot L^{-1}$ NaOH 标准溶液，1：1甲醛溶液（1份40%甲醛加1份水），酚酞指示剂。

四、实验步骤

（一）甲醛溶液的处理

取 40%甲醛的上层清液于烧杯中，加水稀释1倍，加入 $2\sim3$ 滴酚酞指示剂，用 $0.1mol \cdot L^{-1}$ NaOH 标准溶液滴至甲醛溶液呈微红色即可。

（二）试样中含氮量的测定

准确称取待测铵盐样品 $0.4\sim0.5$g NH_4Cl 或约 0.3g 的 $(NH_4)_2SO_4$ 于烧杯中，加适量蒸馏水溶解，定量转移至 100mL 容量瓶中，用蒸馏水稀释至刻度，摇匀。

用移液管移取试液 25.00mL 于锥形瓶中，加入 8mL 已处理的甲醛溶液，加 $2\sim3$ 滴酚酞指示剂，摇匀，静置 1min 后，用已标定的 $0.1mol \cdot L^{-1}$ NaOH 标准溶液滴定至溶液呈微红色并保持半分钟不褪即为滴定终点。记录各读数，平行测定 3 次。

（三）数据处理

根据下式由 NaOH 标准溶液的浓度 $c(NaOH)$（$mol \cdot L^{-1}$）和滴定消耗的体积 $V(NaOH)$（L）以及试样质量 m（g），求出质量分数 w_N，并计算相对平均偏差，要求相对平均偏差不高于 0.2%。（$M_N = 14.01g \cdot mol^{-1}$）

$$w_N = \frac{c(NaOH)V(NaOH)M_N \times 10^{-3}}{\frac{1}{4}m(样品)} \times 100\%$$

思　考　题

1. 为什么中和甲醛溶液中的游离酸以酚酞作为指示剂？中和铵盐试样中的游离酸是否也可以酚酞作为指示剂？可以用甲基红作为指示剂吗？

2. NH_4NO_3 和 NH_4HCO_3 中含氮量的测定能否用甲醛法？为什么？

实验十八　混合碱含量的测定

一、实验目的

1. 学会用双指示剂法判断混合碱的组成，学会测定其各组分含量的原理和方法。

2. 进一步熟悉滴定管和移液管操作，要求动作规范、标准。

二、实验原理

工业碱（Na_2CO_3）中有时会含有一定量的烧碱（NaOH）或小苏打（$NaHCO_3$），工业碱（Na_2CO_3）的含量以及其杂质含量可通过在同一份试剂中用两种不同的指示剂分别连续滴定来求得，这种方法称为"双指示剂法"。

用盐酸标准溶液测定混合碱液，酚酞和甲基橙分别指示两个终点，当酚酞变色时，NaOH 被滴定，Na_2CO_3 被滴成 $NaHCO_3$，即中和一半。在此溶液中加入甲基橙指示剂，继续滴定到变色，则生成的 $NaHCO_3$ 或可能含有的 $NaHCO_3$ 被盐酸滴定至 CO_2。可能的反应方程式为：

$$NaOH + HCl \Longrightarrow NaCl + H_2O$$
$$Na_2CO_3 + HCl \Longrightarrow NaHCO_3 + NaCl$$
$$NaHCO_3 + HCl \Longrightarrow NaCl + H_2O + CO_2$$

设酚酞变色消耗盐酸体积（mL）为 V_1，加入甲基橙后，继续滴定至甲基橙变色，消耗盐酸体积为 V_2。如果 $V_1 > V_2$，则 Na_2CO_3 中必定含有 NaOH，即此碱是 NaOH 和 Na_2CO_3 的混合碱。根据 V_2 计算 Na_2CO_3 含量，再根据（$V_1 - V_2$）计算 NaOH 含量。如果 $V_1 < V_2$，则 Na_2CO_3 中必定含有 $NaHCO_3$，即此碱是 Na_2CO_3 和 $NaHCO_3$ 的混合碱。根据 V_1 计算 Na_2CO_3 含量，再根据（$V_2 - V_1$）计算 $NaHCO_3$ 含量。

三、仪器和药品

（一）仪器

50mL 酸式滴定管，250mL 锥形瓶三个，25mL 移液管一支，250mL 容量瓶一个，洗耳球，洗瓶，250mL 烧杯，玻璃棒，分析天平。

（二）药品

工业混合碱（TRT），0.1000mL·L^{-1}盐酸标准溶液，0.2%甲基橙指示剂，0.2%酚酞指示剂。

四、实验步骤

（一）混合碱液的配制

在分析天平上用差减法称取工业混合碱试样 1.8000～2.0000g 于 250mL 洗净的烧杯中（注意称量要快，以免碱吸潮），加入少量去离子水溶解（必要时可以加热促使溶解），定容至 250mL 容量瓶中，摇匀备用。

（二）混合碱液的测定

用 25mL 移液管移取 25.00mL 混合碱液三份，分别置于 250mL 锥形瓶中，加入 2～3滴酚酞指示剂，用盐酸标准溶液滴定至浅粉色（由于肉眼观察无色不灵敏，因此变成浅粉色即可），记下体积为 V_1。注意这一步滴定速度一定要慢，并不断摇晃锥形瓶使溶液始终均匀。否则若盐酸局部浓度过大，就会有部分 $NaHCO_3$ 直接被盐酸中和至 CO_2，导致 V_1 偏大，V_2 偏小。在原溶液中继续滴加 2 滴甲基橙指示剂，此时溶液呈现黄色，再用盐酸标准溶液滴定至橙色，加热煮沸 1～2min，冷却后，溶液又为黄色，再用盐酸滴定至橙色，半分钟不褪即为滴定终点，记下体积 V_2。平行试验三次。

（三）数据处理和结果计算

$M(Na_2CO_3) = 106.0 g \cdot mol^{-1}$，$M(NaHCO_3) = 84.01 g \cdot mol^{-1}$，$M(NaOH) = 40.00 g \cdot mol^{-1}$。

如果 $V_1 > V_2$，则：

$$m(Na_2CO_3) = \frac{c(HCl)V_2 M(Na_2CO_3) \times 25.00}{250.00 \times 1000}(g)，\quad w(Na_2CO_3) = \frac{m(Na_2CO_3)}{m(混合碱)} \times 100\%$$

$$m(NaOH) = \frac{c(HCl)(V_1 - V_2)M(NaOH) \times 25.00}{250.00 \times 1000}(g)，\quad w(NaOH) = \frac{m(NaOH)}{m(混合碱)} \times 100\%$$

如果 $V_1 < V_2$，则：

$$m(Na_2CO_3) = \frac{c(HCl)V_1 M(Na_2CO_3)}{10 \times 1000}(g)，\quad w(Na_2CO_3) = \frac{m(Na_2CO_3)}{m(混合碱)} \times 100\%$$

$$m(NaHCO_3) = \frac{c(HCl)(V_2 - V_1)M(NaHCO_3)}{10 \times 1000}(g)，\quad w(NaHCO_3) = \frac{m(NaHCO_3)}{m(混合碱)} \times 100\%$$

思　考　题

1. 为什么不能一次加入两个指示剂？
2. 在第二步滴定中，加热的目的是什么？

实验十九　高锰酸钾溶液的配制与标定

一、实验目的

1. 掌握高锰酸钾标准溶液的配制和标定方法。
2. 了解高锰酸钾测定法的有关原理。

二、实验原理

$KMnO_4$ 是氧化还原滴定中最常用的氧化剂之一。市售的 $KMnO_4$ 常含杂质，并且 $KMnO_4$ 容易与水中以及空气中的还原性物质反应；此外，$KMnO_4$ 容易发生分解反应：

$$4KMnO_4 + 2H_2O \Longrightarrow 4KOH + 4MnO_2 + 3O_2$$

光线、$MnO(OH)_2$ 以及 Mn^{2+} 等都能促进 $KMnO_4$ 的分解，因此不能用直接法配制准确浓度的 $KMnO_4$ 溶液，一般用间接法先配制近似浓度的溶液，把溶液在暗处放置数天，待其与还原性物质充分反应后，除去生成的 $MnO(OH)_2$ 沉淀，然后再标定其准确浓度。高锰酸钾标准溶液的存放应在中性、避光、防尘、不含 MnO_2 等杂质的条件下，如果长期使用，应定期标定浓度。

高锰酸钾滴定法通常在酸性溶液中进行，反应时锰的氧化数由 +7 变到 +2。

$Na_2C_2O_4$ 和 $H_2C_2O_4 \cdot 2H_2O$ 是较易纯化的还原剂，是标定 $KMnO_4$ 常用的基准物质，特别是前者不含结晶水，最为常用。其反应如下：

$$5C_2O_4^{2-} + 2MnO_4^- + 16H^+ \Longrightarrow 10CO_2 + 2Mn^{2+} + 8H_2O$$

滴定初期反应很慢，需要适当加热以加快反应速率；$KMnO_4$ 溶液必须逐滴加入，如滴加过快，部分 $KMnO_4$ 在热溶液中将按下式分解而造成误差：

$$4KMnO_4 + 2H_2SO_4 = 4MnO_2 + 2K_2SO_4 + 2H_2O + 3O_2$$

滴定过程中逐渐生成的 Mn^{2+} 有自催化作用，可使反应速率逐渐加快。

因为 $KMnO_4$ 溶液本身具有特殊的紫红色，极易察觉，且反应生成的 Mn^{2+} 的颜色比较浅，故高锰酸钾测定法一般不需要另加指示剂。

三、仪器和药品

（一）仪器

台秤或电子天平（精度 0.1g），分析天平（0.1mg），棕色试剂瓶，玻璃砂芯漏斗，250mL 锥形瓶，50mL 酸式滴定管。

（二）药品

$3mol \cdot L^{-1}$ H_2SO_4，高锰酸钾（s），无水草酸钠（s）。

四、实验步骤

（一）$0.02mol \cdot L^{-1}$ $KMnO_4$ 溶液的配制

在台秤上称取 1.7g $KMnO_4$，加入适量水使其溶解后，倒入洁净的棕色瓶中，用水稀释至约 500mL。摇匀，塞好，静置 7～10 天后，其上层的溶液用玻璃砂芯漏斗过滤，残余溶液和沉淀则倒掉。把试剂瓶洗净，将滤液倒回瓶内，摇匀，待标定。

若将溶液加热煮沸并保持微沸 1h，冷却后过滤，则不必长期放置，即可标定其浓度。

（二）$KMnO_4$ 溶液的标定

在分析天平上精确称取三份预先干燥过的 $Na_2C_2O_4$，每份样品的质量为 0.14～0.16g，分别置于 250mL 锥形瓶中，各加入 40mL 水和 10mL $3mol \cdot L^{-1}$ H_2SO_4 使其溶解，慢慢加热直到有蒸气冒出（约 75～85℃，因室温下 $KMnO_4$ 与 $C_2O_4^{2-}$ 的反应较慢，加热可提高反应速率，但温度不能太高，否则 $H_2C_2O_4$ 会发生分解：$H_2C_2O_4 = CO_2 + CO + H_2O$）。趁热用待标定的 $KMnO_4$ 溶液进行滴定（读取有色溶液的数据时，视线应与液面最高点处的刻度成水平），开始滴定时，滴定宜慢，在第一滴 $KMnO_4$ 溶液滴入后，不断摇动溶液，当紫红色褪去后再滴入第二滴。待溶液中有 Mn^{2+} 产生后，反应速率加快，此时滴定可适当加快，但也决不可使 $KMnO_4$ 溶液连续流下。接近终点时，紫红色褪去很慢，应减慢滴定，同时充分摇匀，以防超过终点。最后滴加半滴 $KMnO_4$ 溶液，在摇匀后半分钟内仍保持微红色不褪，表明已达滴定终点，记下终读数。

根据每次测定中的 $Na_2C_2O_4$ 质量（g）和 $KMnO_4$ 体积（mL），以及 $Na_2C_2O_4$ 的摩尔质量（134.0g $\cdot$ mol^{-1}），用下式计算 $KMnO_4$ 标准溶液的精确浓度 $c(KMnO_4)$（mol $\cdot$ L^{-1}），要求相对平均偏差不大于 0.2%。

$$c(KMnO_4) = \frac{2}{5} \times \frac{m(Na_2C_2O_4)}{M(Na_2C_2O_4)V(KMnO_4) \times 10^{-3}}$$

思 考 题

1. 配制好的 $KMnO_4$ 标准溶液，为什么在标定前要过滤？可否用滤纸过滤？$KMnO_4$ 溶液为什么要装在棕色试剂瓶中？如果没有棕色瓶应怎么办？

2. 用 $KMnO_4$ 滴定 $Na_2C_2O_4$ 过程中加酸、加热和控制滴定速率的目的是什么？

3. 标定 $KMnO_4$ 溶液时，为什么第一滴 $KMnO_4$ 的颜色褪得很慢，以后反而逐渐加快？

4. 装 $KMnO_4$ 溶液的烧杯或锥形瓶放置较久后，其壁上常有棕色沉淀附着，这是什么物质？可以用什么方法除去？

实验二十 过氧化氢含量的测定（高锰酸钾法）

一、实验目的

1. 掌握用高锰酸钾法测定过氧化氢含量的原理和方法。
2. 巩固移液管及容量瓶的正确使用方法。

二、实验原理

H_2O_2 是一种工业上常用的试剂，在医药、食品、纺织、造纸等行业上应用非常广泛。H_2O_2 的水溶液俗称双氧水，因为 H_2O_2 具有很强的氧化性，所以可以杀菌、消毒。医药行业使用质量分数 $w=0.025\% \sim 0.035\%$ 的双氧水作为医疗器材的消毒剂。

H_2O_2 也具有一定的还原性，可以被 $KMnO_4$ 氧化。在中性或碱性介质中，$KMnO_4$ 的氧化能力较弱，且还原产物为棕褐色的 MnO_2 沉淀，影响滴定终点的判断；而在酸性环境下（通常使用稀 H_2SO_4 溶液，HNO_3 本身为氧化剂，HCl 亦能被 $KMnO_4$ 氧化，故 HNO_3 和 HCl 均不适用），H_2O_2 在室温下即可被 $KMnO_4$ 定量氧化成氧气和水，反应式如下：

$$5H_2O_2 + 2MnO_4^- + 6H^+ =\!=\!= 2Mn^{2+} + 8H_2O + 5O_2$$
$$\text{（紫红）}\qquad\qquad\qquad\text{（无色）}$$

该反应进行得比较充分，因此我们可以用 $KMnO_4$ 标准溶液测定 H_2O_2 的含量。

在生物化学中，常利用此法间接测定过氧化氢酶的活性。血液中存在的过氧化氢酶能使过氧化氢分解，所以用一定量的 H_2O_2 与其作用，然后在酸性条件下用标准 $KMnO_4$ 溶液滴定残余的 H_2O_2，就可以定量地了解酶的活性。

需要指出，如果 H_2O_2 样品是工业产品，在要求较高的测定中使用高锰酸钾滴定法不合适，因为工业产品中加有乙酰苯胺、尿素等有机稳定剂，在滴定时会与高锰酸钾发生反应而造成误差，可采用碘量法代替。

三、仪器和药品

（一）仪器

250mL 容量瓶，10mL 移液管，25mL 移液管，250mL 锥形瓶，50mL 酸式滴定管。

（二）药品

w 约为 0.03 的双氧水，$0.02\,mol \cdot L^{-1}$ $KMnO_4$ 标准溶液，$3\,mol \cdot L^{-1}$ H_2SO_4。

四、实验步骤

用移液管吸取 10.00mL H_2O_2 样品（w 约为 0.03），置于 250mL 容量瓶中，加水稀释至刻度。充分摇匀后用 25mL 移液管吸取 25.00mL 稀释液三份，分别置于三个 250mL 锥形瓶中，各加 5mL $3\,mol \cdot L^{-1}$ H_2SO_4，用 $KMnO_4$ 标准溶液分别滴定至呈现微红色，半分钟内不褪色即为滴定终点。

需要注意的是反应开始时速度较慢，当 Mn^{2+} 生成后由于 Mn^{2+} 的自催化作用，速度有所加快。因此开始滴定时速度要慢，以后可适当加快。此外，$KMnO_4$ 溶液是有色溶液，读取数据时视线应该与液面两侧的最高点处的刻度成水平。

根据下式计算稀释前样品中 H_2O_2 的精确含量 [以质量浓度 ρ（$g \cdot L^{-1}$）表示]，并计算相对平均偏差。

$$\rho = \frac{\frac{5}{2}c(KMnO_4)V(KMnO_4)M(H_2O_2) \times \frac{250.00}{25.00}}{V(H_2O_2)}$$

式中，$c(KMnO_4)$ 为高锰酸钾标准溶液的浓度，$mol \cdot L^{-1}$；$V(KMnO_4)$ 为滴定消耗的高锰酸钾标准溶液的体积，mL；$V(H_2O_2)$ 为稀释前 H_2O_2 样品的体积，$10.00mL$；$M(H_2O_2)$ 为过氧化氢的摩尔质量，$34.02g \cdot mol^{-1}$。

思 考 题

1. 高锰酸钾法测定 H_2O_2 的基本原理是什么？

2. 用 $KMnO_4$ 法测定 H_2O_2 时，为什么要在稀 H_2SO_4 酸性介质中进行？能否用 HCl 或 HNO_3 来代替？

3. 取两份已稀释的血液各 $1.00mL$，一份加热 $5min$，使其中过氧化酶破坏，然后在两份血液中各加入等量的 H_2O_2。混匀后放置 $30min$，分别加 $10mL$ $3mol \cdot L^{-1}$ H_2SO_4（此时未加热，血液中的过氧化氢酶亦被破坏）后，用 $0.02004mol \cdot L^{-1}$ $KMnO_4$ 标准溶液滴定。经加热过的血液用去 $KMnO_4$ 溶液 $27.48mL$，未经加热的用去 $24.41mL$，求在 $30min$ 内，$100mL$ 血液中过氧化氢酶能分解多少摩尔 H_2O_2？

实验二十一　重铬酸钾法测定亚铁盐中亚铁含量

一、实验目的

1. 学习用直接法配制重铬酸钾标准溶液的方法。

2. 掌握用重铬酸钾标准溶液测定亚铁含量的基本原理和方法。

二、实验原理

重铬酸钾是一种常用的氧化剂，在酸性介质中的半反应为：
$$Cr_2O_7^{2-} + 14H^+ + 6e^- \Longrightarrow 2Cr^{3+} + 7H_2O \qquad E^\ominus = 1.33V$$
重铬酸钾法与高锰酸钾法相比有如下特点：

(1) $K_2Cr_2O_7$ 易提纯、较稳定，在 $140 \sim 150$℃ 干燥后，可作为基准物质直接配制标准溶液。

(2) $K_2Cr_2O_7$ 标准溶液非常稳定，可以长期保存在密闭容器内，溶液浓度不变。

(3) 在室温下，$K_2Cr_2O_7$ 不与 Cl^- 反应，故可以在 HCl 介质中作滴定剂。

(4) $K_2Cr_2O_7$ 法需用指示剂。

重铬酸钾法在酸性溶液中与 Fe^{2+} 反应为：

$$Cr_2O_7^{2-} + 6Fe^{2+} + 14H^+ \Longrightarrow 2Cr^{3+} + 6Fe^{3+} + 7H_2O$$

反应生成绿色的 Cr^{3+} 和黄色的 Fe^{3+}，因此溶液显绿色。橙色变成绿色不明显，需要指示剂。本实验以二苯胺磺酸钠为指示剂，用 $K_2Cr_2O_7$ 标准溶液滴定 Fe^{2+}，终点时指示剂二苯胺磺酸钠被氧化显紫色，故终点时的溶液由绿色转为蓝紫色（有时呈蓝绿色）。

实验过程中需要加入 H_3PO_4，加入 H_3PO_4 的作用如下：

（1）提供必要的酸度。

（2）H_3PO_4 与 Fe^{3+} 形成稳定的且无色的 $[Fe(HPO_4)_2]^-$，使黄色的 Fe^{3+} 得以掩蔽，有利于终点的观察。

（3）$[Fe(HPO_4)_2]^-$ 配离子的形成，降低了 Fe^{3+}/Fe^{2+} 电对的电极电势，使二苯胺磺酸钠变色电极电势落在滴定的电极电势突跃范围内。

三、仪器和药品

（一）仪器

分析天平（0.1mg），台秤或电子天平（精度 0.1g），称量瓶，50mL 酸式滴定管，25mL 移液管，100mL 容量瓶，250mL 容量瓶，100mL 量筒，10mL 量筒，100mL 烧杯，250mL 烧杯，250mL 锥形瓶等。

（二）药品

$K_2Cr_2O_7$（G. R.），H_3PO_4（相对密度为 1.70），$3mol \cdot L^{-1}$ H_2SO_4，0.2％二苯胺磺酸钠（0.2g 二苯胺磺酸钠溶于 100mL 蒸馏水），硫酸亚铁铵（L. R.）。

四、实验步骤

（一）$K_2Cr_2O_7$ 标准溶液的配制

准确称取优级纯 $K_2Cr_2O_7$ 1.1000～1.3000g 于 250mL 烧杯中，加少量的蒸馏水溶解，必要时可稍加热。冷却后转入 250mL 容量瓶中，用去离子水定容，反复摇匀，待用。其准确浓度按下式计算 $[M(K_2Cr_2O_7) = 294.19g \cdot mol^{-1}]$。

$$c(K_2Cr_2O_7) = \frac{m(K_2Cr_2O_7)}{M(K_2Cr_2O_7) \times \frac{250.00}{1000}} \, (mol \cdot L^{-1})$$

（二）测定亚铁盐中的亚铁含量

1. 样品试液的准备

用减量法准确称取硫酸亚铁铵 $[FeSO_4 \cdot (NH_4)_2SO_4 \cdot 6H_2O]$ 约 4.0000g，置于 100mL 烧杯中，加 $3mol \cdot L^{-1}$ H_2SO_4 6～8mL 以防止水解，再加蒸馏水 30mL，搅动使其溶解。完全溶解后，定量转移入 100mL 容量瓶中定容。

2. 测定

用移液管吸取亚铁盐溶液 25.00mL 于 250mL 锥形瓶中，加去离子水 50mL，加 $3mol \cdot L^{-1}$ H_2SO_4 10mL 以及二苯胺磺酸钠指示剂 4～5 滴，以 $K_2Cr_2O_7$ 标准溶液滴定至深绿色，再加入磷酸 5mL，继续小心滴定至溶液变为蓝紫色，即为滴定终点。平行测定 3 次，要求相对平均偏差不大于 0.2％。

3. 结果计算

根据实验数据由下式计算亚铁含量（$M_{Fe} = 55.85g \cdot mol^{-1}$）：

$$w = \frac{1}{m_{\text{样}}} \times 6 \times \frac{c(\text{K}_2\text{Cr}_2\text{O}_7) \times V(\text{K}_2\text{Cr}_2\text{O}_7)}{1000} \times M(\text{Fe}) \times \frac{100.00}{25.00} \times 100\%$$

思 考 题

1. $\text{K}_2\text{Cr}_2\text{O}_7$ 法测定亚铁含量时加入 H_3PO_4 的作用是什么？

2. 如何选择氧化还原指示剂？本实验除二苯胺磺酸钠外，常常还能用什么作为指示剂？

实验二十二　硫酸铜中铜含量的测定（间接碘量法）

一、实验目的

1. 掌握间接碘量法测定铜含量的原理和方法。

2. 掌握 $\text{Na}_2\text{S}_2\text{O}_3$ 标准溶液的配制与标定。

二、实验原理

碘离子 I^- 具有还原性，可以与许多氧化性物质如 $\text{Cr}_2\text{O}_7^{2-}$、$\text{MnO}_4^-$、$\text{BrO}_3^-$、$\text{H}_2\text{O}_2$ 等反应，并定量析出 I_2。I_2 可用 $\text{Na}_2\text{S}_2\text{O}_3$ 标准溶液滴定，从而间接测定这些氧化性物质的含量，此法称为间接碘量法或滴定碘法。实验使用遇碘显蓝色的淀粉作为指示剂，当蓝色消失时即为滴定终点。

1. 间接碘量法测定硫酸铜含量的基本原理

硫酸铜水溶液中的 Cu^{2+} 在酸性溶液中与过量的 KI 反应：

$$2\text{Cu}^{2+} + 4\text{I}^- \longrightarrow 2\text{CuI}\downarrow + \text{I}_2$$

形成 CuI 沉淀，并生成 I_2，析出的 I_2 用 $\text{Na}_2\text{S}_2\text{O}_3$ 标准溶液滴定，由此可以间接计算铜含量：

$$\text{I}_2 + 2\text{S}_2\text{O}_3^{2-} \longrightarrow \text{S}_4\text{O}_6^{2-} + 2\text{I}^-$$

反应必须在弱酸性溶液（pH=3～4）中进行。因为：（1）在强酸性溶液中，I^- 易在 Cu^{2+} 的催化下被空气中的氧气氧化为碘：$4\text{I}^- + 4\text{H}^+ + \text{O}_2 \longrightarrow 2\text{I}_2 + 2\text{H}_2\text{O}$，硫代硫酸根也会发生分解：$\text{S}_2\text{O}_3^{2-} + 2\text{H}^+ \longrightarrow \text{SO}_2 + \text{S} + \text{H}_2\text{O}$；（2）在碱性溶液中，$\text{Cu}^{2+}$ 会水解，I_2 也会歧化分解：$\text{I}_2 + 2\text{OH}^- \longrightarrow \text{IO}^- + \text{I}^- + \text{H}_2\text{O}$。所以通常使用 HAc 或者稀 H_2SO_4 溶液来提供酸性环境。

I_2 在水中的溶解度较小，过量的 I^- 可以与生成的 I_2 与形成 I_3^-，从而增加了溶解度。此外，由于 CuI 沉淀表面容易吸附 I_2，会造成测定结果偏低，故在终点到达之前加入 KSCN，使一部分 CuI 转化为 CuSCN：

$$\text{CuI} + \text{SCN}^- \longrightarrow \text{CuSCN}\downarrow + \text{I}^-$$

由于 SCN^- 更容易被 CuSCN 所吸附，因此可从沉淀表面取代出吸附的碘，促使滴定反应趋于完全；同时又释放出 I^-，节约了 KI 的用量。但是注意只能在滴定到接近终点时才能加入 KSCN，否则 KSCN 将直接还原 Cu^{2+}，使结果偏低：

$$2\text{Cu}^{2+} + 4\text{SCN}^- \longrightarrow 2\text{CuSCN} + (\text{SCN})_2$$

2. $\text{Na}_2\text{S}_2\text{O}_3$ 溶液的标定

由于市售的结晶硫代硫酸钠（$\text{Na}_2\text{S}_2\text{O}_3 \cdot 5\text{H}_2\text{O}$）通常都含有少量杂质，如 S、$\text{Na}_2\text{SO}_3$、

Na_2SO_4 等，且易风化、易潮解、易被水中微生物分解，因此必须使用间接法配制。配制过程中加入少量 Na_2CO_3，保持微碱性，以防 $Na_2S_2O_3$ 在酸性溶液中分解。

标定 $Na_2S_2O_3$ 标准溶液的方法类似于间接碘量法测定的过程，即使用定量的氧化性的基准物质（通常使用 $K_2Cr_2O_7$、KIO_3 和 $KBrO_3$）与过量的 KI 反应，析出定量的 I_2：

$$Cr_2O_7^{2-} + 6I^- + 14H^+ \Longrightarrow 2Cr^{3+} + 3I_2 + 7H_2O$$

再用待标定的 $Na_2S_2O_3$ 标准溶液滴定析出的 I_2，终点时，根据 $K_2Cr_2O_7$ 的质量及 $Na_2S_2O_3$ 的体积计算 $Na_2S_2O_3$ 的准确浓度。

三、仪器和药品

（一）仪器

台秤或电子天平（精度 0.1g），分析天平（精度 0.1mg），量筒，50mL 酸式滴定管，25mL 移液管，250mL 碘量瓶，250mL 容量瓶等。

（二）药品

$Na_2S_2O_3 \cdot 5H_2O$（s），Na_2CO_3（s），$K_2Cr_2O_7$（s），待测 $CuSO_4 \cdot 5H_2O$ 试样（s），$1mol \cdot L^{-1} H_2SO_4$，$3mol \cdot L^{-1} H_2SO_4$，20%KI 溶液，10%KSCN 溶液，0.2%淀粉溶液。

四、实验步骤

（一）硫代硫酸钠标准溶液的配制和标定

1. $0.1mol \cdot L^{-1} Na_2S_2O_3$ 标准溶液的配制

用台秤称取 12.5g $Na_2S_2O_3 \cdot 5H_2O$ 溶于 500mL 新鲜煮沸并冷至室温的蒸馏水中，加入 0.2g Na_2CO_3，摇匀，放置 6~10 天，过滤后存于棕色瓶中。

2. $Na_2S_2O_3$ 标准溶液的标定

准确称取已烘干的 $K_2Cr_2O_7$ 0.12~0.13g 两份于 250mL 碘量瓶中，加入 10~20mL 水使之溶解，再加入 5mL $3mol \cdot L^{-1} H_2SO_4$ 溶液和 20mL 10% KI 溶液，混合摇匀后盖好，水封，放在暗处 5min。用 50mL 水稀释，用 $0.1mol \cdot L^{-1} Na_2S_2O_3$ 待标定的溶液滴定到呈浅黄绿色，加入 5mL 0.2%淀粉溶液，继续滴定至深蓝色变蓝绿色，即为滴定终点。根据 $K_2Cr_2O_7$ 的质量（m）及消耗的 $Na_2S_2O_3$ 溶液的体积（V），通过下式计算 $Na_2S_2O_3$ 标准溶液的浓度：

$$c(Na_2S_2O_3) = \frac{6m(K_2Cr_2O_7)}{M(K_2Cr_2O_7)V(Na_2S_2O_3) \times 10^{-3}}$$

（二）硫酸铜中铜含量的测定

准确称取 $CuSO_4 \cdot 5H_2O$ 试样 0.5~0.6g 于 250mL 锥形瓶中，加入 5mL $0.5mol \cdot L^{-1}$ H_2SO_4 和 25mL 水，振摇使之溶解，加入 10mL 10% KI，立即用 $Na_2S_2O_3$ 标准溶液滴定至淡黄色；再加 5mL 0.2%淀粉溶液，继续滴定至浅蓝色；再加 10mL 10% KSCN 溶液，振摇使溶液又转为深蓝色；再用 $Na_2S_2O_3$ 标准溶液滴定至蓝色恰好消失即为滴定终点。此时溶液应为浅粉色溶液或悬浮液（CuSCN 悬浊液）。平行测定三次，要求相对平均偏差不大于 0.2%。根据 $Na_2S_2O_3$ 标准溶液的浓度及滴定消耗的体积，通过下式计算硫酸铜中铜含量[以质量分数 w 表示，$M(Cu) = 63.55g \cdot mol^{-1}$]：

$$w(Cu) = \frac{c(Na_2S_2O_3) \times V(Na_2S_2O_3) \times 10^{-3} \times M(Cu)}{m(样品)} \times 100\%$$

思 考 题

1. 配制 $Na_2S_2O_3$ 所用蒸馏水为什么要先煮沸再冷却后才能使用？为什么要加 Na_2CO_3？

2. 为何要用强氧化剂与 KI 反应产生 I_2 来标定 $Na_2S_2O_3$，而不用氧化剂直接反应来标定？

3. 已知 $E_{Cu^{2+}/Cu^+}^{\ominus}=0.158V$，$E_{I_2/I^-}^{\ominus}=0.535V$，为什么在本实验中 Cu^{2+} 却能使 I^- 氧化为 I_2？

4. 实验的酸度过高或过低对测定结果有何影响？

5. 用碘量法测定铜含量时，为什么要加入 KSCN？如果在酸化后立即加入 KSCN 溶液，会产生什么后果？

实验二十三 水中钙、镁含量的测定（配位滴定法）

一、实验目的

1. 掌握配位滴定法的基本原理和方法。
2. 掌握铬黑 T、钙指示剂的使用条件及终点颜色变化情况。
3. 了解水的硬度的测定意义和常用的硬度表示方法。

二、实验原理

硬水是指含有较多的可溶性钙、镁化合物的水。锅炉中使用硬水，易使炉内结垢，不仅浪费燃料，而且易使炉内发生损坏，甚至引起爆炸。水垢还可能沉积在管道之中，严重影响换热器的传热效果，堵塞管道、阀门等管件。在纺织、造纸、医疗等行业和生活用水都要避免使用硬水。因此，常常需要进行硬水的软化和水的硬度的测定。

测定水的硬度可使用配位滴定法，常以 EDTA 为滴定剂，使用金属离子指示剂确定终点来进行滴定。滴定时，需要注意控制被滴定溶液的 pH：一方面，pH 不宜太低，防止 EDTA 结合氢离子，降低其配位能力，基本上，对 Mg^{2+} 需要 pH>9.5，对 Ca^{2+} 需要 pH>7.7 才能保证滴定反应的有效进行；另一方面，pH 太高也会引起金属离子的水解甚至形成沉淀，如 Mg^{2+} 在 pH>12 时会生成沉淀，从而带来较大的误差。此外，金属离子指示剂如铬黑 T 等也是酸碱指示剂，在不同酸碱度下可能呈现不同的颜色，需要注意滴定终点时颜色的变化是否敏锐。

（一）Ca^{2+}、Mg^{2+} 总量测定（水的总硬度测定）

在 pH=10 的缓冲溶液中，以铬黑 T（EBT，NaH_2In）为指示剂，用 EDTA（Na_2H_2Y，乙二胺四乙酸二钠盐）标准溶液进行滴定。钙、镁离子与铬黑 T 以及 EDTA 均能形成配合物，其稳定性为 $CaY^{2-}>MgY^{2-}>MgIn^->CaIn^-$。

在不同的 pH 值下，铬黑 T 显示不同颜色：

	H_2In^-	HIn^{2-}	In^{3-}
pH	<6	7~11	>12
颜色	红	蓝	橙

滴定开始前，指示剂铬黑 T 加入量少，全部与镁形成配合物（其稳定性高于与钙形成的配合物）而显酒红色；随着 EDTA 的不断加入，溶液中的钙、镁逐渐都与之结合；当溶液中的钙、镁离子全部形成配合物后，加入的 EDTA 将从与指示剂形成的配合物中夺取镁离子而形成更稳定的 CaY^{2-}，从而释放出铬黑 T，此时溶液 $pH \approx 10$（缓冲溶液中），故显示蓝色。即溶液由酒红色突变为纯蓝色即为滴定终点。由 EDTA 标准溶液的用量可计算出钙、镁离子的总量。

反应过程如下：

滴定前
$$Mg^{2+} + HIn^{2-} \Longrightarrow MgIn^- + H^+$$
（酒红色）

滴定时（终点前）
$$Ca^{2+} + HY^{3-} \Longrightarrow CaY^{2-} + H^+$$
（无色）
$$Mg^{2+} + HY^{3-} \Longrightarrow MgY^{2-} + H^+$$
（无色）

终点时
$$MgIn^- + HY^{3-} \Longrightarrow MgY^{2-} + HIn^{2-}$$
（酒红色）　　　　　　　（纯蓝色）

（二）Ca^{2+} 含量测定

先用 NaOH 调节溶液到 $pH = 12 \sim 13$，使 Mg^{2+} 生成难溶的 $Mg(OH)_2$ 沉淀。加入钙指示剂（NN）与 Ca^{2+} 配位呈红色。滴定时，EDTA 先与游离的 Ca^{2+} 配位，然后夺取已和指示剂配位的 Ca^{2+}，使溶液由红色变成蓝色为滴定终点。从 EDTA 标准溶液的用量可计算 Ca^{2+} 的含量。

反应过程如下：

滴定前
$$Mg^{2+} + 2OH^- \Longrightarrow Mg(OH)_2 \downarrow$$
$$Ca^{2+} + NN \Longrightarrow Ca^{2+}(NN)$$
（红色）

滴定时（终点前）
$$Ca^{2+} + HY^{3-} \Longrightarrow CaY^{2-} + H^+$$
（无色）

终点时
$$Ca^{2+}(NN) + HY^{3-} \Longrightarrow CaY^{2-} + NN$$
（红色）　　　　　　　　　　（蓝色）

钙指示剂又称钙红，紫黑色粉末，通常与干燥的 NaCl 粉末混合在一起使用。钙指示剂在 $pH = 12 \sim 14$ 之间显蓝色，与 Ca^{2+} 形成红色配合物。

（三）Mg^{2+} 含量测定

通常在两个等份溶液中用 EDTA 标准溶液分别测定 Ca^{2+} 量以及 Ca^{2+} 和 Mg^{2+} 的总量，Mg^{2+} 量则从两者所用 EDTA 量的差值求出。

（四）水的硬度的表示

表示水的硬度的方法随各国的习惯而有所不同，常用的有以下两种：

1. 将测得的 Ca^{2+}、Mg^{2+} 折算成 $CaCO_3$ 的质量，以每升水中含有 $CaCO_3$ 的毫克数表示硬度，$1mg \cdot L^{-1}$ 可写作 1ppm。

2. 将测得的 Ca^{2+}、Mg^{2+} 折算成 CaO 的质量，以每升水中含 10mg CaO 为 1 度来表示水的硬度（德国度，°dH）。一般地，$4 \sim 8$ 称为软水，$8 \sim 18$ 称为中软水，$18 \sim 32$ 称为硬水。

我国饮用水规定的标准是不能超过 25，最适宜的饮用水硬度为 8～18。

三、仪器和药品

（一）仪器

50mL 酸式滴定管，250mL 锥形瓶，10mL、100mL 量筒，100mL 容量瓶，25mL 移液管。

（二）药品

6mol·L^{-1} NaOH 溶液，pH＝10 的 NH_3·H_2O-NH_4Cl 溶液，0.01mol·L^{-1} EDTA 标准溶液，铬黑 T 指示剂，钙指示剂，水样。

四、实验步骤

（一）Ca^{2+} 的测定

用移液管准确吸取水样 25.00mL 于 250mL 锥形瓶中，加 50mL 去离子水、2mL 6mol·L^{-1} NaOH 溶液（pH＝12～13）、少许钙指示剂。用 EDTA 标准溶液滴定，不断摇动锥形瓶，当溶液变为纯蓝色时，即为滴定终点，记下所用的体积 V_1。用同样的方法平行测定三次。

（二）Ca^{2+}、Mg^{2+} 总量的测定

准确吸取水样 25.00mL 于 250mL 锥形瓶中，加 25mL 去离子水、5mL NH_3·H_2O-NH_4Cl 缓冲溶液、4 滴铬黑 T 指示剂。用 EDTA 标准溶液滴定，当溶液由酒红色变为纯蓝色时，即为滴定终点，记下所用的体积 V_2。用同样的方法平行测定三份。

按下式分别计算 Ca^{2+}、Mg^{2+} 总量（以 CaO 的质量浓度表示，单位为 mg·L^{-1}）及 Ca^{2+} 和 Mg^{2+} 的含量（质量浓度，单位为 mg·L^{-1}）。

$$\rho(CaO)=\frac{c(EDTA)\times \overline{V}_2 \times M(CaO)}{25.00}\times 1000$$

$$\rho(Ca^{2+})=\frac{c(EDTA)\times \overline{V}_1 \times M(Ca)}{25.00}\times 1000$$

$$\rho(Mg^{2+})=\frac{c(EDTA)\times (\overline{V}_2-\overline{V}_1) \times M(Mg)}{25.00}\times 1000$$

式中，$\overline{V}_1$ 为三次滴定 Ca^{2+} 的量所消耗 EDTA 的平均体积，mL；$\overline{V}_2$ 为三次测定 Ca^{2+}、Mg^{2+} 总量所消耗 EDTA 的平均体积，mL；$M(CaO)=56.08$g·mol^{-1}；$M(Ca)=40.08$g·mol^{-1}；$M(Mg)=24.30$g·mol^{-1}。

思 考 题

1. 如果只有铬黑 T 指示剂，能否测定 Ca^{2+} 的含量？

2. Ca^{2+}、Mg^{2+} 与 EDTA 的配合物，哪个稳定？为什么滴定 Mg^{2+} 时要控制 pH＝10，而 Ca^{2+} 则需控制 pH＝12～13？

3. 用 EDTA 法测定水的硬度时，哪些离子的存在有何干扰？如何消除？

4. 能否在 pH＞13 的溶液中测定 Ca^{2+}？

实验二十四　白酒中总醛量的测定（碘量法）

一、实验目的

1. 巩固硫代硫酸钠溶液浓度的标定方法。
2. 学习利用碘量法测定醛的原理和方法。

二、实验原理

通常用 $K_2Cr_2O_7$ 作为基准物质标定 $Na_2S_2O_3$ 溶液的浓度。$K_2Cr_2O_7$ 先与 KI 反应析出 I_2：

$$Cr_2O_7^{2-} + 6I^- + 14H^+ \rightleftharpoons 2Cr^{3+} + 3I_2 + 7H_2O$$

析出的 I_2 再用标准 $Na_2S_2O_3$ 溶液滴定：

$$I_2 + 2S_2O_3^{2-} \rightleftharpoons S_4O_6^{2-} + 2I^-$$

测定时，白酒中的醛类化合物能与 $NaHSO_3$ 起加成反应，生成 α-羟基磺酸钠，其反应式为：

$$RCHO + NaHSO_3 \rightleftharpoons RC(OH)(SO_3Na)H$$

剩余的 $NaHSO_3$ 与已知过量的 I_2 反应，其反应式为：

$$NaHSO_3 + I_2 + H_2O \rightleftharpoons NaHSO_4 + 2HI$$

再用 $Na_2S_2O_3$ 滴定剩余的碘，即可测出白酒中的总醛量。

三、仪器和药品

（一）仪器

250mL 锥形瓶，10mL 吸量管，25mL 移液管，250mL 碘量瓶，50mL 碱式滴定管。

（二）药品

1:1 盐酸溶液，$K_2Cr_2O_7$(s)，10% KI 溶液，6mol·L^{-1} HCl 溶液，1%淀粉溶液。

0.1mol·L^{-1} $Na_2S_2O_3$ 标准溶液：用台秤称取 12.5g $Na_2S_2O_3$·$5H_2O$，溶于 500mL 新鲜煮沸并冷却至室温的蒸馏水中，加入 0.2g Na_2CO_3，摇匀，放置 6～10 天，过滤后存于棕色瓶中备用。

0.05mol·L^{-1} $NaHSO_3$ 溶液：用台秤称取 5.2g $NaHSO_3$，溶于水后加入少量 EDTA，稀释至 1L（$NaHSO_3$ 溶液不稳定，易氧化分解，而 Cu^{2+} 的存在能催化此氧化反应。酒中往往含有 Cu^{2+}，所以宜加入少量 EDTA，与 Cu^{2+} 配位，从而防止 Cu^{2+} 的催化作用；此外，在日光或剧烈振荡的情况下 $NaHSO_3$ 也易氧化，因此操作中应避免日光照射和剧烈振荡）。

0.05mol·L^{-1} I_2 溶液：用台秤称取 3.2g 纯 I_2 于烧杯中，加 6g KI，用约 20mL 蒸馏水溶解后，稀释至 250mL，摇匀，贮于棕色试剂瓶中，置暗处备用。

四、实验步骤

（一）0.1mol·L^{-1} $Na_2S_2O_3$ 标准溶液的标定

参见实验二十二"硫酸铜中铜含量的测定"。

（二）白酒中总醛量的测定

准确吸取 25.00mL I_2 溶液置于 250mL 碘量瓶中，加入 10.00mL 0.05mol·L^{-1} $NaHSO_3$ 溶液，盖好盖子，放置 5min 使其充分反应，然后加入 2mL 1:1 HCl 溶液，立即用 0.1mol·L^{-1} $Na_2S_2O_3$ 溶液滴定至颜色明显变浅，加入 2mL 1% 的淀粉溶液，继续用 $Na_2S_2O_3$ 溶液滴至溶液刚好变为无色，即为滴定终点，记录 $Na_2S_2O_3$ 标准溶液的用量 V_1。平行测定三次。

用移液管准确吸取三份 25.00mL 白酒试样，分别置于 250mL 碘量瓶中，加入 10.00mL 0.05mol·L^{-1} $NaHSO_3$ 溶液，盖上盖子，放置 30min，并时常摇动 [酒样中部分乙醛能与乙醇起缩合反应，生成乙缩醛：$CH_3CHO + 2C_2H_5OH \rightleftharpoons CH_3CH(OC_2H_5)_2 + H_2O$。该反应在中性条件下可逆；而在强酸性条件下，乙缩醛会全部解离。$NaHSO_3$ 与乙醛的加成反应也促使乙缩醛解离。如欲快速、准确测定，需先将酒样加酸水解]，加入 25.00mL 0.05mol·L^{-1} I_2 溶液，摇匀。然后用 0.1mol·L^{-1} $Na_2S_2O_3$ 标准溶液滴定至颜色明显变浅，加入 2mL 淀粉溶液，此时溶液呈蓝色，继续用 $Na_2S_2O_3$ 标准溶液滴定至溶液刚好变为无色，即为滴定终点，记录 $Na_2S_2O_3$ 标准溶液的用量。平行测定三次。

根据测定中所消耗 $Na_2S_2O_3$ 标准溶液的量，可以计算出白酒中的总醛量。通常用 100mL 白酒中乙醛的量（mg·100mL^{-1}）来表示：

$$c(醛) = \frac{\frac{1}{2}(V_2 - V_1) \times c(Na_2S_2O_3) \times M(乙醛)}{V(酒)} \times 100$$

式中，V_1 为未加酒样测定时 $Na_2S_2O_3$ 标准溶液所消耗的体积；V_2 为测定酒样含醛量时 $Na_2S_2O_3$ 标准溶液所消耗的体积；$M(乙醛)$ 为乙醛的摩尔质量，44.05g·mol^{-1}。

思 考 题

1. 在测定总醛量时，淀粉溶液为什么要等临近终点时才加入？
2. 未加酒样测定时，加入 $NaHSO_3$ 溶液后，需放置 5min，并盖上盖子，为什么？

实验二十五　葡萄糖注射液中葡萄糖含量的测定（间接碘量法）

一、实验目的

1. 掌握碘标准溶液的配制和标定方法。
2. 掌握间接碘量法测定葡萄糖含量的原理和方法。

二、实验原理

葡萄糖注射液是临床常用药剂，用于补充能量和体液，其中约含 5% 葡萄糖。

间接碘量法包括置换碘量法和剩余碘量法，本实验采用剩余碘量法来测定葡萄糖的含量。剩余碘量法是指在待测物质溶液（通常是能被碘氧化的还原性物质）中先加入定量且过量的碘标准溶液，I_2 与待测定组分反应完全后，再用硫代硫酸钠标准溶液滴定剩余的碘，以求出待测物质含量的方法。

本实验具体的反应原理如下：

在碱性溶液中，I_2 与 OH^- 反应生成的 IO^- 能将葡萄糖定量氧化：（I_2 过量，IO^- 有剩余）

$$I_2 + 2OH^- \Longrightarrow IO^- + I^- + H_2O$$

$$CH_2OH(CHOH)_4CHO + IO^- + OH^- \Longrightarrow CH_2OH(CHOH)_4COO^- + I^- + H_2O$$

剩余的 IO^- 在碱性溶液中发生歧化反应：

$$3IO^- \Longrightarrow IO_3^- + 2I^-$$

酸化后上述歧化产物转变成 I_2：

$$IO_3^- + 5I^- + 6H^+ \Longrightarrow 3I_2 + 3H_2O$$

最后，用 $Na_2S_2O_3$ 标准溶液滴定析出的 I_2，便可间接计算出葡萄糖的含量。

$$2S_2O_3^{2-} + I_2 \Longrightarrow S_4O_6^{2-} + 2I^-$$

由以上各反应式可知葡萄糖和其他物质的物质的量的关系为：

$$1mol\ CH_2OH(CHOH)_4CHO \varpropto 1mol\ IO^- \varpropto 1mol\ I_2$$

即葡萄糖的物质的量等于其消耗的碘的物质的量。而剩余的 IO^- 和其他物质的关系是：

$$1mol\ I_2（过量部分）\varpropto 1mol\ IO^-（剩余）\varpropto 1/3mol\ IO_3^-（歧化反应产物）$$

$$\varpropto 1mol\ I_2（酸化后产生）\varpropto 2mol\ Na_2S_2O_3$$

即最后被 $Na_2S_2O_3$ 滴定的碘的物质的量等于开始未与葡萄糖反应的碘的物质的量。因此，用总的碘量减去被 $Na_2S_2O_3$ 滴定的碘量，就得到葡萄糖的物质的量。

葡萄糖和 $NaIO$ 的反应必须完全进行，但 IO^- 极易发生歧化反应，可能来不及氧化葡萄糖就全部分解，使测定结果偏低。因此需要控制好溶液的 pH 值，减缓 $NaIO$ 发生歧化反应。可以在滴加 $NaOH$ 之前，加入饱和的 $NaHCO_3$ 溶液，形成 $pH=8.2$ 的缓冲体系，当滴加 $NaOH$ 至溶液呈淡黄色时，葡萄糖反应完毕，而缓冲溶液缓冲能力减弱，再放置 10min，可使 $NaIO$ 的歧化反应定量完成。此外，还要控制滴加 $NaOH$ 的速度，防止 IO^- 局部浓度过高而发生歧化反应。

因为碘易挥发，实验所用的碘标准溶液须采用间接法配制。碘在水中的溶解度较小（室温下仅 $0.3g \cdot L^{-1}$），但在碘化钾溶液中溶解度明显增大，因此一般将碘溶于碘化钾溶液（这样也可以减缓碘的挥发），再使用 $Na_2S_2O_3$ 标准溶液或者基准物 As_2O_3 标定。操作过程中常使用碘量瓶作为滴定容器。

三、仪器和药品

（一）仪器

250mL 棕色试剂瓶，25mL 移液管，50mL 碱式滴定管，250mL 锥形瓶，250mL 碘量瓶。

（二）药品

$I_2(s)$，$KI(s)$，葡萄糖注射液，$NaHCO_3$ 饱和溶液，$2mol \cdot L^{-1}$ $NaOH$，HCl（1∶1），0.5％淀粉溶液，$0.1mol \cdot L^{-1}$ $Na_2S_2O_3$ 标准溶液。

四、实验步骤

（一）$0.05mol \cdot L^{-1}$ I_2 标准溶液的配制

称取 3.2g 固体 I_2 于烧杯中，加入 6g 固体 KI，用约 20mL 去离子水溶解，稀释至 250mL，摇匀，贮存于棕色瓶中备用。

（二）$0.05mol \cdot L^{-1}$ I_2 标准溶液浓度的标定

准确吸取 25.00mL I_2 溶液于 250mL 碘量瓶中，加 50mL 水，用 $0.1mol \cdot L^{-1}$ $Na_2S_2O_3$

标准溶液滴定至浅黄色，加入 1‰淀粉溶液 1mL，用 $Na_2S_2O_3$ 溶液继续滴定至蓝色恰好消失，即为滴定终点。由 $Na_2S_2O_3$ 及 I_2 标准溶液的用量和 $Na_2S_2O_3$ 溶液的浓度，计算 I_2 标准溶液的浓度。

（三）葡萄糖含量的测定

用移液管移取 5%葡萄糖注射液 10.00mL 于 100mL 容量瓶中，加水稀释，摇匀，定容，用 25mL 移液管准确移取 25.00mL 上述葡萄糖稀释溶液于 250mL 碘量瓶之中，准确加入 0.05mol·L^{-1} I_2 标准溶液 25.00mL，加入饱和 $NaHCO_3$ 溶液 10mL，边摇动边滴加 2mol·L^{-1} NaOH 溶液，直至溶液呈淡黄色，塞紧瓶塞放置 10～15min（塞子外加上数滴水作密封，防止碘挥发，打开塞子时要慢慢地让密封水沿瓶塞流入锥形瓶，再用水将瓶口及塞子上的碘液洗入瓶中）。然后加入 HCl（1∶1）5mL，摇动至气泡消失，立即用 0.1mol·L^{-1} $Na_2S_2O_3$ 标准溶液滴定，滴至淡黄色以后加入 0.5%淀粉指示剂 3mL，继续滴至蓝色消失即为滴定终点。

重复测定 2～3 次。根据下式计算样品中葡萄糖的含量 ρ（g·L^{-1}），并计算相对平均偏差。

$$\rho = \frac{100.00}{10.00} \times \frac{c(I_2)V(I_2) - \frac{1}{2}c(Na_2S_2O_3)V(Na_2S_2O_3)}{25.00} M(C_6H_{12}O_6)$$

式中，$c(I_2)$ 是碘标准溶液的精确浓度，mol·L^{-1}；$V(I_2)$ 是加入的碘标准溶液的体积，25.00mL；$c(Na_2S_2O_3)$ 是已标定的 $Na_2S_2O_3$ 滴定剂的精确浓度，mol·L^{-1}；$V(Na_2S_2O_3)$ 是消耗的 $Na_2S_2O_3$ 体积，mL；$M(C_6H_{12}O_6)=180.16$g·mol^{-1}。

思 考 题

1. 配制 I_2 标准溶液时为什么要加入 KI？配好的 I_2 标准溶液应如何保存？
2. 说明用碘量法测定葡萄糖含量的原理。影响测定准确度的因素有哪些？

实验二十六　维生素 C 含量的测定（碘量法）

一、实验目的

1. 熟悉碘量法测定的基本原理。
2. 巩固标准碘溶液的配制与标定等操作技术。
3. 学习用直接碘量法测定维生素 C 含量的原理和方法。

二、实验原理

I_2 是一种较弱的氧化剂，与还原剂作用时，被还原为 I^-。利用此滴定反应可以测定的还原性物质有 As_2O_3 和硫化物等。这种方法称为直接碘量法。

I_2 在水中的溶解度很小（0.00133mol·L^{-1}），是易升华的固体，故通常将 I_2 与 KI 按质量比 1∶1.5 混合，研磨后，加水溶解。由于生成了 I_3^-，I_2 的溶解度增大，并且可以降低 I_2 的挥发性。

标定 I_2 溶液时，可用 As_2O_3 作为基准物质。As_2O_3 俗称砒霜，由于它剧毒，通常避免使用。在实际工作中，一般用 $Na_2S_2O_3$ 标准溶液来标定 I_2 溶液。滴定的基本反应为：

$$I_2 + 2Na_2S_2O_3 \rule[0.5ex]{1.5em}{0.4pt} 2NaI + Na_2S_4O_6$$

可见，1mol I_2 与 2mol $Na_2S_2O_3$ 定量反应，故 I_2 溶液的浓度可按下式计算：

$$c(I_2) = \frac{c(Na_2S_2O_3)V(Na_2S_2O_3)}{2V(I_2)}$$

在碘量法中，常用新配制的淀粉溶液作为指示剂。淀粉溶液遇碘变蓝，反应生成蓝色配合物，非常灵敏。

维生素 C 又名抗坏血酸，分子式为 $C_6H_8O_6$，分子量为 176.1，纯品为白色结晶。分子中含有烯二醇基，故具有还原性，能与碘直接作用，定量地被氧化成酮基：

维生素 C 的还原性很强，在空气中极易被氧化。尤其在碱性介质中，氧化更快。因此，在测定时，常在溶液中加入少量 HAc 溶液使之呈弱酸性，以减缓维生素 C 被氧化的副反应。

三、仪器和药品

（一）仪器

台秤或电子天平（精度 0.1g），研钵，棕色试剂瓶，25mL 移液管，50mL 碱式滴定管，50mL 酸式滴定管，分析天平（精度 0.1mg），250mL 锥形瓶，250mL 碘量瓶，250mL 烧杯，100mL 容量瓶。

（二）药品

$I_2(s)$，$KI(s)$，$0.1mol \cdot L^{-1}$ 标准 $Na_2S_2O_3$ 溶液，$5g \cdot L^{-1}$ 淀粉溶液，维生素 $C(s)$，$2mol \cdot L^{-1}$ HAc 溶液。

四、实验步骤

（一）I_2 标准溶液的配制与标定

参见实验二十五"葡萄糖注射液中葡萄糖含量的测定（间接碘量法）"。

（二）维生素 C 含量的测定

1. 维生素 C 样品溶液的配制

准确称取维生素 C 样品 0.6～0.8g（记作 m），置于 100mL 烧杯中，加入约 30mL 新煮沸的冷却的蒸馏水（蒸馏水中含有溶解氧，要煮沸除去大部分溶解氧，以减少维生素 C 被氧化，否则将使测定结果偏低）和 40mL $2mol \cdot L^{-1}$ HAc 溶液，使其溶解。然后小心转入 100mL 容量瓶中，用少量蒸馏水洗涤烧杯 2～3 次，洗液并入容量瓶中，加水稀释至 100mL，摇匀，备用。

2. 维生素 C 含量的测定

用移液管吸取上述维生素 C 样品溶液 25.00mL，置于 250mL 锥形瓶中。加入 2mL $5g \cdot L^{-1}$ 淀粉溶液，立即用 I_2 标准溶液滴定至溶液呈稳定蓝色，半分钟内不褪色，即为滴定终点。重复测定三次，记录结果，按下式计算维生素 C 的质量分数 $w[M(C_6H_8O_6) = 176.13g \cdot mol^{-1}]$：

$$w = \frac{c(I_2)V(I_2)\dfrac{M(C_6H_8O_6)}{1000}}{m(\text{样品})} \times 100\%$$

思 考 题

1. 为何不能直接用固体 I_2 来配制 I_2 标准溶液，而必须先配成近似浓度，然后再进行标定？

2. 测定维生素 C 样品时，为什么要加 HAc 溶液？

实验二十七　取代基及溶剂对苯的紫外吸收光谱的影响

一、实验目的

1. 了解不同助色团对苯的紫外吸收光谱的影响。
2. 观察溶剂极性对丁酮吸收光谱以及 pH 对苯酚吸收光谱的影响。
3. 学习并掌握紫外-可见分光光度计的使用方法。

二、实验原理

具有不饱和结构的有机化合物，特别是芳香族化合物，在近紫外区有特征吸收，给鉴定有机化合物提供了有用的信息。方法是比较未知物与纯的已知化合物在相同条件（溶剂、浓度、pH、温度等）下绘制的吸收光谱，或将绘制的未知物的吸收光谱与标准图谱相比较，如果两者一致，说明至少它们的生色团和分子母核是相同的。

苯在 $230 \sim 270nm$ 之间出现的精细结构是其特征吸收峰（B 带），中心在 254nm 附近，其最大吸收峰常随苯环上不同的取代基而发生位移。

溶剂的极性对有机物的紫外吸收光谱有一定的影响。溶剂极性增大，$n \rightarrow \pi^*$ 跃迁产生的吸收带发生紫移，而 $\pi \rightarrow \pi^*$ 跃迁产生的吸收带则发生红移。

三、仪器和药品

（一）仪器

7530-G 紫外-可见分光光度计，带盖石英吸收池（1cm），10mL 具塞比色管 10 支，1mL 吸量管 6 支，0.1mL 吸量管 2 支。

（二）药品

苯，乙醇，环己烷，氯仿，丁酮，正己烷，$0.1mol \cdot L^{-1}$ HCl，$0.1mol \cdot L^{-1}$ NaOH，苯的环己烷溶液（体积比 1∶250），甲苯的环己烷溶液（体积比 1∶250），苯酚的环己烷溶液（$0.3g \cdot L^{-1}$），苯甲酸的环己烷溶液（$0.8g \cdot L^{-1}$），苯胺的环己烷溶液（1＋3000），苯酚的水溶液（$0.4g \cdot L^{-1}$）。

四、实验步骤

（一）仔细阅读仪器的操作说明（定性扫描部分），使仪器处于准备工作状态

（二）苯以及苯的取代物的吸收光谱的测绘

1. 石英吸收池中，加入两滴苯，加盖，用手心温热吸收池下方片刻，在紫外分光光度计上，以石英吸收池为空白，从 220～300nm 进行扫描，得到吸收光谱。

2. 5 个 10mL 具塞比色管中，分别加入苯、甲苯、苯酚、苯甲酸、苯胺的环己烷溶液各 1.0mL，用环己烷稀释至刻度，摇匀。在带盖的石英吸收池中，以环己烷为空白，从 220～320nm 进行波长扫描，得到吸收光谱。

（三）溶剂性质对紫外吸收光谱的影响

1. 溶剂极性对 n→π* 跃迁的影响

在三个 10mL 具塞比色管中，各加入 0.02mL 丁酮，分别用水、乙醇、氯仿稀释至刻度，摇匀。用石英吸收池，相对各自的溶剂，从 220～350nm 进行波长扫描，得到吸收光谱。比较它们的变化。

2. 溶液的酸碱性对苯酚吸收光谱的影响

在两个 10mL 具塞比色管中，各加入苯酚水溶液 1.0mL，分别用 $0.1mol \cdot L^{-1}$ HCl 和 $0.1mol \cdot L^{-1}$ NaOH 溶液稀释至刻度，摇匀。用石英吸收池，以水为空白，从 220～350nm 进行波长扫描，得到吸收光谱。比较吸收光谱的 λ_{max} 的变化。

（四）数据处理

1. 观察苯以及苯的取代物的吸收光谱，找出其 λ_{max} 并算出各取代基使 λ_{max} 红移了多少纳米。

2. 观察丁酮在不同溶剂中的吸收光谱，比较它们的变化，总结溶剂极性对丁酮吸收光谱的影响。

3. 观察苯酚在不同 pH 溶液中的吸收光谱，比较它们的变化，总结 pH 对苯酚吸收光谱的影响。

思 考 题

1. 分子中哪类电子的跃迁将会产生紫外吸收光谱？

2. 为什么溶剂极性改变会影响吸收带发生紫移或红移？

实验二十八 醛和酮的红外分析

一、实验目的

1. 掌握红外光谱法进行物质结构分析的基本原理，能够利用红外光谱鉴别官能团，并根据官能团确定未知组分的主要结构。

2. 选择羧酸、醛和酮中的羰基吸收频率进行比较，说明诱导效应、共轭效应及氢键效应对羰基峰的影响，指出各个醛酮的主要谱带。

3. 了解仪器的基本结构及工作原理。

4. 了解红外光谱测定样品的制备方法。

5. 学会傅里叶变换红外光谱仪的使用。

二、实验原理

羰基在 $1850\sim1600cm^{-1}$ 范围内出现强吸收峰，其位置相对较固定且强度大，很容易识别。而羰基的伸缩振动受到样品的状态、相邻取代基团、共轭效应、氢键、环张力等因素的影响，其吸收带实际位置有所差别。

吸收峰的位置取决于化学键的强度和基团的折合质量。由此我们得到如下启示：

（1）任何增强羰基键极性的效应都会降低碳氧键的力常数，使羰基的伸缩振动峰向低波数方向移动。

（2）任何降低羰基键极性的效应都会提高碳氧键的力常数，使羰基的伸缩振动峰向高波数方向移动。

（3）当羰基与其他基团形成共轭体系时，由于共轭效应的作用，使得羰基键的电子云密度减小，从而降低碳氧键的力常数，使羰基的伸缩振动峰向低波数移动。

本实验用傅里叶变换红外光谱仪来测定相应的谱图，由红外光源、迈克尔逊（Michelson）干涉仪、检测器、计算机等系统组成。光源发射的红外光经干涉仪处理后照射到样品上，透射过样品的光信号被检测器检测到后以干涉信号的形式传送到计算机，由计算机进行傅里叶变换的数学处理后得到样品红外光谱图。

红外光谱仪的使用可参见第二部分第四章第六节。

三、仪器和药品

（一）仪器

傅里叶变换红外光谱仪，压片机，压模，样品架，可拆式液体池，红外灯，玛瑙研钵。

（二）药品

KBr 盐片，二苯甲酮，环己酮，苯甲醛，滑石粉，无水乙醇。

四、实验步骤

（一）固体样品二苯甲酮的红外光谱的测定

1. 取干燥的二苯甲酮试样约 1mg 于干净的玛瑙研钵中，在红外灯下研磨成细粉，再加入约 150mg 干燥的 KBr 一起研磨至二者完全混合均匀，颗粒粒度约为 $2\mu m$ 以下。

2. 取适量的混合样品于干净的压片模具中，堆积均匀，用手压式压片机用力加压约 30s，制成透明试样薄片。

3. 将试样薄片装在磁性样品架上，放入傅里叶变换红外光谱仪的样品室中，先测空白背景，再将样品置于光路中，测量样品的红外光谱图。

4. 扫谱结束后，取出样品架，取下薄片，将压片模具、试样架等擦洗干净，置于干燥器中保存好。

（二）液体试样苯甲醛、环己酮的红外光谱的测定

1. 将可拆式液体样品池的盐片从干燥器中取出，在红外灯下用少许滑石粉混入几滴无水乙醇磨光其表面。再用几滴无水乙醇清洗盐片后，置于红外灯下烘干备用。

2. 将盐片放在可拆液池的孔中央，将另一盐片平压在上面，拧紧螺丝，组装好液池，置于光谱仪样品托架上，进行背景扫谱。然后，拆开液池，在盐片上滴一滴液体试样，将另一盐片平压在上面（不能有气泡）组装好液池。同前进行样品扫描，获得样品的红外光

谱图。

3. 扫谱结束后，将液体吸收池拆开，及时用无水乙醇洗去样品，并将盐片保存在干燥器中。

（三）数据处理

1. 写出各化合物的结构式，根据红外光谱图找到各特征基团吸收峰的位置；
2. 比较各化合物的羰基吸收峰位置，并讨论影响羰基吸收峰位移的因素；
3. 根据红外谱图，简述如何区分醛和酮。

注意事项：

（1）KBr 应干燥除水，固体试样的研磨和放置均应在红外灯下，防止吸水变潮；KBr 和样品的质量比约在（100～200）：1 之间。

（2）可拆式液体样品池的盐片应保持干燥透明，切不可用手触摸盐片表面；每次测定前后均应在红外灯下反复用无水乙醇及滑石粉抛光，用镜头纸擦拭干净，在红外灯下烘干后，置于干燥器中备用。盐片不能用水冲洗。

思 考 题

1. 请说明若用氯原子取代羰基上的烷基，羰基吸收峰将会发生怎样的位移，并解释原因。
2. 结合本实验讨论和总结影响羰基吸收峰位移的因素。

实验二十九　分子荧光法测定罗丹明 B 的含量

一、实验目的

1. 学习测绘荧光物质的激发光谱和荧光光谱。
2. 熟悉日立 F-2500 荧光分子发光光度计的定性扫描、定量测量方法及相应软件处理操作；了解分子荧光光谱定量分析和定性分析的特点及区别。
3. 掌握荧光物质的标准曲线法定量测量含量的操作方法和原理。

二、实验原理

由于处于基态和激发态的振动能级几乎具有相同的间隔，分子和轨道的对称型都未变，因此，有机化合物的荧光光谱和吸收光谱（与激发光谱形状一样）有镜像关系。

对于荧光物质，在一定的温度下，其浓度较低时，激发光的波长、强度和液层厚度都固定后，其荧光强度（F）与该溶液的浓度（c）成正比，即

$$F = Kc$$

这就是荧光分析定量的基础。

采用标准曲线法，即将已知量的标准物质经过和试样同样处理后，配制一系列标准溶液，测定标准溶液的荧光，用荧光强度对标准溶液浓度绘制标准曲线，再根据试样溶液的荧光强度，在标准曲线上求出试样中荧光物质的含量。基于此，测定一系列已知浓度的罗丹明 B 的荧光强度，然后以荧光强度对罗丹明 B 的浓度作标准曲线，再测定未知浓度罗丹明 B 的

荧光强度，把它代入标准曲线方程求出其浓度。

荧光分子发光光度计的使用可参见第二部分第四章第七节。

三、仪器和药品

（一）仪器

日立 F-2500 荧光分子发光光度计，石英比色皿，500mL 容量瓶 2 个，10mL 吸量管 1 支，50mL 容量瓶 10 个。

（二）药品

罗丹明 B。

罗丹明 B 标准储备液（$1.000×10^{-2}\text{g·L}^{-1}$）：准确称取 0.0050g 罗丹明 B 置于 100mL 烧杯中，用二次蒸馏水溶解后，转移到 500mL 容量瓶中，以二次蒸馏水稀释至刻度，摇匀。

罗丹明 B 标准溶液（$1.000×10^{-5}\text{g·L}^{-1}$）：吸取 0.50mL 上述罗丹明 B 标准储备液于 500mL 容量瓶中，以二次蒸馏水稀释至刻度，摇匀。

未知浓度的罗丹明 B 溶液。

四、实验步骤

（一）系列标准溶液的配制

取 6 只 100mL 容量瓶，分别加入 $1.000×10^{-5}\text{g·L}^{-1}$ 罗丹明 B 标准溶液 0mL，2.00mL，4.00mL，6.00mL，8.00mL，10.00mL，用蒸馏水稀释至刻度，摇匀。

（二）绘制激发光谱和发射光谱

选取其中一个溶液，分别测绘罗丹明 B 的激发光谱和荧光光谱，并找到它们各自的最佳激发波长 λ_{ex} 和最强发射波长 λ_{em}。

（三）绘制标准曲线

固定在它们的最佳激发波长 λ_{ex} 和最强发射波长 λ_{em} 处，测定标准溶液的荧光强度，在相同条件下测定未知样品的荧光强度。将激发波长固定在 556nm，荧光发射波长固定在 573nm 处，测定系列标准溶液的荧光发射强度。

（四）未知试样的测定

准确移取一定量的罗丹明 B 未知溶液于 100mL 的容量瓶中，加蒸馏水稀释至刻度，配制成未知样品。在标准系列溶液同样条件下，测定未知样品的荧光发射强度。

绘制荧光发射强度 I_f 对罗丹明 B 溶液浓度 c 的标准曲线，并由标准曲线求算未知试样的浓度。

（五）结果处理

1. 从测量的激发光谱和发射光谱曲线确定罗丹明 B 的最佳激发波长 λ_{ex} 和最强发射波长 λ_{em}。

2. 原始数据

浓度/（$1×10^{-7}\text{g·L}^{-1}$）	0	2	4	6	8	10	x
荧光强度 I_f							
荧光强度 I_f'（扣除空白）							

3. 标准曲线绘制和未知样品含量计算。

注意事项：石英比色皿四面透光，使用时，只能拿棱边，并且必须用擦镜纸擦干透光面，以保护透光面不受损坏或产生斑痕。在用比色皿装液前必须用所装溶液冲洗 2～3 次，以免改变溶液的浓度。

思 考 题

1. 为什么罗丹明 B 会发荧光？
2. 荧光分光光度计由哪些部件组成？
3. 如何绘制激发光谱和荧光光谱？
4. 哪些因素可能会对罗丹明 B 的荧光产生影响？

实验三十　原子吸收光谱法测定自来水中钙和镁

一、实验目的

1. 通过自来水中钙和镁的测定，掌握标准曲线法在实际样品分析中的应用。
2. 熟悉原子吸收分光光度计的使用。

二、实验原理

在使用锐线光源条件下，基态原子蒸气对共振线的吸收符合朗伯-比尔定律：

$$A = \lg \frac{I_0}{I} = KLN_0$$

在试样原子化时，火焰温度低于 3000K，对大多数元素来说，原子蒸气中基态原子的数目实际上接近原子总数。在固定的实验条件下，待测原子的总数与该元素在试样中的浓度成正比。因此，上式可以表示为：

$$A = K'c$$

这就是原子吸收定量分析的依据。

对组成简单的试样，用标准曲线法进行定量分析较方便。

原子吸收分光光度计的使用可参见第二部分第四章第八节。

三、仪器和药品

（一）仪器

GBC932plus 火焰原子吸收分光光度计，乙炔钢瓶，空气压缩机，镁和钙空心阴极灯，50mL 烧杯 3 个，100mL 容量瓶 12 个，50mL 容量瓶 5 个，1mL、10mL 吸管各 1 支，10mL 吸量管 1 支。

（二）药品

镁标准溶液（0.00500mg·mL^{-1}）：用吸量管吸取 5mL 0.1000mg·mL^{-1}镁储备液于 100mL 容量瓶中，用蒸馏水稀释至刻度，此溶液含镁 0.00500mg·mL^{-1}。

钙标准溶液（0.1000mg·mL^{-1}）：用吸量管吸取 10mL 1.000mg·mL^{-1}钙储备液于

100mL 容量瓶中，用蒸馏水稀释至刻度，此溶液含钙 0.1000mg·mL^{-1}。

四、实验步骤

（一）钙、镁系列标准溶液的配制

用 10mL 吸量管吸取 2mL、4mL、6mL、8mL、10mL 0.1000mg·mL^{-1} 钙标准溶液于 5 个 100mL 容量瓶中。再用 10mL 吸量管分别吸取 1mL、2mL、3mL、4mL、5mL 0.00500mg·mL^{-1} 镁标准溶液于 5 个 50mL 容量瓶中，用蒸馏水稀释至刻度，摇匀。此系列标准溶液含钙分别为 2.00μg·mL^{-1}、4.00μg·mL^{-1}、6.00μg·mL^{-1}、8.00μg·mL^{-1}、10.00μg·mL^{-1}；含镁分别为 0.10μg·mL^{-1}、0.20μg·mL^{-1}、0.30μg·mL^{-1}、0.40μg·mL^{-1}、0.50μg·mL^{-1}。

（二）钙的测定

1. 自来水样的制备：用 10.00mL 吸管吸取自来水于 100mL 容量瓶中，用蒸馏水稀释至刻度，摇匀。

2. 测定：按照浓度由小到大逐一测量系列标准溶液的吸光度，最后测量自来水样的吸光度。

（三）镁的测定

1. 自来水样的制备：用 1mL 吸管吸取自来水于 50mL 容量瓶中，用蒸馏水稀释至刻度，摇匀。

2. 测定：测定系列标准溶液和自来水样的吸光度。

（四）在坐标纸上绘制钙和镁的标准曲线，由未知样的吸光度求自来水中钙、镁的含量

注意事项：试样的吸光度应在标准曲线的中部，否则可改变取样的体积。

思 考 题

1. 试述标准曲线法的特点及适用范围。
2. 如果试样成分比较复杂，应该怎样进行测定？

实验三十一 核磁共振波谱法测定化合物的结构

一、实验目的

1. 了解核磁共振波谱法测定化合物结构的原理和方法。
2. 学习 PMX-60SI 核磁共振波谱仪的使用方法。
3. 学习核磁共振谱图的解析方法。

二、实验原理

核磁共振波谱仪的使用参见本书第二部分第四章第九节。

三、仪器和药品

（一）仪器

PMX-60SI 核磁共振波谱仪，直径 5mm 的样品管，0.5mL 注射器。

（二）药品

四甲基硅烷（TMS），氘代氯仿，未知样品。

四、实验步骤

（一）配制样品溶液

用氘代氯仿为溶剂，将两个未知试样分别配制成浓度为 5%～10% 的溶液，并加入少许 TMS，使其浓度约为 1%。

（二）测试样品

记录其波谱图并扫积分曲线。

（三）结果处理

已知两个未知试样分子式为 $C_4H_8O_2$ 和 C_8H_{10}，根据样品 NMR 波谱图，再结合表 2-3 "常见有机官能团中质子的化学位移值" 推导出其相应结构。

思 考 题

1. 化学位移是否随外加磁场而改变？为什么？
2. 波谱图的峰高是否能作为质子比的可靠量度？积分高度和结构有何关系？
3. 在此实验中，为什么要使用氘代试剂？

实验三十二 萘、联苯、菲的高效液相色谱分析

一、实验目的

1. 理解反相色谱的优点及应用。
2. 掌握归一化定量方法。

二、实验原理

在液相色谱中，若采用非极性固定相（如十八烷基键合相）、极性流动相，这种色谱法称为反相色谱法。反相色谱法适用于分离和分析同系物、苯系芳烃、甾类、脂类等有机化合物以及分离纯化蛋白质、核酸等大分子。萘、联苯、菲在 ODS 柱上的作用力大小不等，它们的 K 值不等（K 为不同组分的分配比），在柱内的移动速率不同，因而先后流出柱子。根据组分峰面积大小及测得的定量校正因子，就可由归一化定量方法求出各组分的含量。归一化定量公式为：

$$P_i\% = \frac{A_i f'_i}{A_1 f'_1 + A_2 f'_2 + \cdots + A_n f'_n} \times 100$$

式中，A_i 为组分的峰面积；f'_i 为组分的相对定量校正因子。

采用归一化法的条件：样品中所有组分都要流出色谱柱，并能给出信号。此法简便、准确，对进样量的要求不十分严格。

三、仪器和药品

（一）仪器

Shimadzu LC-10A 高效液相色谱仪，紫外吸收检测器（254nm），10cm×4.6mm 微量

注射器，柱 Econosphere C_{18} （$3\mu m$）

（二）药品

甲醇（A.R.，重蒸馏一次），二次蒸馏水，萘、联苯、菲均为 A.R. 级，流动相：甲醇/水＝88/12。

四、实验步骤

（一）按操作说明书使色谱仪正常运行，并将实验条件调节如下

柱温：室温；流动相流量：$1.0 mL \cdot min^{-1}$；检测器波长：254nm。

（二）标准溶液配制

准确称取约 0.08g 萘、0.02g 联苯、0.01g 菲，用新蒸馏的甲醇溶解，并转移至 50mL 容量瓶中，用甲醇稀释至刻度。

（三）在基线平直后，注入标准溶液 3.0μL，记下各组分保留时间。再分别注入纯样对照

（四）注入样品 3.0μL，记下保留时间。重复两次

（五）实验结束后，按要求关好仪器

（六）数据处理

1. 确定未知样中各组分的出峰次序。

2. 求取各组分的相对定量校正因子。

3. 求取样品中各组分的质量分数。

4. 计算以萘为标准时的柱效。

注意事项：

（1）用微量注射器吸液时，要防止气泡吸入。首先将洁净并用样品洗过的注射器插入样品液面后，反复提拉数次，驱除气泡，然后缓慢提升针芯到刻度。

（2）进样与按下计时键要同步，否则影响保留值的准确性。

（3）室温较低时，为加速萘的溶解，可用红外灯稍稍加热。

思 考 题

1. 观察分离所得的色谱图，解释不同组分之间分离差别的原因。

2. 高效液相色谱柱一般可在室温下进行分离，而气相色谱柱必须恒温，为什么？高效液相色谱柱有时也实行恒温，这又为什么？

实验三十三　乙酸乙酯和乙酸丁酯的气相色谱分析

一、实验目的

1. 熟悉气相色谱分析的原理及气相色谱工作站的使用方法。

2. 掌握气相色谱仪的操作方法与氢火焰离子化检测器的原理。

3. 用保留时间定性，用归一法定量，用分离度对实验数据进行评价。

二、实验原理

气相色谱法是利用试样中各组分在色谱柱中的气相和固定相间的分配系数不同将混合物分离、测定的仪器分析方法，特别适用于分析含量小的气体和易气化且热稳定性好的液体。当气化后的试样被载气带入色谱柱运行时，组分就在其中的两相间进行反复多次的分配，由于固定相对各个组分的吸附或溶解能力不同，因此各组分在色谱柱中的运行速度就不同，经过一定的柱长后，便彼此分离，按照流出顺序离开色谱柱进入检测器被检测，在记录仪上绘制出各组分的色谱峰——流出曲线。

不同组分在同一分离色谱柱上，在相同实验条件下有不同的保留行为，其保留时间的差异可以用来定性分析，每一组分的质量 m_i 与相应色谱峰的积分面积 A_i 成正比，因此可以用公式计算，用归一化法测定每一组分的质量分数。本实验用色谱软件进行谱图处理和定量计算，让学生掌握用已知物对照定性、用归一化法测定混合物组分定量的实验。

混合试样的成功分离是气相色谱法定量分析的前提和基础，衡量一对色谱峰分离的程度可以用分离度：

$$R = \frac{2[t_{R(2)} - t_{R(1)}]}{W_{b(2)} + W_{b(1)}} = \frac{2[t_{R(2)} - t_{R(1)}]}{1.699[Y_{1/2(2)} + Y_{1/2(1)}]}$$

式中，t_R、W_b、$Y_{1/2}$ 分别指两组分的保留时间、峰底宽度和半高峰宽；$R = 1.0$（分离度 98%）即可满足要求。

气相色谱定量分析是根据检测器对组分产生的响应信号与组分的量成正比的原理，通过色谱图上的面积，计算样品中组分的含量。组分的相对校正因子 f'_i 是绝对校正因子 f_i 与标准物质的绝对校正因子 f_s 之比。

$$f'_i = \frac{f_i}{f_s} = \frac{m_i/A_i}{m_s/A_s} = \frac{m_i}{m_s} \times \frac{A_s}{A_i}$$

归一化法：归一化法简便、准确，且操作条件的波动对结果的影响较小。当样品中所有组分经色谱分离后均能产生可以测量的色谱峰时才能使用。

$$c_i\% = \frac{m_i}{m_1 + m_2 + \cdots + m_n} \times 100 = \frac{f'_i A_i}{\sum\limits_{i=1}^{n}(f'_i A_i)} \times 100$$

三、仪器和药品

（一）仪器

GC5400 型气相色谱仪带氢火焰离子化检测器（FID），空气发生器，氮气钢瓶，氢气发生器，微量注射器，15mL 毛细管分离柱。

（二）药品

乙酸乙酯和乙酸丁酯的标准试样，未知混合溶液。

四、实验步骤

（一）按照操作说明书使气相色谱仪正常运行，并调节至如下条件：柱温：110℃，检测器温度：120℃，气化温度：120℃，载气、氢气和空气流量分别是 30mL·min⁻¹、50mL·min⁻¹ 和 200mL·min⁻¹。

（二）分别改变柱温至 90℃、100℃、110℃、120℃、130℃，每改变一次柱温，注入 $0.5\mu L$ 混合酯试样，记下保留时间，观察其出峰顺序和分离情况。

（三）根据不同柱温下的分离情况及色谱数据选择合适的柱温。在最佳柱温下分别注入乙酸乙酯、乙酸丁酯及其混合液，记下保留时间，观察其出峰顺序和分离情况，进行定性和定量分析。

（四）数据处理。

1. 通过纯物质对照法确定各组分在色谱图中的位置，并对出峰次序作出简要讨论。

2. 以乙酸乙酯为内标物计算相对校正因子，并用归一化法计算混合试样中乙酸乙酯和乙酸丁酯的含量。

物质名	保留时间	峰面积	含量	半峰宽	塔板数	对称度	分离度

注意事项

（1）注意必须先通载气，再开电源！实验结束时，应先关掉电源，再关载气！

（2）点燃氢气火焰时（检测器温度必须高于 100℃），应将氢气流量开大，以保证顺利点燃。判明火焰已点燃，再将氢气流量缓慢地降到规定值。注意氢气使用安全问题。

（3）注射器应正确使用：小心插针、快速注入、匀速拔出、及时归位。

（4）GC5400 型气相色谱仪在关机时，应当先将高效净化器的氢气和空气开关阀关闭，然后降温，在柱箱温度低于 80℃才能关闭载气和电源开关。防止氢气泄漏造成危险！

思　考　题

1. 简述气相色谱 FID 的检测原理。

2. 讨论归一化定量分析法的优点。

实验三十四　氟离子选择电极测定水中微量氟

一、实验目的

1. 掌握用标准曲线法、标准加入法和 Gran 作图法测定水中的氟离子浓度。

2. 学习离子计的使用方法。

二、实验原理

氟离子选择电极的电极膜由 LaF_3 单晶制成，结构如图 3-11 所示。电极电位（25℃）为 $\varphi = b - 0.0592 \lg \alpha_{F^-}$。测定电池为氟离子选择电极|试液$(c_x)$‖SCE。测定时试液中应加入离子强度调节剂。

标准曲线法：配制一系列标准溶液，以电位值 φ 对 $\lg c$ 作图，然后由测得的未知试液的电位值 φ，在标准曲线上查得其浓度。

标准加入法：首先测量体积为 V_x、浓度 c_x 的被测离子试液的电位值 φ_x，若为一价阳离子，则有 $\varphi_x = b + s\lg\alpha_x = b + s\lg f_x c_x$；然后在试液中加入体积为 V_s、浓度为 c_s 的被测离子的标准溶液，并测量其电位值 φ_1：

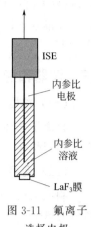

图 3-11　氟离子选择电极

ISE
内参比电极
内参比溶液
LaF$_3$膜

$$\varphi_1 = b + s\lg f'_x \frac{V_s c_s + V_x c_x}{V_s + V_x}$$

假定 $f_1 \approx f'_x$，合并以上两式重排后取其反对数：

$$c_1 = \frac{V_s c_s}{(V_s + V_x)10^{\frac{\Delta\varphi}{s}} - V_x}$$

若 $V_x \gg V_s$（通常为 100 倍），V_s 可忽略，则

$$c_x = \frac{V_s c_s}{V_x(10^{\frac{\Delta\varphi}{s}} - 1)} = \frac{\Delta c}{10^{\frac{\Delta\varphi}{s}} - 1}$$

式中，$\Delta c = \dfrac{V_s c_s}{V_x}$；$\Delta\varphi$ 为两次测得的电位值之差；s 为电极的实际斜率，可由标准曲线求出。

标准加入法通常要求加入的标准溶液的体积比试液体积小 100 倍，浓度大 100 倍，使加入标准溶液后测得的电位变化大于 $20\sim30\text{mV}$。

Gran 作图法相当于多点增量法。Gran 作图法用于电位法时，经一次标准加入后，再分别加入 4 次标准溶液，并测定相应的电位值，则

$$\varphi = b + s\lg\frac{V_s c_s + V_x c_x}{V_s + V_x}$$

改写为

$$(V_s + V_x)10^{\frac{\varphi}{s}} = 10^{\frac{b}{s}}(V_s c_s + V_x c_x)$$

以 $(V_s + V_x)10^{\frac{\varphi}{s}}$ 对 V_s 作图得到一条直线。将直线外推，与横坐标相较于原点的左边 V_e，则有上式得 $c_x = \dfrac{V_e c_s}{V_x}$

以 $(V_s + V_x)10^{\frac{\varphi}{s}}$ 对 V_s 作图非常麻烦，需计算 $(V_s + V_x)10^{\frac{\varphi}{s}}$ 值。若用 Gran 坐标纸则很方便，只要将测得的电位值 φ 对 V_s 作图。Gran 坐标纸如图 3-12 所示。

实际作图时应注意以下几点：

1. 纵坐标是实测的电位值，由于纵坐标是按 $10^{\frac{\varphi}{s}}$ 标度的（s 是给定的离子选择电极的斜率，一价离子为 58mV，二价离子为 29mV；φ 是电位值，按 5mV 比例设定），按 $10^{\frac{5}{58}}$、$10^{\frac{10}{58}}\cdots$ 算出，因此标定纵坐标时一价离子一大格应为 5mV，二价离子一大格应为 2.5mV。

2. 横坐标为加入标准溶液的体积，若试液 V_x 取 100mL，则横坐标每一大格为 1mL；若 V_x 取 50mL，则每一大格为 0.5mL。

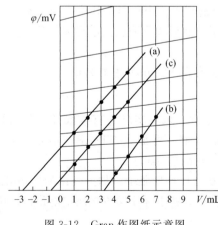

图 3-12　Gran 作图纸示意图

φ/mV

(a)
(c)
(b)

$-3\ -2\ -1\ 0\ 1\ 2\ 3\ 4\ 5\ 6\ 7\ 8\ 9\quad V/\text{mL}$

3. 需要做空白实验。Gran 坐标纸采用给定的离子选择电极斜率 58mV 制成，若离子选

择电极的实际斜率比该值大或小，则所得直线与横坐标的交点将稍偏于原点的右侧或左侧。为了校准这种误差，应做空白实验。由试液和空白实验所得两条直线与横坐标交点之间的距离为 V_e。

三、仪器和药品

（一）仪器

氟离子选择电极，饱和甘汞电极，电磁搅拌器，1000mL 容量瓶 2 个，100mL 容量瓶 6 个，塑料烧杯 5 个。

（二）药品

制取 $1.000 \times 10^{-1}\,mol \cdot L^{-1}$ F⁻ 标准溶液：称取分析纯 NaF（120℃烘干 1h）4.199g 溶于适量去离子水中，转入 1L 容量瓶中，用去离子水稀释至标线，摇匀，贮存于聚乙烯瓶中待用。用上述储备液配制 $1.000 \times 10^{-6}\,mol \cdot L^{-1}$、$1.000 \times 10^{-5}\,mol \cdot L^{-1}$、$1.000 \times 10^{-4}\,mol \cdot L^{-1}$、$1.000 \times 10^{-3}\,mol \cdot L^{-1}$、$1.000 \times 10^{-2}\,mol \cdot L^{-1}$ 的 F⁻ 标准溶液。

总离子强度调节缓冲液（TISAB）：称取 NaCl 58g，柠檬酸钠 10g，溶于 800mL 去离子水中，再加入冰乙酸 57mL，用 40% NaOH 调节至 pH＝5.2，然后用去离子水稀释至 1L。

四、实验步骤

（一）氟离子选择电极的准备

氟离子选择电极在使用前，应在含 $10^{-4}\,mol \cdot L^{-1}$ F⁻ 或更低浓度的 F⁻ 溶液中浸泡（活化）约 30min。使用时，先用去离子水吹洗电极，再在去离子水中洗至电极的纯水电位（空白电位）。其方法是将电极浸入去离子水中，在离子计上测量其电位，然后，更换去离子水，观察其电位变化，如此反复进行处理，直至其电位稳定并达到它的纯水电位为止。氟离子选择电极的纯水电位与电极组成（LaF₃ 单晶的质量、内参比溶液的组成）有关，也与所用纯水的质量有关，一般为 300mV 左右。氟离子选择电极若暂不使用，宜于干放。

（二）标准溶液的测定

在 5 只 100mL 容量瓶中分别配制内含 10mL 离子强度调节剂的 $1.000 \times 10^{-6}\,mol \cdot L^{-1}$、$1.000 \times 10^{-5}\,mol \cdot L^{-1}$、$1.000 \times 10^{-4}\,mol \cdot L^{-1}$、$1.000 \times 10^{-3}\,mol \cdot L^{-1}$、$1.000 \times 10^{-2}\,mol \cdot L^{-1}$ 的 F⁻ 标准溶液。将适量标准溶液（浸没电极即可）分别倒入 5 个塑料烧杯中，插入氟离子选择电极和饱和甘汞电极，连接线路，放入磁性搅拌子，然后按照浓度由小到大的顺序分别测量标准溶液的电位值（为什么？）。

测量完毕后，将电极用蒸馏水清洗，直至测得电位值为 −300mV 左右待用。

（三）试样中氟含量的测定

1. 试液的制备（试样用自来水或牙膏）：若用自来水，可在实验室直接取样。若用牙膏，用小烧杯准确称取牙膏 1g，加入适量去离子水溶解，再加入 TISAB 10mL，煮沸 2min，冷却后转入 100mL 容量瓶中，用去离子水稀释至标线，摇匀。

2. 标准曲线法：准确吸取自来水样 50.0mL 于 100mL 容量瓶中，加入 TISAB 10mL，用去离子水稀释至标线，摇匀。全部倒入一烘干的烧杯中，按上述实验方法测定电位值，记为 φ_x（此溶液继续做下一步实验）。平行测定三份。

3. 标准加入法：测得电位值 φ_x 后，准确加入 1.00mL $1.00 \times 10^{-3}\,mol \cdot L^{-1}$ F⁻ 溶液，再测定其电位值，记为 φ_1（若读得的电位值变化 $\Delta\varphi < 20mV$，则应使用 $1.00 \times 10^{-2}\,mol \cdot L^{-1}$

F⁻溶液，此时实验需重新开始）。

4. Gran 作图法：测得电位值 φ_x 后，再分别加入 F⁻标准溶液 4 次，每次 1.00mL，并测得其电位值 φ_1，…，φ_4。

5. 空白试验：以去离子水代替试样，重复测定。

牙膏试样同样可按上述方式测定。

（四）数据处理

1. 以 φ 对 $\lg c_{F^-}$ 作图，绘制标准曲线。从标准曲线上求该氟离子选择电极的线性范围及实际能斯特响应斜率。并从标准曲线查出被测试液中 F⁻浓度，计算出试样中氟含量。

2. 由标准加入法测得的结果，计算出试样中氟含量：

$$c_x = \frac{\Delta c}{10^{\frac{\Delta\varphi}{s}} - 1} \times 2$$

$$\Delta c = \frac{V_s c_s}{100}$$

其中，V_s、c_s 分别为 F⁻标准溶液的体积（mL）和浓度（mol·L⁻¹）；$\Delta E = E_2 - E_1$，即两次测定的电位之差（mV）；s 为测得电极的能斯特响应斜率。

3. 在同一 Gran 坐标纸上，分别用试样和空白实验测得的电位值 φ 对所加 F⁻标准溶液的体积 V 作图，得到两条直线。分别将该两条直线外推，与横坐标交于 V'_e 和 V''_e，则试样的浓度为 $c_x = \frac{(V'_e - V''_e)c_s}{V_x} \times 2$

注意事项：

（1）测量时溶液浓度应由小到大，每次测定后用被测试液清洗电极、烧杯和搅拌磁子。

（2）绘制标准曲线时，测定一系列标准溶液后应将电极清洗至原空白电位值，然后测得未知试液的电位值。

（3）测定过程中更换溶液时，"测量"键必须处于断开位置，以免损坏离子计。

（4）测定过程中搅拌溶液的速度应恒定。

思 考 题

1. 用氟离子选择电极测定自来水中氟离子含量时，加入的 TISAB 的组成和作用各是什么？

2. 简述氟离子选择电极测定氟离子含量的原理。

实验三十五　库仑滴定测定硫代硫酸钠的浓度

一、实验目的

1. 掌握库仑滴定法的原理及化学指示剂指示终点的方法。

2. 应用法拉第定律求算未知物的浓度，巩固移液管的基本操作和容量瓶的使用。

二、实验原理

在酸性介质中，0.1mol·L⁻¹ KI 在 Pt 阳极上电解产生滴定剂 I_2 来滴定 $S_2O_3^{2-}$，滴定反应：

$$I_2 + 2S_2O_3^{2-} \Longrightarrow S_4O_6^{2-} + 2I^-$$

用永停终点指示终点法。根据法拉第定律，由电解时间和通入的电流大小计算 $Na_2S_2O_3$ 的浓度。

三、仪器和药品

（一）仪器

恒电流库仑滴定装置，铂片电极 4 支（约 $0.3cm \times 0.6cm$）。

（二）药品

$0.1mol \cdot L^{-1}$ KI 溶液（称取 1.7g KI 溶于 100mL 蒸馏水中待用），未知 $Na_2S_2O_3$ 溶液。

四、实验步骤

（一）按图 3-13 所示连接线路，Pt 工作电极接恒电流源的正极，Pt 辅助电极接负极并将其装在玻璃套管中。电解池中加入 5mL $0.1mol \cdot L^{-1}$ KI 溶液，放入搅拌子，插入 4 支 Pt 电极并加入适量蒸馏水使电极恰好浸没，玻璃套管中也加入适量 KI 溶液。用永停终点法指示终点，并调节加在 Pt 指示电极上的直流电压 $50 \sim 100mV$。开启库仑滴定计恒电流开关，调节电解电流为 1.00mA，此时应立即用滴管滴加几滴 NaS_2O_3 溶液，使电流回至原值（或检流计光点回至原点）并迅速关闭恒电流源开关。这一步称为预滴

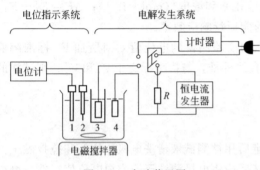

图 3-13　实验装置图

定，可将 KI 溶液中的还原性物质除去。仪器调节完毕，开始进行库仑滴定测定。

（二）准确移取未知浓度 NaS_2O_3 溶液 1.00mL 于上述电解池中，开启恒电流源开关，同时记录时间，库仑滴定开始，直至电流显示器上有微小电流变化（或检流计光点慢慢发生偏转），立即关闭恒电流源开关，同时记录电解时间，一次测定完成。然后进行第二次测定。重复滴定三次。

（三）数据处理

1. 按下式计算 $Na_2S_2O_3$ 的浓度（$mol \cdot L^{-1}$）：

$$c_{Na_2S_2O_3} = \frac{it}{FV}$$

式中，i 为电流，mA；t 为电解时间，s；F 为法拉第常数，$96485C \cdot mol^{-1}$；V 为试液体积，mL。

2. 计算浓度的平均值和标准偏差。

思 考 题

1. 试说明永停终点法指示终点的原理。

2. 写出 Pt 工作电极和 Pt 辅助电极上的反应。

3. 每次试液必须准确移取，为什么？

实验三十六 循环伏安法判断电极过程

一、实验目的

1. 掌握用循环伏安法判断电极过程的可逆性。
2. 学会使用电化学工作站。
3. 测量峰电流和峰电位。

二、实验原理

循环伏安法与单扫描极谱法相似。在电极上施加线性扫描电压，当到达某设定的终止电压后，再反向回扫至某设定的起始电压，若溶液中存在氧化态 O，电极上将发生还原反应：

$$O + ne^- \rightleftharpoons R$$

反向回扫时，电极上生成的还原态 R 将发生氧化反应：

$$R \rightleftharpoons O + ne^-$$

峰电流可表示为：

$$i_p = Kn^{\frac{3}{2}} D^{\frac{1}{2}} m^{\frac{2}{3}} t^{\frac{2}{3}} v^{\frac{1}{2}} c$$

其峰电流与被测物质浓度 c、扫描速度 v 等因素有关。

从循环伏安图可确定氧化峰峰电流 i_{pa} 和还原峰峰电流 i_{pc}，氧化峰峰电位 φ_{pa} 值和还原峰峰电位 φ_{pc} 值。

对于可逆体系，氧化峰峰电流与还原峰峰电流比：

$$\frac{i_{pa}}{i_{pc}} \approx 1$$

氧化峰峰电位与还原峰峰电位差：

$$\Delta\varphi = \varphi_{pa} - \varphi_{pc} \approx \frac{0.58}{n}(V)$$

条件电位 $\varphi^{\ominus'}$：

$$\varphi^{\ominus'} = \frac{\varphi_{pa} + \varphi_{pc}}{2}$$

由此可判断电极过程的可逆性。

三、仪器和药品

（一）仪器

电化学工作站，金圆盘电极、铂圆盘电极或玻璃碳电极，铂丝电极和饱和甘汞电极。

（二）药品

$1.00 \times 10^{-2} \text{mol} \cdot \text{L}^{-1} \text{ K}_3[\text{Fe(CN)}_6]$，$1.0 \text{mol} \cdot \text{L}^{-1} \text{ KNO}_3$。

四、实验步骤

（一）金圆盘电极（或铂圆盘电极、玻璃碳电极）的预处理

用 Al_2O_3 粉（或牙膏）将电极表面抛光（或用抛光机处理），然后用蒸馏水清洗，待

用。也可用超声波处理。

(二) K₃[Fe(CN)₆] 溶液的循环伏安图

在电解池中放入 $1.00 \times 10^{-3}\,mol \cdot L^{-1}$ K₃[Fe(CN)₆] ＋$0.50\,mol \cdot L^{-1}$ KNO₃ 溶液，插入铂圆盘（或金圆盘）指示电极、铂丝辅助电极和饱和甘汞电极，通 N_2 除 O_2。

以扫描速率 $20\,mV \cdot s^{-1}$，从＋$0.80 \sim -0.20V$ 扫描，记录循环伏安图。

以不同扫描速率 $10\,mV \cdot s^{-1}$、$40\,mV \cdot s^{-1}$、$60\,mV \cdot s^{-1}$、$80\,mV \cdot s^{-1}$、$100\,mV \cdot s^{-1}$ 和 $200\,mV \cdot s^{-1}$，分别记录从＋$0.80 \sim -0.20V$ 扫描的循环伏安图。

(三) 不同浓度的 K₃[Fe(CN)₆] 溶液的循环伏安图

以扫描速率 $20\,mV \cdot s^{-1}$，从＋$0.80 \sim -0.20V$ 扫描，分别记录 $1.00 \times 10^{-5}\,mol \cdot L^{-1}$ K₃[Fe(CN)₆]、$1.00 \times 10^{-4}\,mol \cdot L$ K₃[Fe(CN)₆]、$1.00 \times 10^{-3}\,mol \cdot L^{-1}$ K₃[Fe(CN)₆]、$1.00 \times 10^{-2}\,mol \cdot L^{-1}$ K₃[Fe(CN)₆]＋$0.50\,mol \cdot L^{-1}$ KNO₃ 溶液的循环伏安图。

(四) 数据处理

1. 从 K₃[Fe(CN)₆] 溶液的循环伏安图测定 i_{pa}、i_{pc} 和 φ_{pa}、φ_{pc} 值。

2. 分别以 i_{pc} 和 i_{pa} 对 $v^{\frac{1}{2}}$ 作图，说明峰电流与扫描速率间的关系。

3. 计算 $\dfrac{i_{pa}}{i_{pc}}$ 值、$\varphi^{\ominus\prime}$ 值和 $\Delta\varphi$ 值。

4. 从实验结果说明 K₃[Fe(CN)₆] 在 KNO₃ 溶液中极谱电极过程的可逆性。

思 考 题

1. 解释 K₃[Fe(CN)₆] 溶液的循环伏安图形状。

2. 如何用循环伏安法来判断电极过程的可逆性。

3. 若 $\varphi^{\ominus\prime}$ 值和 $\Delta\varphi$ 值的实验结果与文献值有差异，试说明其原因。

第八章

有机化学实验

实验三十七　熔点的测定

一、实验目的

1. 了解测定熔点的意义。
2. 初步掌握测定熔点的方法。

二、实验原理

固体有机物的熔点，即该物质在大气压力下固态与液态达到平衡时的温度。纯净的固体有机化合物不仅有一定的熔点，而且在一定压力下，固液两态之间的变化非常敏锐，自开始熔化到全部熔化的温度范围（称熔距或熔点范围）不超过 $0.5 \sim 1 \text{℃}$，但是当有杂质存在时，固体有机物质的熔点会有所降低，而且熔距扩大。因此通过熔点的测定常常可以鉴别物质和检验物质的纯度；同时也可以鉴别两个熔点相近或相同的物质是否为同一化合物。若两种物质经混合后测得的熔点无变化，则为同一种物质；若熔点降低，熔距增大，则为两种不同物质。测定熔点的方法有数种，但以毛细管法最为普遍，其优点是装置简便，样品用量少（几毫克），节省时间，结果较准确。本实验采用毛细管法测定有机化合物的熔点，对考夫勒（Kofler）微量熔点测定法也作一简介。

三、仪器和药品

（一）仪器

提勒熔点测定管，温度计，软木塞，小口橡皮圈，$30 \sim 50 \text{cm}$ 玻璃管，铁架台，表面皿，直径 $1 \sim 1.2 \text{mm}$ 毛细管。

（二）药品

苯甲酸，尿素，苯甲酸-尿素混合物。

四、实验步骤

（一）仪器的装置

实验所用的仪器装置参见本书第二部分第五章第六节，实验开始前请仔细阅读相关内容。

（二）毛细管法测定熔点

1. 苯甲酸

如第二部分第五章第六节所述方法，在毛细管中装入苯甲酸样品并进行熔点测定。

第一次测定时可先迅速测得其熔点的近似值，待浴液温度下降约 30℃后，置换第二根毛细管，用小火加热，仔细地测定出样品的熔点。注意观察温度的上升和毛细管中样品的变化情况，记录开始熔化至全部熔化时的温度，此即样品的熔距。重复一次，与文献数据进行比较。

2. 尿素

同上法测定两次尿素的熔点。

3. 苯甲酸-尿素混合物

同上法测定两次苯甲酸-尿素混合物的熔点。比较纯有机物与混合物的熔程差距。

（三）考夫勒微量熔点测定法

晶体固体有机物的熔点，还可采用考夫勒法测定，仪器装置如图 3-14 所示。将一粒被测晶体放在干净的载玻片上，把载玻片置于可移动的支持器内，使位于加热块的中心空洞上，用一块玻片盖住晶体，放好桥玻璃和加热板的圆玻璃盖。开启加热器，使显微镜的焦点对准结晶，控制电阻使在接近熔点时温度升高速率为每分钟 1～2℃，观察熔融的温度。用已校正的温度计直接读出该物质的熔点。

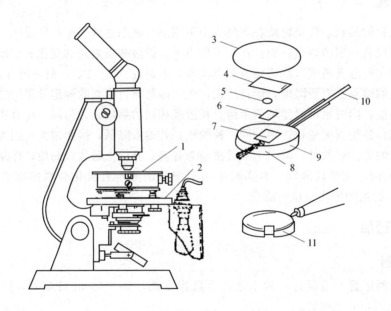

图 3-14　考夫勒仪器装置

1—调节载玻片支持器的把手；2—显微镜台；3—有磨砂边的圆玻璃盖；4—桥玻璃；5—薄的盖玻片；
6—特殊玻璃载片；7—可移动的载玻片支持器；8—中有小孔的加热板；9—与电阻箱相连的接头；
10—校正过的温度计；11—冷却加热板的铝片

思　考　题

1. 什么是熔点？有哪些因素影响熔点的测定？如果有以下情况，测定结果将如何？

（1）熔点管壁太厚或不洁净。

（2）加热太快。

（3）样品装得太多、太少或不紧密。

2. 从混合物熔点测定的结果可得到什么结论？判断下列说法是否正确？

（1）杂质会降低有机化合物熔点。

（2）化合物 A 加入 B 后使 B 熔点降低，则 A 与 B 是不同物质。

实验三十八　常压蒸馏及沸点的测定

一、实验目的

1. 了解常压蒸馏及沸点测定的原理及意义。

2. 掌握常量法（即蒸馏法）和微量法测定沸点的操作方法。

3. 掌握利用常压蒸馏来分离和提纯液体有机化合物的操作技术。

二、实验原理

把液体加热变为蒸气，再使蒸气冷凝变成液体，这两个过程的联合操作叫蒸馏。蒸馏广泛应用于分离和纯化液体有机化合物、测定化合物沸点并鉴定其纯度，因此，蒸馏是重要的基本操作，必须熟练掌握。

当液态物质受热时，由于分子运动使其从液体表面逃逸出来，形成蒸气压。随着温度升高，蒸气压增大，当蒸气压与大气压（或所给压力）相等时，液体沸腾，此时的温度称为该液体的沸点。纯液态有机化合物在一定压力下具有固定沸点，且沸点距（也叫沸程，指从第一滴馏出液开始至蒸发完全时的温度范围）很小（0.5～1.0℃），混合物一般没有固定沸点，沸点距也较长，因而可通过蒸馏来测定液体的沸点和鉴别有机物纯度。但具有固定沸点的液体也不一定都是纯净物，共沸混合物也具有固定沸点。如：95.6%乙醇和4.4%水的混合物的沸点是 78.2℃，83.2%乙酸乙酯、9.0%乙醇和 7.8%水的混合物的共沸点是 70.3℃。

当蒸馏沸点差别较大（30℃以上）的混合液体时，沸点较低的先蒸出，沸点较高的随后蒸出，不挥发的留在蒸馏器内，即可达到分离和提纯的目的；而当混合物沸点比较接近（小于30℃）时，用常压蒸馏则不能有效地进行分离和提纯，应改用分馏。

用蒸馏法测定沸点的方法叫常量法，此法用量较大，要 10mL 以上，若样品不多时，可采用微量法，但微量法只适用于测定纯液体的沸点。

三、仪器和药品

（一）仪器

1. 常量法：50mL 蒸馏烧瓶，蒸馏头，最高测定温度为 150℃的温度计，直形冷凝管，接液管，锥形瓶，沸石，水浴锅，酒精灯，铁架台，铁圈，铁夹，橡皮管。

2. 微量法：内径 3～4mm、长 8～9cm 的试管，内径 1mm、长 7～8cm 的一端封闭的毛细管，最高测定温度为 150℃的温度计，250mL 烧杯，酒精灯，橡皮圈，铁架台，铁圈，铁夹。

（二）药品

1. 常量法：工业乙醇。

2. 微量法：丙酮，未知物。

四、实验步骤

实验开始前请仔细阅读本书第二部分第五章第七节和第八节的相关内容。

（一）蒸馏

如图 2-58 所示安装仪器，调整水浴高度，勿使蒸馏瓶触及水浴锅底部。检查仪器安装无误后，用长颈漏斗向蒸馏烧瓶中加入 20mL 工业乙醇和几粒沸石，冷凝管中缓缓通入冷水，并把上口流出的水引入水槽中。加热水浴，使水沸腾，可以看到瓶内蒸气慢慢上升，同时液体开始回流。仔细观察温度上升情况，控制加热程度，使馏出速度保持每秒 1～2 滴，收集前馏分并记录其沸程范围。前馏分蒸完，温度趋于稳定后，换一个干燥清洁的锥形瓶，收集 78～79℃ 的馏出液。当烧瓶内液体接近蒸干、或维持该温度亦不再有馏出液、或温度超过该沸程范围时，停止加热，待接收瓶中无蒸馏液滴入时，停止通水，取下接收瓶，将精制乙醇测量体积后倒入回收瓶中。按照正确程序拆除仪器并清洗。

（二）微量法测定沸点

如图 2-61 所示安装装置。在外管（沸点管）中加入数滴丙酮，然后开口向下插入毛细管，使开口处浸入样品中，再将整套装置悬放入一盛有水的小烧杯中加热。仔细观察毛细管内小气泡逸出情况，当有一连串的小气泡快速逸出时，停止加热，让热浴慢慢冷却，气泡亦逐渐减少。当最后一个气泡刚欲缩回至毛细管内的瞬间，记下此刻的温度，即为丙酮的沸点。另换干净毛细管重复一次。

用上述方法再测另一未知物的沸点两次，并确定其为何物。

思　考　题

1. 下列因素对常压蒸馏所测沸点有何影响？
（1）加热过猛，蒸出速度过快。
（2）温度计水银球位于蒸馏头侧管下限的下方。
2. 蒸馏时为何需要添加沸石？如果事先忘了添加应如何补救？为什么？
3. 微量法测沸点，遇到以下情况会如何？
（1）毛细管内空气未排除干净。
（2）毛细管上端未封口。

实验三十九　乙酰苯胺的重结晶

一、实验目的

1. 学习重结晶的原理、过程及其应用。
2. 掌握减压过滤的操作技术。

二、实验原理

重结晶法是将固体化合物溶于所选择的溶剂中，适当加热成饱和溶液，趁热将溶液过滤或保温过滤，然后将滤液冷却，使结晶从溶液中重新析出的一种方法。用抽滤法将母液与结晶分开，结晶经洗涤、干燥后，即得到较纯的化合物。有时这种操作要反复进行几次，才能得到纯品。因此，固体化合物常利用重结晶的方法达到分离提纯的目的。

重结晶法中应注意选择适当的溶剂，溶剂的选择应具备下列的条件：

（1）不与重结晶的物质发生化学反应；

（2）结晶物质与杂质在此溶剂中的溶解度有较大的差别；

（3）温度不同，结晶物质的溶解度有显著的变化；

（4）选择的溶剂与重结晶物质容易分离，所以要求溶剂的沸点要较低，易于除去。

重结晶常用的溶剂有水、甲醇、乙醇、乙醚、石油醚和苯等。

三、仪器和药品

（一）仪器

250mL 烧杯，表面皿，短颈漏斗，抽滤装置，红外灯。

（二）药品

乙酰苯胺粗品，活性炭，水。

四、实验操作

（一）溶解和脱色

将粗乙酰苯胺 3.5g 置于 250mL 烧杯中，再加入 100mL 水，在烧杯外作一刻度记号，记下液面的位置。盖上表面皿，加热煮沸，使其溶解。若不溶，可适当添加少量水，再煮沸，直至全部溶解（若此时液面下降许多，可适当添加水）。移去火源，稍冷，慢慢加入 0.2g 活性炭（不能将活性炭加到正在沸腾的溶液中，否则会引起暴沸），不断搅动，再继续加热 5min。

（二）过滤和结晶

预热短颈漏斗，放一折叠滤纸（又称菊形滤纸或扇形滤纸，折叠方法见图 2-51），注意将滤纸洁净面朝向溶液一侧。趁热将上述溶液分批倾入漏斗，过滤到小烧杯中（在热滤过程中，可对热溶液适时地进行小火加热，以防析出结晶）。将滤液放置冷却，即有无色片状结晶的乙酰苯胺从溶液中析出。

（三）抽滤和洗涤

待结晶完全析出后，抽滤（即减压过滤，操作方法请参考本教材第二部分第五章第四节），使结晶与母液分离，抽干后，用药匙挤压晶体，继续抽滤至无水滴下。停止抽气，用药匙松动晶体，并用少量水使晶体全部湿润均匀，再抽滤至干。如此重复洗涤晶体 2 次。

（四）晶体收集

将得到的乙酰苯胺结晶用滤纸压干，然后放在表面皿上，摊开，在红外灯下干燥，称重，测熔点（纯乙酰苯胺的熔点为 114.3℃），并计算回收率。

思　考　题

1. 进行重结晶时，选择溶剂的条件是什么？

2. 停止抽滤时应注意什么？为什么？

实验四十 萃取

一、实验目的

1. 了解萃取的基本原理及其应用。
2. 掌握液-液萃取的基本操作技术。
3. 明确分次萃取比一次萃取效果好。

二、实验原理

萃取是分离和提纯有机化合物的常用操作之一，可以从固体或液体混合物中提取所需物质，或将其各组分逐一分离出来，也可以利用萃取方法洗去混合物中少量杂质。按照萃取两相的不同，萃取可分为液-液萃取和液-固萃取，本实验主要讲述液-液萃取。

液-液萃取利用物质在两种不互溶（或微溶）的溶剂中溶解度（或分配比）的不同来达到分离、提取或纯化目的，其主要理论依据是分配定律。在一定温度下，一种物质（X）在两种不互溶的溶剂（A、B）中遵循如下分配原理：

$$K = \frac{c_A}{c_B}$$

式中，K 为分配系数，一定温度下为一常数，可近似认为是化合物在两溶剂中的溶解度之比；c_A 是 X 在溶剂 A 中的浓度；c_B 是 X 在溶剂 B 中的浓度。

利用分配定律，可以算出萃取后化合物的剩余量。

设：V 为原溶液的体积，m_0 为萃取前化合物的总量，m_1 为萃取一次后化合物的剩余量，m_2 为萃取二次后化合物的剩余量，m_n 为萃取 n 次后化合物的剩余量，S 为萃取剂的体积。

一次萃取后，原溶液中该化合物的浓度为 m_1/V；而萃取剂中该化合物的浓度为 $(m_0 - m_1)/S$；两者之比为 K，即：

$$K = \frac{m_1/V}{(m_0 - m_1)/S}$$

整理后：

$$m_1 = m_0 \left(\frac{KV}{KV+S} \right)$$

同理，二次萃取后得到：

$$m_2 = m_0 \left(\frac{KV}{KV+S} \right)^2$$

结果，n 次萃取后得到：

$$m_n = m_0 \times \left(\frac{KV}{KV+S} \right)^n$$

上式中 $KV/(KV+S)$ 总是小于 1，所以，n 越大，m_n 就越小，说明把溶剂分成几份进行多次萃取比用全部量进行一次萃取效果好。但是萃取次数也不是无限度的，一般来说，溶剂总量是保持不变的，这样，当 n 增加时，S 就要减小，$n>5$ 时，n 和 S 这两个因素的影响就几乎相互抵消了，再增加 n，m_n/m_{n+1} 的变化不大，因此一般萃取以三次为宜。需要指出的是，上面的公式适用于几乎与水不互溶的溶剂如苯、四氯化碳等；而对与水有少量互溶的溶剂如乙醚等，上式仅是近似，但仍可以指出预期结果。一般常用的萃取剂有乙醚、苯、四氯化碳、石油醚、氯仿、二氯甲烷和乙酸乙酯等。

此外，还有另一类萃取剂，其萃取原理是它能与被萃取物质起化学反应，常用于从化合物中除去少量杂质或分离混合物，常用的有 5％氢氧化钠、5％或 10％的碳酸钠、碳酸氢钠溶液、稀盐酸、稀硫酸等。但要注意此时分配定律已不再适用。

本实验使用乙醚对乙酸水溶液中的乙酸进行萃取。

三、仪器和药品

（一）仪器

125mL 分液漏斗，50mL 锥形瓶，10mL 移液管，50mL 碱式滴定管，铁架台，铁圈，铁夹。

（二）药品

$0.1\text{mol}\cdot\text{L}^{-1}$ 乙酸水溶液（体积比为 1∶9），乙醚，酚酞指示剂，$0.2\text{mol}\cdot\text{L}^{-1}$ 氢氧化钠标准溶液。

四、实验步骤

实验开始前请仔细阅读本书第二部分第五章第四节的相关内容。

（一）一次萃取

萃取装置如图 2-54 所示。准确量取乙酸水溶液 10.00mL，放入分液漏斗中，加乙醚 30mL，塞好玻璃塞，取下分液漏斗，如图 2-53 所示，进行振摇并放气以平衡压力，注意放气时漏斗下端要朝上。如此重复 4～5 次后，将漏斗静置于铁圈上数分钟，待乳浊液分层后，将下层水溶液从下口慢慢放入 50mL 锥形瓶中（注意此时漏斗上面的玻璃塞应开启），上层（醚层）从上口倒入回收瓶。接着在锥形瓶中加入 3～4 滴酚酞指示剂，用 $0.2\text{mol}\cdot\text{L}^{-1}$ 氢氧化钠标准溶液滴定，记录用去氢氧化钠标准溶液的体积，并计算萃取率。

（二）分次萃取

准确量取乙酸水溶液 10.00mL，放入分液漏斗中，用 10mL 乙醚如上法进行萃取。分去乙醚溶液，将水溶液用 10mL 乙醚进行第二次萃取。再分去上层乙醚溶液，将第二次剩余的水溶液再用 10mL 乙醚进行第三次萃取。最后，用 $0.2\text{mol}\cdot\text{L}^{-1}$ 氢氧化钠标准溶液滴定第三次萃取后的水溶液，记录用去氢氧化钠标准溶液的体积，并计算萃取率。

从上述两种不同步骤所得数据，比较乙酸萃取效率的差异。

思 考 题

1. 影响萃取效率的因素有哪些？怎样才能选择好溶剂？
2. 使用分液漏斗要注意哪些事项？
3. 若用有机溶剂萃取水溶液中物质，却又不能确定哪一层是有机层，应该怎么办？
4. 使用乙醚时要注意什么？

实验四十一　阿司匹林——乙酰水杨酸的制备

一、实验目的

1. 掌握用酰化反应制备乙酰水杨酸的原理。
2. 学习用混合溶剂进行重结晶的方法。

二、实验原理

乙酰水杨酸俗称"阿司匹林"，是一种临床上常用的解热镇痛药和消炎镇痛药。

乙酰水杨酸最常见的实验室制备方法是将水杨酸与乙酐进行酰化反应，水杨酸分子中酚羟基上的氢原子被乙酰基取代而制得。水杨酸既含有羟基又含有羧基，属于双官能团化合物。它本身分子间可以形成氢键。为加快乙酰化反应的进行，破坏水杨酸分子间氢键，常加入少量浓硫酸作为催化剂。反应如下：

$$\underset{\text{COOH}}{\overset{\text{OH}}{\bigcirc}} + (CH_3CO)_2O \xrightarrow[80\sim90℃]{\text{浓硫酸}} \underset{\text{COOH}}{\overset{\text{OCOCH}_3}{\bigcirc}} + CH_3COOH$$

实验室除用乙酐外，还可用乙酰氯作为酰化剂制备乙酰水杨酸。此外，为考虑生产成本，药厂常用水杨酸与较廉价的冰醋酸反应来生产阿司匹林。

乙酰水杨酸为白色针（片）状结晶，熔点143℃，微溶于水，易溶于乙酸、乙醚和氯仿。

三、仪器和药品

（一）仪器

100mL锥形瓶，100mL烧杯，10mL吸量管，抽滤瓶，布氏漏斗。

（二）药品

水杨酸，乙酐，浓H_2SO_4，饱和$NaHCO_3$，浓HCl，95％乙醇，0.1％$FeCl_3$溶液。

四、实验步骤

（一）合成

在一个干燥的100mL锥形瓶中，加入2.8g（约0.02mol）水杨酸，用吸量管加入5.00mL（约0.03mol）乙酐，摇匀，滴加浓硫酸5滴。将锥形瓶置于80～90℃水浴中，并维持该温度，不断振摇10min，取出锥形瓶，冷却至室温。再边振摇边加入30mL水，摇匀，放入冷水浴中冷却结晶。抽滤，用少量水洗涤锥形瓶，洗涤液一并倒入布氏漏斗，抽干得乙酰水杨酸粗品。

将粗品移入100mL烧杯中，边搅拌边慢慢加入饱和$NaHCO_3$，至无CO_2气泡生成。然后减压过滤，副产物聚合物被滤出，并用少量水冲洗布氏漏斗。所得滤液，倒入烧杯中，在搅拌下慢慢滴加浓HCl溶液至$pH<2$，乙酰水杨酸被纯化析出，抽滤。

再将纯化的乙酰水杨酸移入100mL烧杯，加95％乙醇6mL，在60℃水浴中使其溶解，加入20mL蒸馏水，搅拌均匀，静置冷却结晶，待溶液完全冷却后，抽滤，用少量蒸馏水洗涤结晶 2～3 次，抽干得乙酰水杨酸精制品。红外灯下或干燥器中干燥，称重，并计算产率。

（二）产品纯度检验

1. 质量查检：熔点测定并与文献值比较。

2. 颜色反应：取少许水杨酸和精制乙酰水杨酸，分别溶于 10 滴乙醇中，各加入 0.1% 三氯化铁溶液 2 滴，摇匀观察颜色，并比较结果。

思　考　题

1. 乙酰水杨酸的制备反应属于哪种类型？写出以乙酰氯为酰化剂的制备反应式。

2. 加入浓硫酸的目的是什么？

3. 如何鉴定乙酰水杨酸中是否混有未反应的原料水杨酸？

实验四十二　苯甲酸的制备

一、实验目的

1. 掌握芳烃氧化反应的原理。

2. 学习用甲苯氧化制备苯甲酸的方法。

二、实验原理

有机反应中，所谓氧化反应是指分子的脱氢、加氧以及 C—C 键断裂的反应。氧化反应方法可分为：脱氢氧化；氧或臭氧的氧化；化学氧化剂的氧化（如次卤酸、过氧化物、高锰酸钾、重铬酸钾等）。氧化反应一般都是放热反应，所以控制反应在一定温度下是很有必要的。如果反应失控，不但会破坏产物，使产率降低，有时还有发生爆炸的危险。

本实验采用化学氧化剂氧化法，用高锰酸钾作为氧化剂，在碱性溶液中氧化甲苯来制备苯甲酸。在氧化芳烃时，不论侧链多长，总是和苯环直接相连的碳原子被氧化成羧基。因此，甲苯氧化产物是苯甲酸。

反应式：

$$\text{C}_6\text{H}_5\text{—CH}_3 + \text{KMnO}_4 \xrightarrow[\text{回流}]{\text{NaOH}} \text{C}_6\text{H}_5\text{—COONa} + \text{MnO}_2 \downarrow + \text{H}_2\text{O}$$

$$\text{C}_6\text{H}_5\text{—COONa} \xrightarrow{\text{HCl}} \text{C}_6\text{H}_5\text{—COOH}$$

三、仪器和药品

（一）仪器

100mL 圆底烧瓶，20cm 球形冷凝管，5mL 吸量管等。

（二）药品

甲苯，3mol·L^{-1} 硫酸，6mol·L^{-1} 氢氧化钠，高锰酸钾，乙醇。

四、实验步骤

在连有 20cm 球形冷凝管的 100mL 圆底烧瓶中（装置参考图 2-40），加入 2.6g 高锰酸钾、40mL 水和 1mL 6mol·L⁻¹ 氢氧化钠溶液，摇匀后用吸量管加入 2.0g（约 2.40mL）甲苯，添加几粒沸石。将混合物加热回流，直至甲苯层近于消失，回流液不再出现油珠，约 2h。反应完成后，若反应液仍呈紫红色，则趁热滴加乙醇数滴使之褪色（滴加乙醇是为了分解过量的高锰酸钾，使之生成二氧化锰沉淀而除去）。

反应液冷却后，抽滤除去生成的二氧化锰沉淀。滤液用 3mol·L⁻¹ 硫酸酸化（约需 3～4mL），立即有白色苯甲酸结晶析出。抽滤，用少量蒸馏水洗涤晶体，收集和干燥苯甲酸晶体并称重、计算产率、测熔点。

纯苯甲酸是白色片状晶体，熔点 122℃。

思 考 题

1. 在氧化反应中，影响苯甲酸产量的主要因素有哪些？
2. 反应完毕后，如果反应液呈紫色，滴加乙醇的目的是什么？
3. 若将邻二甲苯或 4-异丙基甲苯用重铬酸钾-浓硫酸氧化，可得何种产物？写出反应式。

实验四十三　呋喃甲醇和呋喃甲酸的制备（半微量）

一、实验目的

1. 掌握呋喃甲醛进行康尼查罗（Cannizzaro）反应制备呋喃甲醇和呋喃甲酸的原理。
2. 学习分离有机醇和有机酸的操作方法。
3. 巩固萃取、减压过滤和蒸馏等基本操作技术。

二、实验原理

康尼查罗（Cannizzaro）反应：不含 α-氢的醛在浓碱作用下可以发生分子间的自身氧化还原反应，一分子的醛被氧化成酸，而另一分子的醛则被还原成醇。

呋喃甲醛俗名糠醛。本实验由呋喃甲醛为原料，在浓氢氧化钠作用下通过 Cannizzaro 反应制备呋喃甲醇和呋喃甲酸钠，然后用乙醚萃取分离，醚层经过蒸馏可得呋喃甲醇，水层用盐酸酸化可得呋喃甲酸。

反应如下：

$$2\ \underset{O}{\boxed{}}\text{—CHO} \xrightarrow{\text{浓NaOH}} \underset{O}{\boxed{}}\text{—COONa} + \underset{O}{\boxed{}}\text{—CH}_2\text{OH}$$

$$\xrightarrow{\text{HCl}} \underset{O}{\boxed{}}\text{—COOH}$$

三、仪器和药品

（一）仪器

50mL 烧杯，50mL 锥形瓶，滴液漏斗，分液漏斗，电磁搅拌装置，蒸馏装置一套，减压过滤装置一套。

（二）药品

新蒸呋喃甲醛，40％氢氧化钠溶液，乙醚，25％盐酸，无水硫酸镁（或无水碳酸钾），刚果红试纸。

四、实验步骤

在 50mL 干燥的烧杯中加入 3.3mL 新蒸呋喃甲醛（久置的呋喃甲醛呈黑色，并含水分，故使用前需蒸馏纯化），冰水浴冷却至 8℃ 左右，边搅拌（反应在两相间进行，必须充分搅拌，否则易使氢氧化钠局部积聚）边自滴液漏斗滴加 3.0mL 40％氢氧化钠溶液（约需 10min），滴加过程必须保持反应混合物温度在 8～12℃ 之间（本反应较剧烈且大量放热。温度若高于 12℃，反应液极易升温而使温度难以控制；若低于 8℃，反应过慢，积聚的氢氧化钠也会导致剧烈反应而迅速升温。温度控制不好，有副反应发生，将影响产率及纯度）。加完后，保持该温度继续搅拌半小时（若反应液已变成黏稠状而无法搅拌时，可继续下面操作），反应即可完全，得一黄色浆状物。

在搅拌下加入适量水（约 3mL），使沉淀恰好完全溶解（水太多会使呋喃甲酸严重损失），此时溶液呈暗红色。将溶液转移至分液漏斗中，用乙醚萃取 2 次，每次 6mL。合并乙醚萃取液，用无水硫酸镁（或无水碳酸钾）干燥。之后过滤，先水浴蒸去乙醚，再蒸馏收集 169～172℃ 的馏分。

纯呋喃甲醇为无色透明液体，m. p. 171℃，折射率 n_D^{20} 1.4868。

乙醚萃取后的水溶液置于 50mL 锥形瓶中，搅拌下慢慢滴加 25％盐酸，酸化至刚果红试纸变蓝色（酸要足量，必须保证 pH 为 2～3），冷却，使呋喃甲酸析出完全，抽滤，用少量水洗涤晶体。粗品用水重结晶，得白色针状结晶。

纯呋喃甲酸熔点 133～134℃。

思 考 题

1. 能否用无水氯化钙干燥呋喃甲醇的乙醚提取液？
2. 本实验依据什么原理来分离呋喃甲醇和呋喃甲酸？

实验四十四　甲基红的制备（微量）

一、实验目的

1. 学习重氮盐的制备及与芳香叔胺的偶联反应原理。
2. 学习甲基红的合成方法。

二、实验原理

实验反应式如下：

HCl NaNO$_2$

$$\text{COOH, NH}_2 \xrightarrow{\text{HCl}} \text{COOH, NH}_2 \cdot \text{HCl} \xrightarrow{\text{NaNO}_2} \text{COOH, N}_2^+\text{Cl}^-$$

红色

Cl$^-$ $\xrightarrow[\text{pH4.4}]{\text{pH6.2}}$

黄色

甲基红是一种酸碱指示剂，变色范围为 pH＝4.4～6.2，颜色由红变黄。

重氮化反应中酸的用量通常比理论量多 0.5～1mol。因为重氮盐在酸性介质中比较稳定，同时也为防止重氮盐和未反应的胺进行偶联。而邻氨基苯甲酸的重氮盐是一个例外，它不需要用过量的酸，因为该重氮盐生成的内盐比较稳定。

重氮盐和芳香叔胺或酚类均可起偶联反应，生成具有 C$_6$H$_6$—N ═N—C$_6$H$_6$ 结构的有色偶氮化合物。介质的酸碱性对偶联反应的速度影响很大。重氮盐和酚的偶联反应在中性或弱碱性中进行。偶联反应通常也在较低的温度下进行。

三、仪器和药品

（一）仪器

50mL 烧杯，表面皿，25mL 锥形瓶 2 个（配塞子一个），抽滤装置一套。

（二）药品

邻氨基苯甲酸，亚硝酸钠，N,N-二甲基苯胺，盐酸（1∶1），95%乙醇，甲醇，甲苯。

四、实验步骤

在 50mL 烧杯中加入 0.75g 邻氨基苯甲酸和 3mL 1∶1 的盐酸，加热使其溶解。冷却后析出白色针状邻氨基苯甲酸盐酸盐。抽滤，将结晶放在表面皿上晾干，产量约 0.8g。

取 0.57g 邻氨基苯甲酸盐酸盐，放入 25mL 锥形瓶中，加入 10mL 水使其溶解。将溶液在冰浴中冷却到 5～10℃（重氮化反应是放热反应，而且大多数重氮盐极不稳定，室温下即会分解，所以必须严格控制反应温度），倒入 1.7mL 溶有 0.23g 亚硝酸钠的水溶液中，振荡，即得重氮盐溶液，放在冰浴中备用（重氮盐溶液通常不需分离，可直接用于下一步合成，但不宜长期保存，制备后最好立即使用）。

在另一锥形瓶中，加入 0.4g N,N-二甲基苯胺和 4mL 95%乙醇。摇匀后倒入上述制备的重氮盐溶液中，用塞子塞紧瓶口，将锥形瓶自冰水浴中移出，用力振荡片刻，放置后即有甲基红析出（甲基红沉淀极难过滤，若长时间放置，沉淀可凝成大块，可用水浴加热使其溶解，并在热水浴中慢慢冷却，可得较大颗粒结晶）。放置 2～3h 后抽滤，得到红色无定型固体。以少量甲醇洗涤，干燥，粗产物约为 0.7g。

按每 1g 甲基红用 15～20mL 甲苯的比例，将粗品用甲苯重结晶（为得到较好结晶，可将趁热过滤下来的甲苯溶液再加热回流，然后放入热水浴中慢慢冷却，可得到有光泽的片状结晶）。滤出结晶，用少量甲苯洗一次，干燥后称重，约 0.45g。m. p. 181～182℃。文献值：m. p. 183℃。

思 考 题

1. 什么是偶联反应？结合本实验讨论偶联反应的条件。
2. 试解释甲基红在酸碱介质中的变色原因。
3. 为什么重氮化反应必须在低温下进行？如果温度过高或溶液酸度不够会产生什么副反应？

实验四十五　乙酸乙酯的制备

一、实验目的

1. 通过学习乙酸乙酯的制备，了解由有机酸和醇合成酯的一般原理及方法，加深对酯化反应的理解。
2. 了解提高可逆反应转化率的实验方法。
3. 掌握蒸馏、洗涤、干燥和分液漏斗的使用等基本实验操作。

二、实验原理

有机酸酯通常用羧酸和醇在少量酸性催化剂（如浓硫酸）催化下，进行酯化反应而制得。本实验即由乙酸和乙醇在浓硫酸催化下作用制得乙酸乙酯：

$$CH_3COOH + CH_3CH_2OH \underset{110\sim120℃}{\overset{浓 H_2SO_4}{\rightleftharpoons}} CH_3COOC_2H_5 + H_2O$$

副反应

$$2C_2H_5OH \xrightarrow[140\sim150℃]{浓 H_2SO_4} C_2H_5OC_2H_5 + H_2O$$

由于酯化反应是一个典型的酸催化的可逆反应，为了使反应平衡向右移动而获得高产率的酯，本实验采用增加反应物（醇）的用量和不断将反应产物（酯和水）蒸出反应体系等措施，使平衡向右移动。在实验时应注意控制好反应的温度、滴加原料的速度和蒸出产品的速度，使反应能进行得比较完全。在工业生产中，一般采用加入过量的乙酸，以使乙醇转化完全，避免由于乙醇和乙酸乙酯形成二元或三元恒沸物，给分离带来困难。

三、仪器和药品

（一）仪器

三颈烧瓶，蒸馏烧瓶，恒压滴液漏斗，分液漏斗，直型冷凝管，锥形瓶，烧杯，温度计，接液管，玻璃棒，蒸馏头，温度计套管，空心塞。

（二）药品

95%乙醇，冰醋酸，浓硫酸，饱和氯化钙溶液，饱和碳酸钠溶液，饱和氯化钠溶液，无水硫酸镁，pH 试纸，沸石。

四、实验步骤

（一）乙酸乙酯的合成

实验装置如图 3-15 所示，在 250mL 三颈烧瓶中加入 10mL 乙醇，在振荡下慢慢加入

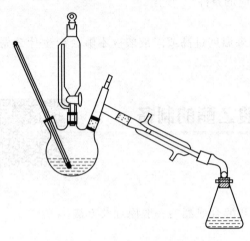

10mL 浓硫酸，使其混合均匀，加入几粒沸石，中间一口安装恒压滴液漏斗，旁边两口分别插入温度计和蒸馏头（温度计水银球应浸入液面以下，距瓶底约 0.5～1cm；若使用长颈滴液漏斗，则漏斗末端也应伸入液面以下）。蒸馏头与直形冷凝管连接，冷凝管末端接一接液管伸入锥形瓶中。

在滴液漏斗中加入 20mL 95% 乙醇（酯化时为了提高产率，可使用过量醇或过量羧酸，具体谁过量取决于原料的价格和操作是否方便等因素。本实验中因为乙醇比乙酸便宜，所以用过量的乙醇）和 20mL 冰醋酸，混合均匀，用小火加热三颈烧瓶，当反应液温度升到 110℃

图 3-15　乙酸乙酯制备装置

左右时，开始滴入乙醇和乙酸的混合液，加料时间约需 1h，控制滴入速度与馏出速度大致相等（滴加速度太快，反应温度迅速下降，同时会使乙醇和乙酸来不及作用而被蒸出，影响产率），并维持反应温度在 110～120℃ 之间（温度太高，副产物乙醚的含量增加）。滴加完毕后，继续蒸馏 5～10min（直至温度升到 130℃ 时不再有液体馏出为止）。

（二）初产品的精制

馏出液中含有乙酸乙酯及少量乙醇、乙醚、水和醋酸，在此馏出液中慢慢加入饱和碳酸钠溶液，并加振荡，直至上层的酯层显中性（用 pH 试纸检验：先将 pH 试纸用水润湿，再在上面加半滴酯），以除去醋酸，然后将混合液移入分液漏斗，充分振荡（注意活塞放气）后，静置，分去下层水溶液。酯层用 15mL 饱和氯化钠溶液洗涤一次，分去下层液以洗去碳酸钠（酯在饱和食盐水中的溶解度比在水中要小，故用食盐水进行洗涤。洗后的食盐水中含有碳酸钠，因此必须分净，否则下一步用饱和氯化钙溶液洗去醇时，会产生絮状碳酸钙沉淀，造成分离时的麻烦）。再加入 30mL 饱和氯化钙溶液分两次洗涤酯层，分去下层液（除去残存的乙醇）。上层的酯层自漏斗上口倒入干燥的锥形瓶中，以适量的无水硫酸镁干燥约半小时。

将干燥过的粗乙酸乙酯倒入蒸馏烧瓶中，加几粒沸石，装好仪器（把合成装置中的三颈瓶换成蒸馏烧瓶即可），进行蒸馏，收集 72～78℃ 的馏分［乙酸乙酯和水形成的二元恒沸混合物（恒沸点 70.4℃），比乙醇（b.p.78.3℃）和乙酸（b.p.117.9℃）的沸点都低，因此很容易被蒸出。但要注意开始时蒸出的是乙醚］，测定体积后，倒入指定的回收瓶中。

纯乙酸乙酯为无色有香味的液体，沸点为 77.06℃，折射率 n_D^{20} 1.3723，d_4^{20} 0.9003，15℃ 时水中溶解度为 8.5g。

思　考　题

1. 酯化反应有什么特点？可以采取什么措施来提高产率？

2. 本实验中浓硫酸起到什么作用？为什么要用过量的乙醇？

3. 反应后的粗产物中含有哪些杂质？如何除去？各步洗涤的目的是什么？

4. 能否用浓氢氧化钠溶液代替饱和碳酸钠溶液来洗涤馏出液，为什么？

实验四十六　乙醚的制备

一、实验目的

1. 掌握实验室制备乙醚的方法，巩固制备乙醚的原理。

2. 学习和掌握低沸点有机液体的操作要点。

二、实验原理

醚是一类化学性质较稳定的有机化合物，对于许多碱、氧化剂、还原剂都十分稳定；同时醚能够溶解多数有机化合物，而且诸如格氏反应等必须在醚中进行，所以醚是有机合成反应中常用的溶剂。

醚的制备可通过醇的分子间脱水进行，两分子的醇之间可以脱去一分子水而生成醚。

反应式：

$$CH_3CH_2OH + H_2SO_4 \xrightleftharpoons{100 \sim 130℃} CH_3CH_2OSO_3H + H_2O$$

$$CH_3CH_2OSO_3H + CH_3CH_2OH \xrightleftharpoons{135 \sim 140℃} CH_3CH_2OCH_2CH_3 + H_2SO_4$$

总反应式：

$$2CH_3CH_2OH \xrightleftharpoons{140℃} CH_3CH_2OCH_2CH_3 + H_2O$$

三、仪器和药品

（一）仪器

100mL 三颈烧瓶，50mL 长颈滴液漏斗，90°接头，蒸馏头，直形冷凝管，真空接液管，水浴锅，量筒，125mL 分液漏斗，锥形瓶，最高测定温度为 250℃ 的温度计，50mL、25mL 圆底烧瓶各 1 个。

（二）药品

95％乙醇，浓硫酸，5％氢氧化钠溶液，饱和氯化钠溶液，饱和氯化钙溶液。

四、实验步骤

（一）乙醚的制备

制备装置如图 3-16 所示。在干燥的三颈烧瓶中，加入 12mL 95％乙醇，把三颈烧瓶放在冷水浴中冷却，振荡下，慢慢加入 12mL 浓硫酸，混匀。长颈滴液漏斗内加入 25mL 95％乙

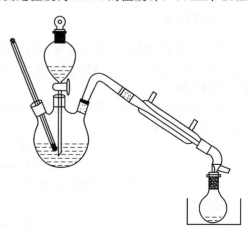

图 3-16　乙醚制备装置

醇，滴液漏斗脚的末端和温度计的水银球必须浸入反应液以下，距离烧瓶底部 $0.5\sim1cm$ 处。接收产物的烧瓶必须浸入冰水浴中进行冷却，真空接液管的支管接上橡皮管通入下水道或室外。

把反应瓶放在石棉网上进行加热，使反应混合物的温度比较迅速地上升到 $140℃$，开始由滴液漏斗慢慢滴加乙醇，控制滴加速度和产物馏出速度大致相等（每秒 1 滴），维持反应混合物温度在 $135\sim145℃$，大约 $30\sim45min$ 滴加完毕，继续加热直到温度上升至 $160℃$，去掉热源，停止反应。

（二）乙醚的精制

把馏出液转移到分液漏斗中，用约 $8mL$ 5%氢氧化钠溶液洗涤除去产物中的酸，然后用 $8mL$ 饱和氯化钠溶液洗涤，最后用 $8mL$ 饱和氯化钙溶液洗涤两次。分出乙醚，用无水氯化钙干燥（容器仍要用冰水冷却）。把乙醚转入蒸馏装置中，用热水浴（$60℃$）进行蒸馏，收集 $33\sim38℃$ 的馏分，产量 $7\sim9g$（产率大约 35%）。

纯乙醚的沸点为 $34.5℃$，n_D^{20} 1.3526。

思 考 题

1. 制备醚有哪几种方法？利用醇脱水制备醚时，可以使用哪些催化剂，适用于哪些醚的制备？

2. 在实验过程中，反应温度过高或过低对反应有什么影响？

3. 反应粗产物中可能含有什么杂质，采用哪些措施可以一一除去？

4. 在处理低沸点有机液体时，要注意什么问题？采取什么措施保证实验的安全？

实验四十七　电化学合成碘仿

一、实验目的

1. 学习电化学合成碘仿的原理和方法。

2. 了解电化学合成技术。

二、实验原理

电化学有机合成分为阳极氧化、阴极还原两大类。某些反应中，底物在电极上直接失去（或得到）电子，转变为产物；另一些反应中，则是先在电极上生成活泼试剂，再与有机物反应得到产物。

电解法制备碘仿时，碘离子先在阳极被氧化成碘，碘在碱性介质中生成次碘酸根，再与丙酮作用生成碘仿：

$$2I^- - 2e^- \Longrightarrow I_2$$
$$I_2 + 2OH^- \Longrightarrow IO^- + I^- + H_2O$$
$$CH_3COCH_3 + 3IO^- \Longrightarrow CH_3COO^- + CHI_3 + 2OH^-$$

副反应：

$$3IO^- \Longrightarrow IO_3^- + 2I^-$$

从反应式可看出，生成 $1mol$ CHI_3 需要 $6mol$ 电子，即需要在电解池中通过 $6\times96485C$

的电量；而副反应中每生成 1mol IO_3^-，需消耗 6mol 电子（用来产生 3mol IO^-）。因此，制备时实际通过的电量应大于计算值。

按反应式计算需要的电量与实际通过的电量的比值称为电流效率。

三、仪器和药品

（一）仪器

150mL 烧杯，电磁搅拌器，抽滤装置，1～3A（0～30V）直流稳压电源一台，石墨棒 4 根，导线若干。

（二）药品

6g（0.036mol）碘化钾，1mL（0.8g，0.014mol）丙酮，乙醇。

四、实验步骤

用 150mL 烧杯作为电解槽，四根石墨棒作为电极（可用透明胶带固定于杯壁），两根并联作为阳极，另两根并联作为阴极，选择合适的直流电源。在烧杯中加入 6g 碘化钾、100mL 蒸馏水，搅拌溶解后，加入 1mL 丙酮，混匀。将烧杯置于电磁搅拌器上搅拌（也可人工搅拌）。

接通电源，调整至 1A，并经常注意调整，尽量保持电流恒定。电解 30min 即可 [30min 通过电量为 $1 \times 30 \times 60C = 1800C$，理论上可生成碘仿 $1800/(6 \times 96485) = 0.0031mol$]，切断电源，停止搅拌。电解液抽滤，滤液倒入干净烧杯中保存（滤液中含有大量碘化钾和丙酮，可重复实验）。用水将电极和烧杯壁上黏附的碘仿冲刷到布氏漏斗上，再用水洗涤一次碘仿。干燥，称重，计算电流效率。产量约 0.6g。

用石墨电极得到的碘仿颜色带灰绿，可用乙醇进行重结晶而得纯晶体。

纯碘仿为亮黄色晶体，熔点 119℃，可升华。

思 考 题

1. 电解过程中，溶液的 pH 值将怎样变化？
2. 你的实验中有多少碘化钾和丙酮转化为碘仿（以质量百分数表示）？

实验四十八　对氨基苯磺酸的合成（微波辐射法）

一、实验目的

1. 学习微波合成对氨基苯磺酸的原理和方法。
2. 了解微波实验操作技术。

二、实验原理

芳香胺与浓硫酸在室温下混合，可生成 N-磺基化合物，然后经长时间加热脱水后发生分子内重排可转化为对氨基苯磺酸。反应式如下：

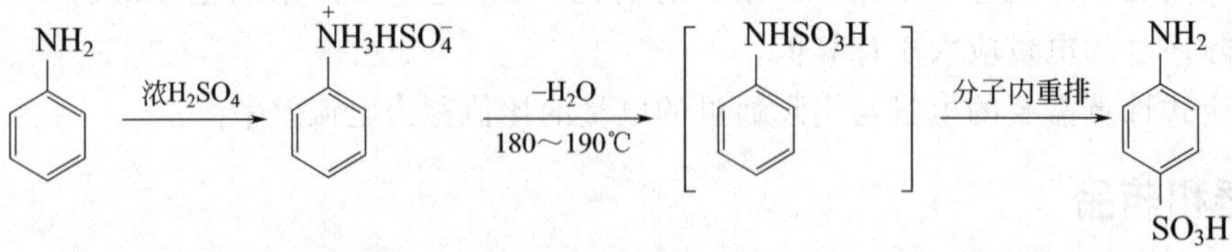

这一反应按通常加热方法进行时，一般需耗时 4.5h，若改用微波方法进行，则仅需 10min 左右，最后以内盐的形式结晶析出。反应式如下：

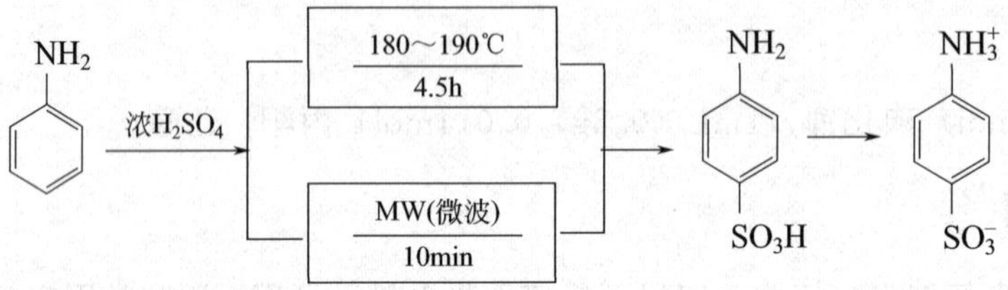

微波加快化学反应的机理是十分复杂的，目前尚处在研究的初级阶段。主要有两种机理，即热化学反应机理和非热化学反应机理。

三、仪器和药品

（一）仪器

25mL、100mL 烧杯，25mL 圆底烧瓶，空气冷凝管，1000W 微波炉，抽滤装置。

（二）药品

2.8g 新蒸苯胺，1.5mL 浓硫酸，10％氢氧化钠溶液，活性炭。

四、实验步骤

在 25mL 圆底烧瓶中加入 2.8g 新蒸苯胺，分次加入 1.6g 浓硫酸，并不断振摇（反应剧烈，故应先滴加少量浓硫酸并振摇，直至加入的浓硫酸成盐不能振摇后，再分批加入并振摇）。

加完酸后，将圆底烧瓶放入微波炉内，装上空气冷凝管（冷凝管从顶盖上小孔伸出，固定于铁夹上，炉内圆底烧瓶下方可垫培养皿来稳固），炉内再放入盛有 100mL 水的烧杯（分散微波能量，防止火力过猛而炭化）。

调低挡火力，持续加热 10min 后关闭。稍冷（冷凝未反应的苯胺，减少损失和中毒），取少量混合物滴入 2mL 10％NaOH 溶液中，若为澄清溶液，则反应已完全，否则应继续加热。

将反应物趁热倒入盛有 20mL 冷（冰）水的烧杯中，即可得到灰白色对氨基苯磺酸。沉淀完全后抽滤，用少量水洗涤，然后用热水重结晶（若产品有色，则需要先用活性炭脱色后，再用热水重结晶），可得含两分子结晶水的对氨基苯磺酸。收集产品，计算产率。

思 考 题

1. 写出本实验中的磺化反应机理。
2. 微波为何可加速反应？

实验四十九　喹啉的合成

一、实验目的

1. 学习斯克劳普法合成喹啉的原理及操作方法。
2. 掌握水蒸气蒸馏的操作方法。
3. 巩固杂质分离、纯化的原理及操作技术。

二、实验原理

由芳香胺、无水甘油、浓硫酸以及硝基苯等一起加热可以制备喹啉，称斯克劳普合成法（Skraup 法）。该反应系放热反应，比较剧烈，通常加入少量的硫酸亚铁以防止氧化反应过于迅速，减缓反应的剧烈程度。反应如下：

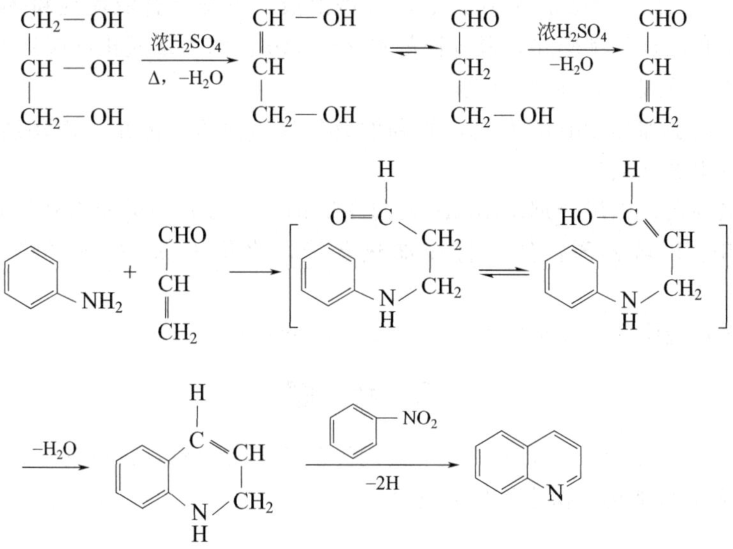

产物中混有的硝基苯可用水蒸气蒸馏除去。未反应完的苯胺，利用重氮化反应生成的重氮盐可溶于水的特性来去除。

三、仪器和药品

（一）仪器

500mL 圆底烧瓶，回流装置，水蒸气蒸馏装置，蒸馏装置，分液漏斗。

（二）药品

新蒸苯胺，硝基苯，浓硫酸，40％氢氧化钠，氢氧化钠（s），硫酸亚铁，乙醚，淀粉-碘化钾试纸，pH 试纸。

无水甘油：将普通甘油在通风橱内置于瓷蒸发皿中加热至 180℃，冷却至约 100℃，放入置有硫酸的干燥器中备用。

10%亚硝酸钠溶液：3g NaNO$_2$ 溶于 10mL 水。

四、实验步骤

（一）合成

在 500mL 圆底烧瓶中依次加入 3g 粉状的硫酸亚铁、20mL 无水甘油、6.5mL 苯胺以及 4.5mL 硝基苯，混合均匀，振摇下缓慢加入 12mL 浓硫酸。注意添加次序不能搞错，若先加浓硫酸后加硫酸亚铁，将导致反应过于激烈而难以控制。

搅拌均匀后，接上回流冷凝管，石棉网上小火加热至微沸表示反应已开始，当有气泡产生时立即撤去火源；待反应趋于缓和时再小火加热。如此反复，保持微沸反应状态 2.5h。

（二）处理

待反应液冷却，进行水蒸气蒸馏以去除未反应的硝基苯（馏出液不显混浊即可）。瓶中残物稍冷，加入 40%氢氧化钠溶液中和浓硫酸，呈碱性后再进行水蒸气蒸馏，蒸出喹啉及未反应的苯胺，直至馏出液不再混浊为止。

馏出液冷却，加入浓硫酸酸化，用分液漏斗分去不溶的黄色油状物。将剩余的水溶液用冰水浴冷却至 5℃左右，缓缓加入 10%亚硝酸钠溶液，直至混合液使淀粉-碘化钾试纸立即变蓝为止。注意每次检验都应先将混合液静置 2～3min，因为重氮化反应接近完成时，反应比较缓慢，需待其反应充分再进行检验。

混合液沸水浴上加热 15min 左右，直到没有气体（氮气）放出。冷却后用 40%氢氧化钠碱化，再进行水蒸气蒸馏。

馏出液分出油层，水层分别用 18mL 乙醚萃取两次，合并油层和乙醚萃取液，用固体氢氧化钠干燥 12h。回收乙醚，然后直接加热蒸馏，收集 b.p.234～238℃ 的馏分，产量约5～7g。

纯喹啉为无色透明状，b.p.238℃，114℃/17mmHg。

思 考 题

1. 斯克劳普法反应中，如果用对甲苯胺代替苯胺作为原料，将得到什么产物？
2. 上述反应中硝基化合物应该如何选择？

实验五十　醇、酚、醛、酮的化学性质

一、实验目的

1. 观察醇、酚、醛、酮的化学反应，深入体会分子结构与化学性质的关系。
2. 通过实验进一步掌握醇、酚、醛、酮的相关化学性质。
3. 比较醇和酚、醛和酮之间化学性质上的差异，掌握鉴别它们的化学方法。

二、实验原理

醇和酚结构相似，分子中含有相同的官能团——羟基，但由于羟基所连的烃基（醇中羟基与脂肪烃基相连，酚中的羟基直接与苯环相连）不同，使得它们有不同特性。醇可以发生亲核取代反应、消除反应和氧化反应等。酚羟基中氧上的孤对电子与苯环上的 p 电子形成 p-π 共轭，使得酚羟基上的氢易离去，酸性增强，具有弱酸性；同时，由于 p-π 共轭，苯环上的电子云密度增加，尤其是邻对位增加得更多，容易发生亲电取代反应。酚还能与三氯化铁溶液发生显色反应，可用于鉴别酚羟基；此外，酚很容易被氧化。

醛酮都含有相同的官能团——羰基，能和多种亲核试剂发生亲核加成反应。例如：都能与 2,4-二硝基苯肼反应生成黄色的 2,4-二硝基苯腙结晶，但生成的苯腙的晶型和熔点不同，利用这个特性可以鉴别不同的醛和酮。

具有 $CH_3CO—R(H)$ 结构的醛酮或 $CH_3CH(OH)—R(H)$ 结构的醇在碱性条件下与卤素能发生卤仿反应，其中与碘反应得到的是黄色晶体，现象明显，称为碘仿反应，是鉴别此类化合物的常用方法。

由于醛和酮的羰基所连的基团不同，在性质上又表现出一些差异。例如醛能和一些弱氧化剂如托伦试剂和斐林试剂等反应，而酮则不能，由此可以鉴别醛和酮。

三、仪器和药品

（一）仪器

小试管，试管架，试管夹，带有软木塞的导管，大试管，400mL 烧杯，恒温水浴箱。

（二）药品

酚酞指示剂，正丁醇，仲丁醇，叔丁醇，对苯二酚溶液，间苯二酚溶液，α-萘酚，95％乙醇，乙酸，苯酚饱和水溶液，5％氢氧化钠，0.5％高锰酸钾溶液，1％三氯化铁溶液，饱和溴水，3％溴的四氯化碳溶液，浓硫酸，10％盐酸，甲醛，乙醛，丙酮，2,4-二硝基苯肼，斐林试剂，碘溶液，环己酮，5％硝酸银溶液，2％氨水。

四、实验步骤

（一）醇酚的酸性实验

1. 指示剂试验

取试管三支，各加蒸馏水 1mL、酚酞指示剂 1 滴及 5％氢氧化钠溶液 1 滴，溶液呈红色，然后在三支试管中分别加入 95％乙醇、苯酚、乙酸各 5 滴，振荡，观察颜色的变化。

2. 氢氧化钠试验

取苯酚在水中的饱和溶液 1mL，逐滴加入 5％氢氧化钠溶液，并不断振摇至澄清为止（为什么？）。在此清亮溶液中加入 10％盐酸一滴，又有什么现象发生？解释之，并写出有关反应式。

（二）氧化反应

1. 醇酚的氧化

取试管两支，各加入 0.5％高锰酸钾溶液 5 滴和水 1mL，然后分别加入 95％乙醇、苯酚，边加边振荡，观察现象。

2. 醛、酮与托伦试剂反应

在试管中加入 5％硝酸银 2mL，逐滴加入 2％氨水至沉淀刚刚溶解为止，即得托伦试剂。

将托伦试剂分装于三支清洁试管中（做银镜反应所用的试管必须十分洁净，可用铬酸洗液洗涤，或试管经去污粉洗涤后，再用热的 10％NaOH 溶液洗涤，最后用蒸馏水冲洗干净。

如果试管不洁净或反应进行得太快，就不能生成光亮的银镜，而是析出黑色沉淀），分别加入 2～4 滴甲醛、乙醛、丙酮摇匀，若无变化，可放在 50～60℃的水浴中加热几分钟，观察有什么现象产生，解释之。

3. 醛、酮与斐林试剂反应

取斐林试剂 A 和 B 溶液各 1mL，摇匀，配成深蓝色透明液，分装于两支试管中。在两支试管中分别加入乙醛、丙酮各 3～5 滴，在热水浴中煮沸 3～5min，观察有何现象。

（三）醇的脱水反应

取试管二支，一支加入 0.5％高锰酸钾溶液 2 滴和水 1mL，另一支加入 3％溴的四氯化碳 10 滴，备用。

另取大试管一支，加入 95％乙醇 10 滴，浓硫酸 20 滴，摇匀装上导管（不可漏气），用小火加热（气体通入溶液时，试管不可离开火焰，否则会发生倒吸），生成的气体分别通入已备好的溴溶液及高锰酸钾溶液中观察现象，解释之，并写出有关反应式。

（四）卢卡斯试验——伯、仲、叔醇的鉴别

在三只干燥的试管中各加入卢卡斯试剂 2mL，再分别加入 5～6 滴正丁醇、仲丁醇和叔丁醇，用力振荡，于室温下静置，观察现象：溶液立刻混浊或分层者为叔醇；数分钟后溶液混浊，并进一步出现分层者为仲醇；不浑浊不分层者为伯醇。（卢卡斯试验仅适用于试剂中能溶解的醇，通常只能用于 C_3～C_6 醇，大于 6 个碳的醇不溶于卢卡斯试剂，故不适用。）

用 2mL 浓盐酸代替卢卡斯试剂，按照上述方法进行试验，比较结果（用浓盐酸代替卢卡斯试剂，只有叔醇起反应）。

（五）酚与三氯化铁作用

取试管四支，分别加入苯酚、对苯二酚、间苯二酚、α-萘酚溶液 1～3 滴，斜持试管，沿着管壁滴入 1％三氯化铁溶液 1～2 滴，观察颜色变化。

（六）苯酚的溴代

取试管一支，加入透明的苯酚溶液 10 滴，逐滴加入饱和溴水直至刚好生成白色沉淀为止。

（七）醛、酮与 2,4-二硝基苯肼的加成

取试管二支，各加入 2,4-二硝基苯肼 5 滴，分别逐滴加入乙醛及丙酮各 1～2 滴，微微振荡，观察有何现象。

（八）α-H 的活泼性：碘仿反应

取试管四支，分别加入 95％乙醇、乙醛、丙酮、环己酮各 5 滴，再加水 2mL，碘溶液 1mL，摇匀。逐滴加入 5％氢氧化钠溶液，边滴边摇至棕色刚好褪去（碘仿反应中，如碱液过量，加热时生成的碘仿发生水解使沉淀消失），观察哪些试管有黄色沉淀生成，如无黄色沉淀生成，可在 60℃水浴中加热 2min，冷却后再观察现象，比较结果，并作出结论。

思 考 题

1. 在不同的温度下，乙醇的脱水反应分别会产生什么产物？其反应机理是什么？
2. 在卢卡斯实验中水多了行不行？为什么？氯化锌在实验中起什么作用？
3. 醛酮的性质有何异同？为什么？可用哪些简便方法鉴别它们？
4. 醛酮与托伦试剂和斐林试剂的反应可以在酸性溶液中进行吗？为什么？
5. 碘仿反应可以在酸性介质中进行吗？会得到什么结果？

实验五十一　羧酸及其衍生物的化学性质

一、实验目的

1. 验证羧酸的主要化学性质。
2. 验证某些羧酸衍生物的特性。
3. 了解羟肟酸铁盐在鉴定羧酸衍生物中的应用。
4. 了解某些取代羧酸的性质和互变异构现象。

二、实验原理

1. 甲酸结构中含有醛基，因此具有还原性。草酸能被氧化剂所氧化，也具有还原性。
2. 酰卤、酸酐、酯、酰胺均为羧酸的衍生物，在一定条件下分别与水、醇、氨作用产生水解、醇解、氨解反应而生成相应的酸。水解反应的难易次序为：酰卤＞酸酐＞酯＞酰胺。
3. 酰卤、酸酐和酯都能进行醇解和氨解反应而生成酯和酰胺。
4. 羧酸衍生物可与羟氨作用生成异羟肟酸，遇三氯化铁生成酒红色的异羟肟酸铁，可供鉴别用。

$$R-\underset{\underset{L}{\|}}{\overset{\overset{O}{\|}}{C}} + NH_2OH \xrightarrow{-HL} R-\underset{\underset{NHOH}{\|}}{\overset{\overset{O}{\|}}{C}} \xrightarrow{FeCl_3} \left(R-\underset{\underset{NHO}{}}{\overset{\overset{O}{\|}}{C}}\right)_3 Fe$$

酒红色

例如酯的反应：

$$CH_3COOC_2H_5 + H_2NOH \longrightarrow CH_3CONHOH + C_2H_5OH$$
$$3CH_3CONHOH + FeCl_3 \longrightarrow (CH_3CONHO)_3Fe + 3HCl$$

（酒红色）

5. 水杨酸为酚酸，能与三氯化铁作用生成紫色配合物。
6. 乙酰乙酸乙酯学名为 β-丁酮酸乙酯，体系中存在能发生互变异构现象的酮式和烯醇式两种结构，故可使溴水褪色。与三氯化铁显色也是其烯醇式与三氯化铁生成了紫红色的配合物：

$$CH_3C=CHCOC_2H_5$$

紫色

$$\Big\Uparrow FeCl_3$$

酮式　　　　　　　　　　　烯醇式

$$\Big\Downarrow Br_2$$

乙酰乙酸乙酯的烯醇式结构与三氯化铁反应存在着动态平衡，开始时烯醇式和溴水反应程度比较大，此反应产物经过脱溴化氢后生成 α-溴代-β-丁酮酸的结构，此结构更容易进一步产生烯醇式，再与铁离子反应，后来与铁离子反应的程度比较大。

三、仪器和药品

（一）仪器

试管若干，烧杯若干，连塞导气管，酒精灯。

（二）药品

刚果红试剂，石蕊试纸，广泛 pH 试纸，无水乙醇，95％乙醇，饱和 NaCl，20％H_2SO_4，10％$CaCl_2$，猪油，10％甲酸，10％乙酸，乙酸，草酸，0.1mol·L^{-1}草酸，浓硫酸，10％碳酸氢钠，40％NaOH，10％NaOH，2％NaOH，0.05％高锰酸钾，5％$AgNO_3$，2％氨水，10％HCl，新蒸苯胺，乙酰胺，1mol·L^{-1}盐酸羟胺，2mol·L^{-1}氢氧化钾，10％水杨酸，1％$FeCl_3$，10％乙酰乙酸乙酯，饱和溴水，澄清石灰水。

四、实验步骤

（一）羧酸的化学性质

1. 酸性试验

用玻璃棒分别蘸取下列液体样品和固体样品的水溶液，在同一条刚果红试剂上划线，比较各线条的颜色及深浅程度。

样品：10％甲酸溶液，乙酸，草酸。

2. 酯化反应

取 5 滴冰醋酸于干燥的试管中，加 10 滴无水乙醇，再加入浓硫酸 1 滴，微热之，以10％碳酸氢钠液中和过量的酸，观察现象及气味产生。

3. 氧化反应

（1）分别取下列样品各 10 滴置于试管中，各加浓硫酸 10 滴，然后加入 0.05％高锰酸钾溶液 10 滴，数分钟后观察变化并解释原因。

样品：10％甲酸溶液，乙酸，0.1mol·L^{-1}草酸。

（2）分别取下列样品各 10 滴于干净试管中，滴加 10％NaOH 使其呈碱性（pH＝10～12），然后加入托伦试剂数滴（托伦试剂的制取：取 5 滴 5％$AgNO_3$ 溶液于另一试管中，加10％NaOH 溶液 1 滴，再逐滴加 2％氨水至生成的沉淀恰好溶解为止），水浴加热至 80～90℃，观察现象。

样品：10％甲酸溶液，10％乙酸，0.1mol·L^{-1}草酸。

（3）草酸的脱羧

取干燥大试管一支，加入 0.5g 草酸，装上带塞导气管，将试管用铁夹夹在铁架上，将导气管伸入装有石灰水的试管中，然后将试管加热，同时观察盛有石灰水的试管有何变化。

（二）羧酸衍生物的性质

1. 酯的水解

在一大试管中，加入苯甲酸乙酯 1mL 和 10％NaOH 5mL，将试管放在水浴中加热30min 并不断振荡（此时酯尚未完全溶解），然后使溶液冷却，用吸管将下层清液吸取一部分到小试管中，用 10％HCl 溶液酸化，观察现象，解释原因。

2. 油脂的皂化

大试管中加入猪油小半匙、3mL 95％乙醇和 3mL 30％～40％NaOH 溶液，沸水中煮沸成一相，继续加热 10min，将黏稠液倒入温热的饱和 NaCl 溶液中。

（1）肥皂的乳化和脂肪酸的析出：取上层少量肥皂加适量水，观察现象。然后加热。

（2）再加 20％H_2SO_4 2mL 水解，观察现象。

（3）钙离子与肥皂的作用：取少量肥皂加适量水，加 2 滴 10％$CaCl_2$ 溶液，振荡。观察现象。

3. 酸酐的醇解

在一支干燥的小试管中，加入 15 滴乙酸酐，再加 1.5mL 无水乙醇，然后置水浴中回流加热，嗅其有无乙酸乙酯的特殊香味。

4. 酸酐的氨解

在一干燥的小试管中，加入新蒸馏的苯胺 5 滴，然后慢慢加入乙酸酐 8 滴，在 60℃水浴中加热 10～15min，待反应结束后再加入 5mL 水，并用玻璃棒搅匀，观察现象。

5. 酰胺的水解

取 0.1g 乙酰胺和 1mL 2％NaOH 溶液一起放入一小试管中，混合均匀并用小火加热至沸。用润湿的红色石蕊试纸在管口检验所产生的气体的性质。

6. 羟肟酸铁反应

取 0.5mL 1mol·L^{-1}盐酸羟胺甲醇溶液于一支中试管中，加样品 1 滴，摇匀后加 2mol·L^{-1}氢氧化钾溶液使其呈碱性，加热煮沸。冷后加稀盐酸使呈弱酸性，再滴加 1～2 滴 5％三氯化铁溶液，如出现葡萄酒红色，为阳性反应。

（三）取代羧酸的性质

1. 取 5 滴水杨酸溶液于一试管中，加入 1～2 滴 1％$FeCl_3$ 溶液，观察颜色的变化。

2. 加 10％乙酰乙酸乙酯溶液 1mL 于一小试管中，加入 1％$FeCl_3$ 溶液 1 滴，注意有何现象。然后加入饱和溴水 2～3 滴，观察现象。稍后，观察又有何现象出现。用乙酰乙酸乙酯的互变异构的结构解释所观察到的现象。

思　考　题

1. 如何鉴别甲酸、乙酸和草酸？
2. 如何鉴别乙酰氯、乙酸酐、乙酸乙酯和乙酰胺？
3. 举例说明能与三氯化铁反应显色的有机化合物的结构特点。

实验五十二　糖、蛋白质的化学性质

一、实验目的

1. 通过实验了解单糖、二糖和多糖的主要化学性质。
2. 熟悉蛋白质的一些化学性质。

二、实验原理

糖类是多羟基醛、多羟基酮或它们的缩合物，分单糖、二糖和多糖。常见的单糖有葡萄糖和果糖；常见的二糖有麦芽糖和蔗糖；淀粉是常见的多糖。糖类物质又分为还原糖和非还原糖。前者能被托伦试剂、斐林试剂还原，后者则不能。单糖及具有还原性的二糖可以与过量的苯肼作用，生成糖脎。非还原二糖和多糖不能与苯肼作用生成糖脎。它们必须水解成单糖才能发生上述反应。淀粉的碘试验是鉴定淀粉的一个很灵敏的方法。

由于蛋白质具有多肽链的结构，所以能发生缩二脲反应。由于结构中还含有一些其他组分，故还可以发生某些颜色反应。蛋白质为两性电解质，在一定 pH 值的溶液中，酸式电离和碱式电离相等而处于等电状态，此时溶液的 pH 值称为该蛋白质的等电点。在等电状态时，蛋白质最不稳定，易沉淀析出。蛋白质有盐析现象。盐析并不一定使蛋白质的化学性质改变。若降低盐的浓度，蛋白质仍能溶解。重金属盐及三氯乙酸等可与蛋白质作用生成

$$P{\diagup}^{NH_2}_{\diagdown COOAg}$$ 而沉淀析出；氯乙酸与蛋白质作用可生成 $$P{\diagup}^{NH_3^+\ ^-OOCCCl_3}_{\diagdown COOH}$$ 而沉淀析出。

三、仪器和药品

（一）仪器

试管若干，烧杯若干，1mL、5mL 移液管若干，酒精灯。

（二）药品

斐林试剂（A、B），托伦试剂，5%葡萄糖，5%果糖，5%乳糖，5%蔗糖，5%淀粉，10%氢氧化钠，苯肼，I_2-KI 溶液，蛋白质溶液，固体硫酸铵，95%乙醇，1%乙酸铅，1%硝酸银，1%硫酸铜，$0.16mol \cdot L^{-1}$乙酸，10%三氯乙酸，茚三酮，浓硝酸，酪蛋白，蒸馏水，浓盐酸。

四、实验步骤

（一）糖类的化学性质

1. 与斐林试剂反应

在 5 支试管中，加入斐林试剂（A、B）各 0.5mL，振摇，得澄清溶液后，分别加入5%葡萄糖、5%果糖、5%乳糖、5%蔗糖、淀粉溶液各 2～3 滴。将 5 支试管同时放到热水浴中加热（60～80℃），观察现象，并加以记录。

2. 与托伦试剂反应

配制托伦试剂约 6mL，分置于 5 支干净试管中，分别加入 5%葡萄糖、5%果糖、5%乳糖、5%蔗糖、淀粉溶液各 2～3 滴。将 5 支试管同时放到热水浴中加热（60～80℃），观察现象，并加以记录。

3. 二糖及多糖的水解反应

取试管 2 支，分别加入 5%蔗糖及淀粉溶液各 2mL，再分别加入浓盐酸 4～5 滴。在沸水浴中加热 20min，放冷，用 10%NaOH 中和。各取 0.5mL 溶液与斐林试剂作用，比较蔗糖和淀粉在水解前后对氧化剂反应的差别。

4. 糖脎的生成

取下列样品各 1mL 分别置于试管中，加苯肼试剂 1mL，混合均匀后用少量棉花堵塞试

管口，以免苯肼挥发出来，将试管在沸水浴中加热（水浴沸腾后开始记时间），记录每个试管内形成结晶所需的时间。如在 20min 后，尚无结晶析出，则取出放冷后再观察。

样品：5％葡萄糖溶液、5％果糖溶液、5％乳糖溶液、5％蔗糖溶液。

5. 淀粉和碘的反应

在试管中加入淀粉溶液 0.5mL，加 I_2-KI 溶液 1 滴，显深蓝色。

（二）蛋白质的化学性质

1. 蛋白质的沉淀

（1）用中性盐沉淀蛋白质（盐析）

在一试管中加入蛋白质溶液 2mL，再分次用药匙加入固体硫酸铵，每加一药匙后，就要仔细振摇试管，使硫酸铵完全溶解。当硫酸铵的浓度达到一定程度时，观察蛋白质从溶液中成絮状沉淀析出。

（2）酒精沉淀蛋白质

在一试管中，加入蛋白质溶液 2mL，再加 95％乙醇 1mL，振摇试管，观察溶液是否混浊。接着加水 1mL，观察溶液又有什么变化？

（3）重金属盐沉淀蛋白质

取三支试管，各加入蛋白质溶液 2mL，然后分别加入 1％乙酸铅、1％硝酸银和 1％硫酸铜溶液各 2 滴，振摇，观察结果。

（4）酸类沉淀蛋白质

取试管一支，加入蛋白质溶液 5 滴，再加入 10％三氯乙酸溶液 3 滴，观察结果。

2. 蛋白质的颜色反应

（1）茚三酮反应

在试管中加入蛋白质溶液 10 滴，再加茚三酮试剂 2 滴，加热至沸后，即有蓝紫色出现。

（2）缩二脲反应

在试管中加入蛋白质溶液 10 滴和 10％NaOH 5 滴，摇匀后，再加入 1％硫酸铜溶液 3 滴，随滴随摇匀，注意溶液颜色的变化。

（3）蛋白黄反应

在试管中加入蛋白质溶液 10 滴及浓硝酸 3 滴，放在水浴中加热，会生成黄色硝基化合物。冷却后，再加入 10％氢氧化钠 5 滴，溶液呈橘黄色。

3. 酪蛋白等电点的测定

（1）取 7 支已编号的干燥试管放于试管架上，在 2～7 号试管中用 5mL 移液管各加入蒸馏水 5.00mL。

（2）另用一支 5mL 的移液管，在第一和第二号试管中，分别加入 5.00mL 0.16mol·L^{-1}乙酸溶液。

（3）在第二号试管中溶液均匀混合后，吸出 5.00mL 溶液移入第三号试管，加入 5.00mL 蒸馏水，混合均匀，吸出 5.00mL 移入第四号试管，用同样的方法顺次稀释至第七号试管，最后将从第七号试管中吸出的 5.00mL 溶液弃去，这样每一试管中皆为 5mL 溶液。

（4）在 1～7 号试管中各加入 1mL 酪蛋白溶液，摇匀并记下时间。

（5）静置 15min，观察各试管中溶液的混浊程度（可用 1～3 个"＋"号表示），记入表 1。

表 1　酪蛋白等电点的测定

试管号码	1	2	3	4	5	6	7
溶液 pH							
混浊程度							

（6）计算各溶液的 pH 值，填入表 1 内，并找出沉淀最多的试管的 pH 值，作为酪蛋白的等电点。计算公式为 $pH = 3.54 + 0.30m$（m 为试管号），计算示例：若为第 3 号管，即 $m=3$，则 pH 值为 $pH = 3.54 + 0.30 \times 3 = 4.44$。

由数据可知，酪蛋白的等电点 pI 为＿＿＿＿＿＿。

思 考 题

1. 哪些糖类可以形成同样的糖脎，为什么？
2. 设计鉴别下列化合物的方案：葡萄糖、果糖、蔗糖、麦芽糖、淀粉。
3. 用同一种浓度的电解质可否分离各种蛋白质？
4. 用 $(NH_4)_2SO_4$ 和 $CuSO_4$ 沉淀蛋白质，是否均为不可逆反应？

实验五十三　立体异构模型作业

一、实验目的

1. 了解有机物分子的立体结构及结构特点。
2. 熟悉有机物异构现象产生的原因。
3. 比较顺反异构体及旋光异构体的各自差异。

二、实验原理

有机物分子骨架由碳原子组成，而碳原子的原子结构特点决定了有机物在结构和性质上具有某些特点，其中之一就是绝大多数有机物具有同分异构现象。当有机物分子中原子或原子团互相连接的次序和方式不同时可产生构造异构，它包括碳链异构、官能团位置异构、官能团种类异构和互变异构等。构造相同的有机物分子，由于原子或原子团在空间排列方式不同，又可产生立体异构，它包括顺反异构、旋光异构和构象异构等。

不同的异构体其理化性质和生理活性都有所差异。

三、实验步骤

以黑球代表碳原子、白球代表氢原子、其他颜色的球可任意代表其他原子或基团，直棒代表单键、二根弯棒代表一个双键，进行模型作业，依次完成下列各有机物的所有异构体模型。

（一）构造异构

1. 碳链异构：戊烷。
2. 位置异构：三氯丙烷。

3. 官能团异构：乙醇。

4. 互变异构：乙酰乙酸乙酯。

（二）立体异构

1. 构象异构：乙烷、1,2-二氯乙烷。

2. 顺反异构：丁烯二酸、1,4-二羟基环己烷。

3. 旋光异构：乳酸、2-氯-3-羟基丁二酸、2,3-二羟基丁二酸、2,3-戊二烯。

思 考 题

1. 构造异构和立体异构产生的原因有何不同？

2. 顺反异构和旋光异构产生的原因有何不同？

3. 2,3-二羟基丁酸有无内消旋体？为什么？

实验五十四　氨基酸的纸色谱

一、实验目的

1. 学习用纸色谱法分离、鉴定氨基酸的原理和方法。

2. 掌握纸色谱法分离、鉴定氨基酸的操作技术。

二、实验原理

色谱法是分离、提纯和鉴定有机化合物的重要方法。常用的色谱法有柱色谱法、纸色谱法、薄层色谱法和气相色谱法。

纸色谱法选用特制的滤纸作为多孔支撑物，在大多数情况下，以原先就存在滤纸中的水分为固定相，但也可用不同的溶剂（硅胶油、石蜡油、汽油等）浸渍滤纸作为固定相。将要分离的混合物点在滤纸的一端，当流动相（展开剂）沿滤纸流动经过样点时，混合物中各组分在固定相与流动相间连续发生多次分配，结果在流动相中具有较大溶解度的物质随展开剂移动的速度较快，经过一定的时间展开后，混合物中的各组分便逐个地分离开。展开完成后，物质斑点的位置以 R_f 值（比移值）鉴别：

$$R_f = \frac{\text{从起始点到物质斑点（中心）的距离}}{\text{从起始点到溶剂前缘的距离}}$$

R_f 值是每一个化合物的特征数值。R_f 值随被分离化合物的结构、固定相与流动相的性质、温度和滤纸质量不同而异，故重复性常常很差。因此，在对未知物进行定性鉴定时，总是同时展开一个已知物作为对照。在此实验中，我们采用标准氨基酸作为对照物，以分离和鉴定混合的氨基酸。

因氨基酸经纸上层析后的斑点不能直接看出，故常用茚三酮显色剂显色。

三、仪器和药品

（一）仪器

25mL 量筒，层析缸，毛细管，电吹风，喷雾器，新华一号滤纸，回形针（或大头针）。

（二）药品

0.5%甘氨酸溶液，0.5%丙氨酸溶液，0.5%异亮氨酸溶液。

氨基酸混合溶液：以上述三种氨基酸等体积混合。

展开剂：乙醇：水：醋酸＝50：10：1（体积比，现配现用）。

显色剂：茚三酮溶液。

四、实验步骤

（一）滤纸的制作

如图 3-17 所示，将滤纸裁成 10cm×20cm 的长条，用铅笔在短边侧距离底边 1cm 处轻轻画一横线，在线上轻轻地画出四个标记"×"（等间距），并编号。

注意：不能用手直接触摸层析用的滤纸，而应用镊子夹取。

（二）点样

用毛细管依次吸取三个氨基酸样品和一个混合样品，点在滤纸点样线的"×"上（点样方法参见本书第二部分第五章第九节，注意每点一种试样，必须换一根毛细管）。将试样号码和名称记于实验记录本上，并把滤纸上的样品斑点在空气中吹干或用电吹风吹干（冷风吹干）。样品干后，将滤纸卷成圆筒形，用针别住（图 3-18）。

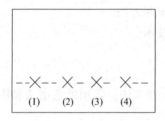

图 3-17　滤纸制作示意图　　　　图 3-18　点样后的滤纸处理

（三）展开

取一大小合适的、洗净烘干的层析缸，加入展开剂，将纸筒小心放入层析缸中（用镊子夹滤纸，或用手拿着滤纸点样线对面的端边），不要碰到缸壁，盖上盖子（注意密闭，不要漏气）。当展开剂的前沿位置达到滤纸上端约 1cm 处，小心取出滤纸，用铅笔标出展开剂前沿位置的记号，然后用电吹风吹干（冷风）。

（四）显色

用喷雾器将茚三酮试剂均匀地喷洒在滤纸上再用电吹风均匀地吹干（热风）。此时，由于氨基酸与茚三酮溶液作用而使斑点显色。用铅笔画出每个斑点的轮廓以供保存。量出每个斑点中心到原点中心的距离，计算各氨基酸的 R_f 值，并根据色谱图判断混合氨基酸的成分。

思　考　题

1. 纸色谱有何用途？

2. 为什么不能用手直接触摸层析用的滤纸？

3. 滤纸上的样品斑点要用冷风吹干，而茚三酮试剂喷洒在滤纸上后，为什么要用热风将滤纸吹干？用冷风吹干行吗？

实验五十五　茶叶中咖啡因的提取（微量法）

一、实验目的

1. 学习茶叶中咖啡因的提取原理和方法。
2. 掌握用升华法提纯化合物的方法。

二、实验原理

茶叶中含有多种生物碱，其中主要成分为咖啡因（碱）（约占 1%～5%）、少量的茶碱和可可豆碱等。

咖啡因的结构如下：

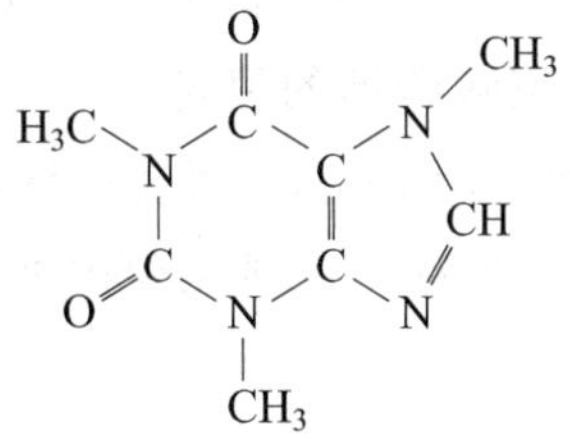

咖啡因的学名为 1,3,7-三甲基-2,6-二氧嘌呤，它是具有绢丝光泽的无色针状结晶，味苦，含有一分子结晶水，在 100℃ 时失去结晶水开始升华，在 180℃ 可升华为针状晶体，所以咖啡因的提纯常用升华法。无水晶体的熔点是 235℃，是弱碱性化合物，能与酸成盐。它能溶于水、乙醇、乙醚、氯仿，易溶于热水，一般水温在 80℃ 即可溶解。

三、仪器和药品

（一）仪器

50mL、200mL 烧杯，表面皿，离心试管，滴管，离心机，4cm 玻璃漏斗，真空水泵，25mL 过滤管，小试管，橡皮塞，蒸发皿，纱布，脱脂棉，熔点测定仪。

（二）药品

茶叶，无水碳酸钠，二氯甲烷，无水硫酸钠，氯酸钾，盐酸（2mol·L^{-1}），氨水。

四、实验步骤

（一）粗咖啡因的分离

在 50mL 烧杯中加入 1.1g（0.01mol）无水 Na_2CO_3 和 10mL 水，小火加热使固体溶解。称取 1.0g 茶叶。用纱布包好后，放入上述溶液中，盖上表面皿，小火煮沸 20min，将茶液趁热转移到两个离心试管中，并尽量挤出袋中的茶液，每个离心试管中的茶液用 1.0mL CH_2Cl_2 提取，提取时用滴管反复吸入和放出液体使两相充分接触。如发生乳化，可在离心机中进行离心分离。在 4cm 玻璃漏斗的颈口塞一小团脱脂棉，其上铺盖 2g 无

水 Na_2SO_4，用来干燥 CH_2Cl_2 提取液。用滴管仔细吸出离心试管下层的 CH_2Cl_2 层，并通过玻璃漏斗的无水 Na_2SO_4 层过滤到 25mL 过滤管（或吸滤瓶）中，试管中的茶液再同上用 CH_2Cl_2 提取 4 次，每次 2mL CH_2Cl_2。最后漏斗内的 Na_2SO_4 用 2.0mL CH_2Cl_2 淋洗，合并后的 CH_2Cl_2 提取液置温水浴中，先常压后减压浓缩至干，即可得到灰白色的粗咖啡因。

（二）粗咖啡因的纯化

粗咖啡因的提纯可用升华法来进行，其装置如图 3-19 所示。

先将体系通过安全瓶接水泵减压，再在冷指中加碎冰，用小火在过滤管下温和加热。使

图 3-19 升华装置

咖啡因升华，凝结到冷指壁上。注意，加热时勿使咖啡因熔化，若熔化，要移开热源，待重新固化后再行加热。升华完毕，撤去热源，冷至室温。小心地解除体系的真空，用滴管吸出冷指内冰水。仔细地拆下冷指，不要让冷指壁上的晶体掉回到吸滤管中。用角匙刮下冷指上的晶体，称重。测定其熔点，进行 IR 分析，与文献数据核对。计算茶叶中咖啡因的质量分数。

（三）纯咖啡因的鉴定

取少量（约 10mg）产品于蒸发皿中，加 $2mol \cdot L^{-1}$ 盐酸 10 滴，加入 $KClO_3$ 少许，在通风橱内加热蒸发至干，冷却后滴加氨水数滴，残渣变为紫色。

反应如下：

思 考 题

1. 如果在茶叶的水提取液中不加碱，CH_2Cl_2 能否有效地从中提取咖啡因？为什么？若用 CH_2Cl_2 直接提取干茶叶，试与本实验比较其效果如何？本实验中用的碳酸钠是否可用其他碱代替？

2. 减压升华时，为何要先减压然后再在冷指中加碎冰块？

3. 咖啡的热水提取液中含有咖啡因、丹宁和葡萄糖等，试拟定从中分离咖啡因的操作流程。

实验五十六　茶叶中咖啡因的提取（常量法）

一、实验目的

1. 学习从茶叶中提取咖啡因的基本原理和方法，了解咖啡因的一般性质。
2. 掌握用索氏提取器提取有机物的原理和操作技术。
3. 学习升华操作实验技术，复习回流、蒸馏、萃取等基本实验操作。

二、实验原理

咖啡因又叫咖啡碱，是一种生物碱，存在于茶叶、咖啡、可可等植物中。例如茶叶中含有 1%～5% 的咖啡因，同时还含有单宁酸、色素、纤维素等物质。

咖啡因是弱碱性化合物，可溶于氯仿、丙醇、乙醇和热水中，难溶于乙醚和苯（冷）。纯品熔点 235～236℃，含结晶水的咖啡因为无色针状晶体，在 100℃ 时失去结晶水，并开始升华，120℃ 时显著升华，178℃ 时迅速升华。利用这一性质可纯化咖啡因。咖啡因的结构式为：

$$\text{咖啡因结构式}$$

咖啡因（1,3,7-三甲基-2,6-二氧嘌呤）是一种温和的兴奋剂，具有刺激心脏、兴奋中枢神经和利尿等作用。故可以作为中枢神经兴奋药，它也是复方阿司匹林（A.P.C）等药物的组分之一。

提取咖啡因的方法有醇提取升华法（索氏提取器提取法）、水提取升华法和氯仿提取萃取法等。本实验以乙醇为溶剂，用索氏提取器提取，将咖啡因从茶叶中分离出来，再经浓缩、中和、升华，得到含结晶水的咖啡因。

三、仪器和药品

（一）仪器

索氏提取器（包括回流冷凝管、抽提筒和圆底烧瓶，见图 3-20），蒸馏头，直形冷凝管，尾接管，温度计，空心塞，量筒，250mL 烧杯，表面皿，蒸发皿，玻璃漏斗，滤纸，脱脂棉，小刀，大头针，熔点测定仪。

（二）药品

茶叶，95% 乙醇，生石灰粉，5% 鞣酸，10% 盐酸，碘-碘化钾试剂，30% H_2O_2，浓氨水。

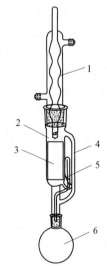

图 3-20　索氏提取器

1—冷凝管；2—抽提筒；3—滤纸筒；4—蒸气导管；5—虹吸管；6—蒸馏瓶

四、实验步骤

（一）咖啡因的提取

称取 10g 干茶叶，装入滤纸筒内，轻轻压实，滤纸筒上口塞一团脱脂棉，置于抽提筒中，圆底烧瓶内加入 60～80mL 95％乙醇，加热乙醇至沸，连续抽提约 1h（7～8 次），待冷凝液刚刚虹吸下去时，立即停止加热。

将仪器改装成蒸馏装置（图 3-21），加热回收大部分乙醇。然后将残留液（大约 10～15mL）倾入蒸发皿中，烧瓶用少量乙醇洗涤，洗涤液也倒入蒸发皿中，蒸发至近干。加入 4g 生石灰粉，搅拌均匀，水蒸气加热，蒸发至干，除去全部水分。冷却后，擦去沾在边上的粉末，以免升华时污染产物。

将一张刺有许多小孔的圆形滤纸盖在大小合适的玻璃漏斗上，再将其罩于蒸发皿上，漏斗颈部疏松地塞一团棉花（图 3-22）。

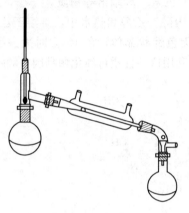

图 3-21 蒸馏装置

图 3-22 升华装置

用小火小心加热蒸发皿，慢慢升高温度，使咖啡因升华。咖啡因通过滤纸孔遇到漏斗内壁凝为固体，附着于漏斗内壁和滤纸上。当纸上出现白色针状晶体时，暂停加热，冷却至 100℃左右，揭开漏斗和滤纸，仔细用小刀把附着于滤纸及漏斗壁上的咖啡因刮入表面皿中。将蒸发皿内的残渣加以搅拌，重新放好滤纸和漏斗，用较高的温度再加热升华一次。此时，温度也不宜太高，否则蒸发皿内大量冒烟，产品既受污染又遭损失。合并两次升华所收集的咖啡因，测定熔点。

（二）咖啡因的鉴定

1. 与生物碱试剂：取咖啡因结晶的一半于小试管中，加 4mL 水，微热，使固体溶解。分装于 2 支试管中，一支加入 1～2 滴 5％鞣酸溶液，记录现象。另一支加入 1～2 滴 10％盐酸（或 10％硫酸），再加入 1～2 滴碘-碘化钾试剂，记录现象。

2. 氧化：在表面皿剩余的咖啡因中，加入 30％H_2O_2 8～10 滴，置于水浴上蒸干，记录残渣颜色。再加一滴浓氨水于残渣上，观察并记录颜色有何变化？

思 考 题

1. 索氏提取器的工作原理是什么？有什么优点？
2. 索氏提取器滤纸筒的基本要求是什么？为什么要将固体物质（茶叶）研细成粉末？

3. 本实验进行升华操作时，应注意什么？

4. 咖啡因鉴定时加入 H_2O_2 的作用是什么？发生了什么特性反应？

实验五十七　樟脑的还原反应

一、实验目的

1. 掌握用硼氢化钠还原樟脑的原理及操作方法。
2. 了解薄层色谱在有机合成反应中的应用。

二、实验原理

樟脑化学名为 1,7,7-三甲基双环 [2.2.1] 庚酮-2，属于萜类化合物。樟脑是天然樟脑丸的主要成分，可以被硼氢化钠还原成冰片和异冰片两种异构体。反应式如下：

樟脑　　　　　　　　　　　　　　　冰片　　　　　　异冰片（主要产物）

冰片由于常温下是无色片状晶体，类似于冰而得名，又称龙脑，与异冰片互为非对映异构体。用硼氢化钠还原樟脑时，由于立体选择性高，得到的产物以异冰片为主。两者具有不同的物理性质，极性也不同。可以用薄层色谱将其鉴别和分离。薄层色谱是色谱法的一种。

色谱法：利用混合物中各组分在流动相和固定相之间的分配系数不同，通过色谱速度不同，从而使各组分完全分开的分离方法。

比移值（R_f）：指一个化合物在薄层板上上升的高度与展开剂上升的高度的比值。在一定的条件下（如吸附剂、展开剂等一定），每种物质都有它特定的 R_f 值，R_f 值的大小为各种物质定性分析的依据。

三、仪器和药品

（一）仪器

50mL 圆底烧瓶，回流管，抽滤瓶，布氏漏斗，薄层板（5cm×15cm），载玻片（5cm×15cm），层析缸，点样毛细管。

（二）药品

樟脑，硼氢化钠，甲醇，冰片，异冰片，乙醚，氯仿-苯展开剂（体积比 2∶1），浓硫酸。

四、实验步骤

（一）合成

在 50mL 圆底烧瓶中装入 1.6g（10.5mmol）樟脑，用 15mL 甲醇溶解。室温下小心地分数次加入 1.0g（26.3mmol）硼氢化钠，边加边振摇，如反应温度过高，可用冰水浴冷却。加完后，装上回流冷凝管，加热回流直至硼氢化钠消失（约 15min）。冷却至室温，将反应液缓缓倒入装有 35g 冰水的烧杯中，边倒边搅拌，待冰融化后进行抽滤，晶体用少量水洗涤，晾干，得白色固体。

（二）鉴别

取一片薄层板（5cm×15cm），分别用樟脑、冰片、异冰片以及所得还原产物的乙醚溶液点样，置于层析缸中展开，展开剂为氯仿-苯（体积比 2∶1）。取出层析板，当薄层尚有少量展开剂残留时，立即盖上均匀涂有浓硫酸的同样大小的载玻片（5cm×15cm），进行显色。将各点的 R_f 值与理论值比较，鉴别产物的组成。

思　考　题

1. 实验中使用硼氢化钠时需注意什么？
2. 反应为何需要控制好温度？
3. 除了硼氢化钠，还可以用什么方法还原樟脑？

实验五十八　绿色植物色素的提取和色谱分离

一、实验目的

1. 学习从绿色植物中提取和分离色素的方法。
2. 学习薄层色谱（层析）和柱色谱（层析）的原理及其操作方法。
3. 加深了解微量有机物色谱分离和鉴定的原理。

二、实验原理

绿色植物的叶、茎中，含有叶绿素（绿）、胡萝卜素（橙）和叶黄素（黄）等多种天然色素。其中，叶绿素 a、叶绿素 b、叶黄素和 β-胡萝卜素的结构式如下所示：

叶绿素a（R=CH₃）

叶绿素b（R=CHO）

β-胡萝卜素（R=H）

叶黄素（R=OH）

叶绿素存在两种结构相似的形式，即叶绿素 a（$C_{55}H_{72}O_5N_4Mg$）和叶绿素 b（$C_{55}H_{70}O_6N_4Mg$），其差别仅是叶绿素 a 中一个甲基被甲酰基所取代从而形成了叶绿素 b。植物中叶绿素 a 的含量通常是叶绿素 b 的 3 倍。尽管叶绿素分子中含有一些极性基团，但大的烃基结构使它易溶于醚、石油醚等一些非极性的溶剂。胡萝卜素（$C_{40}H_{56}$）是具有长链结构的共轭多烯。它有 α-胡萝卜素、β-胡萝卜素和 γ-胡萝卜素三种异构体，其中 β-胡萝卜素含量最多，也最重要。叶黄素（$C_{40}H_{56}O_2$）是胡萝卜素的羟基衍生物，它在绿叶中的含量通常是胡萝卜素的 2 倍。与胡萝卜素相比，叶黄素较易溶于醇而在石油醚中的溶解度较小。

色谱法是利用混合物中各成分的物理化学性质的差别进行分离的，当选择某一个条件使各成分流过支持剂或吸附剂时，各成分由于其物理性质的不同而得到分离。按其操作不同，色谱可分为薄层色谱、柱色谱、纸色谱、气相色谱和高压液相色谱等。

三、仪器和药品

（一）仪器

剪刀，研钵（含杵），布氏漏斗，抽滤瓶，滤纸，分液漏斗，玻璃滴管，脱脂棉，镊子，玻璃漏斗，洗耳球，滴管，量筒，锥形瓶（25mL），硅胶板，层析缸。

（二）药品

菠菜 2g，石油醚，无水乙醇，饱和氯化钠，无水硫酸镁，石英砂，中性氧化铝（200～300 目），正丁醇，丙酮。

四、实验步骤

（一）菠菜色素的提取过程

称取 2g 新鲜（或冷冻）的菠菜叶，先用剪刀剪碎（剪至约 2mm 长），并置于研钵中。将 5mL 2∶1（体积比）的石油醚∶乙醇溶液加入研钵中，加以研磨（约需 3min），倾析收集浸取液。重复三次，合并浸取液，并用布氏漏斗抽滤，收集滤液。将滤液转入分液漏斗中，每次用 5mL 的水洗，共洗涤两次，弃去水层。再以 10mL 饱和氯化钠溶液洗涤有机层一次，以除去乙醇和其他水溶性物质（洗涤时要轻轻振荡，以防产生乳化）。有机层经无水硫酸镁干燥后转入锥形瓶中密封避光以备下一步实验（一半作柱色谱分离，一半作薄层色谱分析）。

（二）菠菜色素的柱色谱分离

用直径 1cm、长约 15cm 的玻璃滴管作为色谱柱。另取少量脱脂棉，先在小烧杯中用石油醚浸湿，挤压以驱除气泡，然后放在色谱柱底部，轻轻压紧，塞住底部。在脱脂棉上铺少量石英砂。取 10g 中性氧化铝与 10mL 石油醚调成糊状液，然后从玻璃漏斗中缓缓加入柱中。小心打开柱下活塞，保持石油醚高度不变，流下的中性氧化铝在柱子中堆积。必要时用洗耳球轻轻在色谱柱的周围敲击，使吸附剂装得均匀致密。柱中溶剂面由下端活塞控制，既不能满溢，更不能干涸。装完后，上面再加少量石英砂，打开下端活塞，放出溶剂，直到氧化铝表面溶剂剩下 1～2mm 高时关上活塞（注意：在任何情况下，氧化铝表面不得露出液面）。

从柱顶缓慢加入一半色素试样，先以 9∶1（体积比）的石油醚∶丙酮溶液为淋洗剂进行洗脱。当前一橙黄色色带（胡萝卜素）即将流出时，换 1 号锥形瓶（25mL）接收，约需淋洗剂 20mL。后换用 7∶3（体积比）的石油醚∶丙酮溶液为淋洗剂进行洗脱，当第二个棕黄色色带（叶黄素）即将流出时，再换 2 号锥形瓶（25mL）接收，淋洗剂用量约为 20mL。最后用 3∶1∶1（体积比）的正丁醇∶乙醇∶水溶液为淋洗剂分出最后的蓝绿色（叶绿素 a）和黄绿色（叶绿素 b）的两个色带，淋洗剂用量约为 20mL。具体过程如图 3-23 所示。

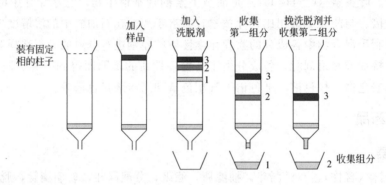

图 3-23　柱色谱分离过程

（三）菠菜色素的鉴定

展开剂：（a）石油醚∶乙酸乙酯＝6∶4（体积比）；（b）石油醚∶丙酮＝8∶2（体积比）。

取一块活化后的硅胶板，分别点上色素提取液样点、胡萝卜素样点和叶黄素样点，小心放入预先加入选定展开剂的层析缸内，盖好盖子。分别用两种溶剂系统展开，观察斑点的位置。待展开剂上升至规定高度时，取出层析板，在空气中晾干，用铅笔做出标记，并进行测量，分别计算出 R_f 值。并排列出胡萝卜素样点和叶黄素样点 R_f 值的大小次序。具体操作如图 3-24所示。

思　考　题

1. 影响比移值 R_f 的因素有哪些？

2. 展开剂的液面高出薄层板的样点，将会产生什么后果？

3. 色谱柱的底部和上部装石英砂的目的是什么？

4. 装柱不均匀或者有气泡、裂缝对分离效果有何影响？如何避免？

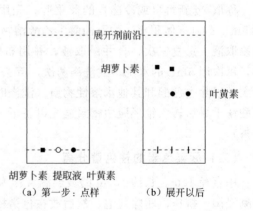

图 3-24　TLC 记录

实验五十九　三苯甲醇的制备

一、实验目的

1. 通过对高活性的金属有机试剂的制备使学生了解无水操作的技能。
2. 掌握金属有机试剂的应用和反应的条件。
3. 复习回流、萃取、重结晶等基本实验操作。
4. 学习并掌握低沸点易燃液体的蒸馏技术和要领。

二、实验原理

格氏试剂（Grignard 试剂，或称格利雅试剂、格林尼亚试剂）是有机合成中应用最广泛的金属有机试剂。其化学性质十分活泼，可以与醛、酮、酯、酸酐、酰卤、腈等多种化合物发生亲核加成反应，常用于制备醇、醛、酮、羧酸及各种烃类。

三苯甲醇是一种带有相同基团的叔醇，可以通过苯基溴化镁格氏试剂和二苯甲酮或苯甲酸乙酯反应制备得到，本实验采用二苯甲酮和苯基溴化镁的反应制备：

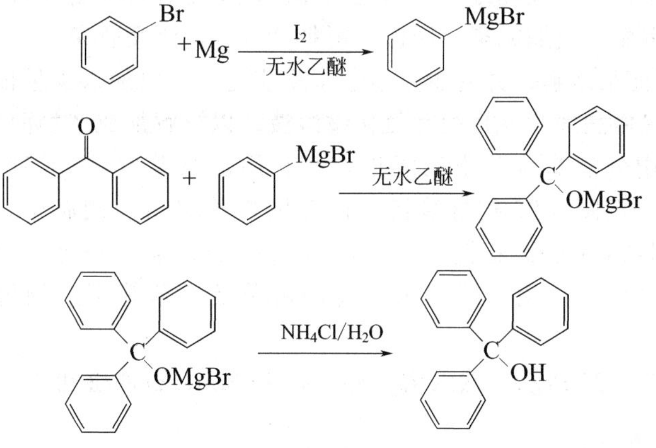

格氏反应是放热反应，反应剧烈，且存在副反应（偶合反应）：

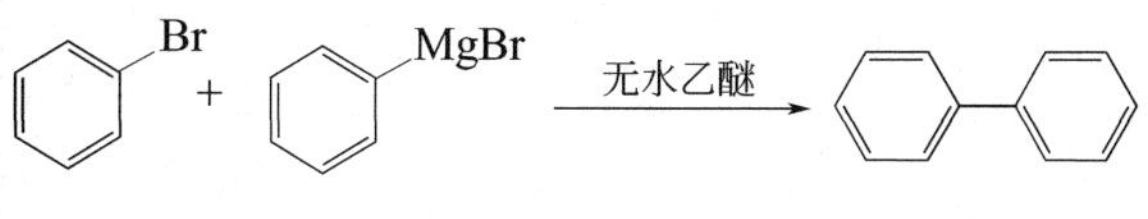

三、仪器和药品

（一）仪器

100mL 三颈圆底烧瓶，恒压滴液漏斗，回流冷凝管，干燥管，圆底烧瓶，蒸馏头，直型冷凝管，尾接管，锥形瓶，温度计，分液漏斗，抽滤装置，磁力搅拌器，搅拌子，量筒。

（二）药品

溴苯，镁条，碘，二苯酮，苯甲酸乙酯，乙醚，乙醇，石油醚，饱和氯化铵溶液。

四、实验步骤

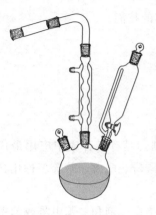

如图 3-25 所示，在 100mL 三颈瓶上分别装置回流冷凝管和恒压滴液漏斗（所有仪器必须干燥），在冷凝管的上口装置氯化钙干燥管（勿装填过于紧密而产生危险）。在反应瓶中加入 0.53g（0.022mol）剪碎的镁条（应充分擦拭后剪碎，勿用手接触），恒压漏斗中分别加入 3.2g（2.1mL，0.02mol）溴苯和 15mL 无水乙醚。从恒压漏斗滴入少许混合液于反应瓶中（浸没镁条），然后加入一小粒碘引发反应（碘不能太多，并在引发后再开启搅拌；引发困难可用电吹风温热）。开动搅拌器，继续滴加其余的混合液，控制滴加速度，维持反应呈微沸状态。如果发现反应液呈黏稠状，则补加适量的无水乙醚。滴加完毕，温水浴回流至镁条反应完全（滴加速度太快，反应过于激烈，副反应增多），制备的格氏试剂显浑浊带有灰白色，若澄清则可能是反应过程中进水而致制备失败。

图 3-25　反应装置

把反应瓶置于冰水浴中，搅拌下从恒压漏斗中慢慢滴加 3.1g（0.017mol）二苯甲酮和 15mL 无水乙醚的混合液，此时反应液颜色变化为原色——玫瑰红——白色固体。此步是关键，若无玫瑰红色出现，此实验很可能已失败，需重做。滴加完毕，回流下搅拌 30min，使反应完全。反应瓶置于冰水浴中（如果有氢氧化镁不能被溶解，并有少量镁条未反应完，可以加入少量稀盐酸使之溶解），搅拌下从恒压漏斗中慢慢滴加 20mL 饱和氯化铵溶液，以分解加成产物而生成三苯甲醇。

在通风橱中，用分液漏斗分出乙醚层，水相用乙醚萃取（2×15mL），合并有机相，用无水硫酸钠干燥。按图 3-26 搭好装置，把有机相转移到蒸馏瓶中，温水浴蒸馏，待瓶中有大量白色固体析出（乙醚未蒸干），加入 15mL 石油醚，浸泡片刻，抽滤除去未反应的溴苯及联苯等副产物，得粗产品（未反应的溴苯及联苯等副产物可以溶于石油醚而被除去）。

重结晶装置如图 3-27 所示，热水浴条件下，用 20mL 石油醚和 95％乙醇混合物（石油

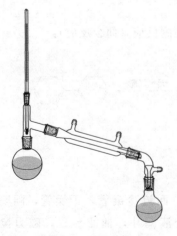

图 3-26　蒸馏装置　　　　　图 3-27　重结晶装置

醚：95％乙醇＝2：1，体积比）对粗产品重结晶，再滴加 95％乙醇至粗产品完全溶解，室温下自然冷却，有大量白色块状晶体析出。抽滤，石油醚洗涤，干燥，得纯品，产量约 2.5g（产率约 56％），熔点：164.2℃。

在用混合溶剂进行重结晶时，先加入适量的 95％乙醇，加热回流使粗产品溶解，慢慢滴加热的石油醚（90～120℃）至刚好出现混浊，加热搅拌混浊不消失时，再小心滴加 95％乙醇直至溶液刚好变澄清，放置自然冷却结晶。抽滤，用石油醚洗涤，灯下烘干，得纯品，称重，回收。如果已知两种溶剂的比例，也可事先配制好混合溶剂，按照单一溶剂重结晶的方法进行。本实验中的溶剂比例为石油醚：95％乙醇＝2：1（体积比）。

思 考 题

1. 实验中加碘的作用是什么？
2. 本实验中溴苯滴加太快或者一次加入，有何影响？
3. 如二苯酮和乙醚中含有乙醇，对反应有何影响？
4. 在制备三苯甲醇时，加入饱和氯化铵的目的是什么？

第九章

物理化学实验

实验六十　恒温水浴槽的安装及性能测试

一、实验目的

1. 了解恒温水浴槽的构造及其工作原理，学习恒温水浴槽的装配技术。
2. 测绘恒温水浴槽的灵敏度曲线。
3. 掌握数字贝克曼温度计的使用方法。

二、实验原理

1. 恒温水浴槽工作原理

物质的许多物理化学性质（如饱和蒸气压、密度、电导率等）都是温度的函数。因此大多数物化测量是在恒温条件下进行的。所谓恒温即利用某种方法使温度在所要求范围内保持相对稳定，仅允许很小的波动。恒温槽的使用温度一般为 20～50℃，通常都用水作为介质。若需要更高的恒温温度，大于 90℃时可以用甘油、白油（一种石油馏分）等物质作为恒温介质，小于 90℃时在水面上加少许白油可防止水的蒸发。更高温度的恒温槽则可采用空气浴、盐浴、金属浴等。（恒温水浴槽的使用详见第二部分第二章第十三节）。

2. 数字贝克曼温度计的使用

详见第二部分第二章第十四节。

三、仪器和药品

（一）仪器

恒温水浴槽，数字贝克曼温度计。

（二）药品

去离子水。

四、实验步骤

1. 安装好恒温水浴槽，调节温度调节器至所需的恒定温度（恒温槽的恒定温度一般要比室温高 5℃左右，否则恒温槽多余的热无法向环境散失，温度就难以控制恒定）。恒温槽刚开始加热时，用大功率加热，恒温后调至小功率。

2. 安装好数字贝克曼温度计。

3. 待恒温槽温度恒定后，用数字贝克曼温度计测量温度，每隔半分钟读取一次，约测 20min。（冬季室温较低，可作 20℃、25℃时恒温槽灵敏度测量；夏季室温较高，可作 30℃、35℃时恒温槽灵敏度测量。）

4. 以时间为横坐标，温度为纵坐标绘制温度-时间曲线，如图 3-28 所示，并计算恒温槽的灵敏度（参见第二部分第二章第十三节）。

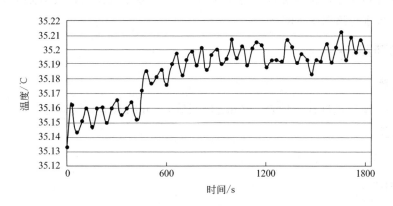

图 3-28　温度-时间曲线示意图

思　考　题

1. 恒温槽的恒温原理是什么？
2. 影响恒温槽灵敏度的因素有哪些？如何提高恒温槽的灵敏度？
3. 恒温槽内温度是否处处相等？为什么？
4. 若所需恒定温度低于室温，恒温槽该如何装配？

实验六十一　液体黏度的测定

一、实验目的

1. 掌握测定液体黏度的原理和方法。
2. 学习使用奥氏（Ostwald）黏度计测定乙醇水溶液的黏度。

二、实验原理

取相同体积的两种液体（一为被测液体"i"，一为参考液体"0"。如水、甘油等），在本身重力作用下，分别流过同一支毛细管黏度计，如图 3-29 所示。

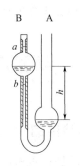

若测得流过相同体积 V_{a-b} 所需的时间为 t_i 与 t_0，则

$$\eta_i = \frac{\pi R^4 p_i t_i}{8 l V_{a-b}}, \quad \eta_0 = \frac{\pi R^4 p_0 t_0}{8 l V_{a-b}} \tag{1}$$

由于 $p = \rho g h$（p 为管两端的压力差，h 为液柱高，η 为液体黏度，g 为重力加速度，ρ 为液体密度，l 为管长，V 为在时间 t 内流过毛细管的液体的体积），若用同一支黏度计，则：

图 3-29　奥氏（Ostwald）
黏度计结构示意图

$$\frac{\eta_i}{\eta_0}=\frac{\rho_i t_i}{\rho_0 t_0} \tag{2}$$

若已知某温度下参考液体黏度为 η_0，待测液体和参考液体的密度分别为 ρ_i、ρ_0，并测得 t_i、t_0，即可求得该温度下的 η_i。

三、仪器和药品

（一）仪器

恒温水浴，奥氏黏度计，秒表，10mL 吸量管，50mL 烧杯，洗耳球。

（二）药品

20％乙醇水溶液，去离子水。

四、实验步骤

1. 将恒温槽调节至 $(25.0\pm0.1)℃$。

2. 在洗净烘干的奥氏黏度计中用吸量管由 A 管移入 10mL 20％乙醇溶液，然后垂直浸入恒温槽中（黏度计一定要垂直放入水浴，两刻度线均应浸没在水浴中，尤其保证 a 刻度要浸没）。

3. 待恒温后（约 10min），用洗耳球从 B 管将黏度计中液体吸至高于刻度线 a，再让液体自由下落，用秒表记录液面从 a 到 b 的时间 t_i，重复三次，要求偏差小于 0.2s，取其平均值。

4. 洗净并烘干此黏度计，冷却后用吸量管移入 10mL 去离子水，重复步骤 3，测得去离子水从 a 流到 b 的时间 t_0 的平均值。

5. 列表表示 20％乙醇水溶液和去离子水流过毛细管的时间。

6. 计算 20％乙醇水溶液的黏度（25℃下，$\rho_{20％乙醇}=0.9664g \cdot cm^{-3}$，$\rho_{0,水}=0.9970g \cdot cm^{-3}$，$\eta_{0,水}=0.0008904Pa \cdot s$）。

思 考 题

1. 使用奥氏黏度计时，为什么加入的被测液体与参比液体的体积要相同？

2. 奥氏黏度计在使用时为什么必须烘干？是否可用两支黏度计分别测得待测液体和参比液体的流经时间？为什么？

3. 为什么黏度计在恒温槽中要竖直放置？

4. 用奥氏黏度计测液体黏度时，毛细管中有气泡会对结果造成什么影响？

实验六十二　乙醇-水溶液偏摩尔体积的测定

一、实验目的

1. 掌握比重瓶法测液体密度的方法。

2. 加深理解偏摩尔量的物理意义。

3. 测定乙醇-水溶液中各组分的偏摩尔体积。

二、实验原理

1. 密度测定原理

本实验用比重瓶法测定液体的密度，比重瓶如图 3-30 所示。

图 3-30　比重瓶

液体的密度是其单位体积的质量。水在 4℃时的密度是 $1.000\text{g} \cdot \text{cm}^{-3}$。其他液体的密度数值上等于该液体与同体积的 4℃水的质量之比。若液体的温度为 t℃，则该液体的密度可表示为 d_4^t。在实际测量工作中常以同温度下的水作为比较标准，即在 t℃时，用比重瓶测定液体和同体积水的质量比值，此比值为相对密度（即比重），用 d_t^t 表示，则：

$$d_4^t = d_t^t d_w^t \tag{1}$$

式中，d_w^t 为水在 t℃的密度。

通过三次称量就可达到密度测定的目的：第一次在分析天平上称空比重瓶的质量 $m_{瓶}$，然后将待测液体装满比重瓶，第二次称量值为 $m_{瓶+液}$，之后倒去比重瓶中液体用蒸馏水洗净并充满比重瓶，第三次称量值为 $m_{瓶+水}$。用公式（2）计算可得液体的 d_t^t 值。

$$d_t^t = \frac{m_{瓶+液} - m_{瓶}}{m_{瓶+水} - m_{瓶}} \tag{2}$$

2. 偏摩尔体积的测定原理

偏摩尔体积以 V_i 表示：

$$V_i = \left(\frac{\partial V}{\partial n_i}\right)_{T,p,n_j}$$

溶液总体积 V 和各组分的偏摩尔体积 V_i 之间的关系为：

$$V = n_1 V_1 + n_2 V_2$$

若以 V_m 代表 1mol 溶液的体积，则：

$$V_\text{m} = x_1 V_1 + x_2 V_2$$

x_1、x_2 为两个组分的物质的量分数，且 $x_2 = 1 - x_1$，则：

$$V_1 = V_\text{m} - x_2 \left(\frac{\partial V_\text{m}}{\partial x_2}\right)_{T,p}$$

$$V_2 = V_\text{m} - x_1 \left(\frac{\partial V_\text{m}}{\partial x_1}\right)_{T,p}$$

若以比容 C（每克溶液的体积，即密度 d_4^t 的倒数）代替 V_m，以质量分数 g 代替物质的量分数 x，则有：

$$C_1 = C - g_2 \left(\frac{\partial C}{\partial g_2}\right)_{T,p}$$

$$C_2 = C - g_1 \left(\frac{\partial C}{\partial g_1}\right)_{T,p}$$

其中，

$$C_1 = \frac{V_1}{M_1}$$

$$C_2 = \frac{V_2}{M_2}$$

式中，M_1、M_2 分别为两组分的摩尔质量。

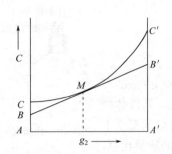

图 3-31　比容-质量分数的关系

以比容 C 对质量分数 g 绘图可得曲线 CC'（图 3-31），若求 $g_2 = 0.60$ 的溶液的 C_1 及 C_2，可通过曲线上对应此 g_2 的点 M 做曲线 CC' 的切线 BB'，与纵坐标的交点分别是 B、B'，此切线的斜率为 $\left(\dfrac{\partial C}{\partial g_2}\right)_{g_2 = 0.6}$，因此 B 点纵坐标为 C_1，B' 点纵坐标为 C_2。

三、仪器和药品

（一）仪器

恒温槽，电子分析天平，50mL 带盖锥形瓶，5mL 比重瓶，50mL 酸式、碱式滴定管，胶头滴管，吸水纸。

（二）药品

无水乙醇（A.R.），去离子水。

四、实验步骤

1. 将恒温槽调至 25.0℃±0.1℃。

2. 按下表中乙醇及水的体积，用滴定管准确配制 8 种不同浓度的溶液，分别置于 8 个 50mL 的带盖锥形瓶中：

编号	1	2	3	4	5	6	7	8
乙醇/mL	3.70	7.20	9.10	11.20	13.10	15.00	16.70	18.40
去离子水/mL	16.30	12.80	10.90	8.80	6.90	5.00	3.30	1.60

3. 将洁净的 8 个比重瓶分别放在分析天平上称质量（$m_{瓶}$）。然后将 8 种待测溶液分别小心装入并充满比重瓶，液面与毛细管管口平。把比重瓶放在架子上放入恒温槽内，恒温 15min。若塞子内毛细管液面下凹或比重瓶内有气泡，则拔去塞子重新装入一些溶液。取出比重瓶用吸水纸擦干，称重（$m_{瓶+液}$）。倒去比重瓶内的溶液用去离子水洗净并充满去离子水，再用上述方法测同温度下同体积水的质量（$m_{瓶+水}$）。使用比重瓶时注意：（1）装好液体必须盖严，不留气泡；（2）从恒温槽中取出前需用吸水纸吸去毛细管口高出的液体，取出后，由于温度下降造成液面下降不影响液体质量，不应再补加液体；（3）称量前必须用吸水纸将瓶外壁、磨口处的水擦干；（4）由于液体会挥发，故擦干、称量要迅速完成；（5）比重瓶的握取方法是手持其颈部。

4. 根据公式（2）计算出各溶液的相对密度 d_t^t，并计算各溶液的密度 d_4^t 及比容 C。

5. 根据室温查出纯水及纯乙醇的密度，计算出步骤 2 表中各溶液含乙醇的质量分数 g。

6. 所有数据列表表示（包括纯水、纯乙醇的相关数据）。

7. 在坐标纸上作乙醇-水溶液的比容-组成图（共 10 组数据），并用截距法由图求出乙醇质量分数为 0.60 溶液的各组分的偏摩尔体积。

思　考　题

1. 使用比重瓶应注意哪些事项？

2. 溶液的偏摩尔体积受哪些因素影响？

3. 水与乙醇构成的溶液总体积是减小的，即 $\Delta V < 0$。你能举出 $\Delta V > 0$ 的溶液的例子吗？

实验六十三　凝固点降低法测定摩尔质量

一、实验目的

1. 掌握凝固点降低法测摩尔质量的原理。
2. 测定溶液的凝固点降低值，计算葡萄糖的摩尔质量。
3. 进一步理解稀溶液的依数性。

二、实验原理

物质的摩尔质量是重要的物理化学数据之一，其测定方法有许多种。凝固点降低法测定物质的摩尔质量是一个简单而比较准确的测定方法，在实验和溶液理论的研究方面都具有重要意义。

当稀溶液凝固，析出纯固体溶剂时，溶液的凝固点低于纯溶剂的凝固点，其降低值与溶液的质量摩尔浓度成正比。即

$$\Delta T = T_f^* - T_f = K_f m_B \tag{1}$$

式中，T_f^* 为纯溶剂的凝固点；T_f 是溶液的凝固点；m_B 为溶液中溶质 B 的质量摩尔浓度，$mol \cdot kg^{-1}$；K_f 是溶剂的质量摩尔凝固点降低常数，它的数值仅与溶剂的性质有关。

若称取一定量的溶质 $W_B(g)$ 和溶剂 $W_A(g)$，配成稀溶液，则此溶液的质量摩尔浓度 m_B 为

$$m_B = \frac{W_B}{M_B W_A} \times 10^3 \tag{2}$$

式中，M_B 为溶质的摩尔质量。

将式(2)代入式(1)，整理得：

$$M_B = K_f \frac{W_B}{\Delta T W_A} \times 10^3 \tag{3}$$

若已知某溶剂的凝固点降低常数 K_f 值，通过实验测定此溶液的凝固点降低值 ΔT，即可计算溶质的摩尔质量 M_B。

通常测凝固点的方法是将溶液逐渐冷却，但冷却到凝固点，并不析出晶体，往往成为过冷溶液。然后由于搅拌或加入晶种促使溶剂结晶，由结晶放出的凝固热，使体系温度回升，当放热与散热达到平衡时，温度不再改变。此固液两相共存的平衡温度即为溶液的凝固点。但过冷太厉害或寒剂温度过低，则凝固热抵偿不了散热，此时温度不能回升到凝固点，在温度低于凝固点时完全凝固，就得不到正确的凝固点。

从相律看，溶剂与溶液的冷却曲线形状不同。对纯溶剂两相共存时，自由度 $f^* = 1 - 2 + 1 = 0$，冷却曲线出现水平线段，其形状如图 3-32(a) 所示。对溶液两相共存时，自由度 $f^* = 2 - 2 + 1 = 1$，温度仍可下降，但由于溶剂凝固时放出凝固热，使温度回升，但回升到最高点又开始下降，所以冷却曲线不出现水平线段，如图 3-32(b) 所示。由于溶剂析出后，剩余溶液浓度变大，显然回升的最高温度不是原浓度溶液的凝固点，严格的做法是应作冷却

曲线，并按图 3-32(b) 中所示方法加以校正。但由于冷却曲线不易测出，而真正的平衡浓度又难于直接测定，实验总是用稀溶液，并控制条件使其晶体析出量很少，所以用起始浓度代替平衡浓度，对测定结果不会产生显著影响。

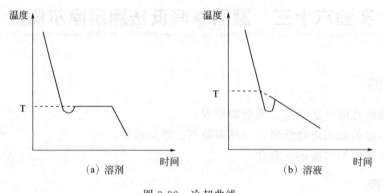

图 3-32　冷却曲线

本实验测纯溶剂与溶液凝固点之差，由于差值较小，所以测温需用较精密仪器。本实验使用数字贝克曼温度计。

三、仪器和药品

（一）仪器

凝固点测定仪，800mL 烧杯，数字贝克曼温度计，电子天平，普通温度计（0～50℃），50mL 移液管，洗耳球。

（二）药品

葡萄糖，冰，粗盐。

四、实验步骤

（一）调节寒剂的温度

取适量粗盐与冰水混合，使寒剂温度为 −2～−3℃，在实验过程中不断搅拌，使寒剂保持此温度。寒剂温度对实验结果影响很大，过高会导致冷却太慢，过低则测不出正确的凝固点。

（二）溶剂凝固点的测定

仪器装置见图 3-33。

用移液管向清洁、干燥的凝固点管内加入 50mL 纯水，接入数字贝克曼温度计。先将盛水的凝固点管直接插入寒剂中，上下移动搅棒（勿拉过液面，约每秒钟一次）。使水的温度逐渐降低，当过冷到 0.7℃ 以后（纯水过冷度约 0.7～1℃，视搅拌快慢，为减少过冷度，可加入少量晶种，但每次加入晶种大小应尽量一致），要快速搅拌（避免搅棒下端擦管底），幅度要尽可能小，待温度回升后，恢复原来的搅拌，同时在数字贝克曼温度计上观察读数，直到温度回升稳定为止，此温度即为水的近似凝固点。搅拌速度的控制是做好本实验的关键，每

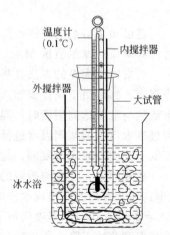

图 3-33　凝固点降低实验
装置示意图

次测定应按要求的速度搅拌，并且测溶剂与溶液凝固点时的搅拌条件要完全一致。

取出凝固点管，用手捂住管壁片刻，同时不断搅拌，使管中固体全部熔化。然后将凝固点管放在空气套管中，缓慢搅拌，使温度逐渐降低，当温度降至近似凝固点时，自支管加入少量晶种，并快速搅拌（在液体上部），待温度回升后，再改为缓慢搅拌。直到温度回升到稳定为止，记下稳定的温度值，重复测定三次，每次之差不超过 0.006℃，三次平均值作为纯水的凝固点。

（三）溶液凝固点的测定

取出凝固点管，使管中的冰融化，投入事先准确称量的葡萄糖 0.2g（精确到 0.0002g），使之全部溶解后，测定凝固点的方法与纯溶剂相同，先测近似凝固点，再精确测定之。但溶液的凝固点是取过冷后温度回升所达到的最高温度。重复测定三次，要求其绝对平均误差小于 ±0.003℃。

（四）由水的密度，计算所取水的质量 m_A。将实验数据列入下表中

凝固点降低实验数据

物质	质量	凝固点		凝固点降低值
		测量值	平均值	
水		1		
		2		
		3		
葡萄糖 （第一次）		1		
		2		
		3		
葡萄糖 （第二次）		1		
		2		
		3		

（五）根据公式(3)计算葡萄糖的摩尔质量，并计算与理论值的相对误差

思 考 题

1. 为什么要先测近似凝固点？

2. 根据什么原则考虑加入溶质的量？太多或太少影响如何？

3. 在凝固点降低法测摩尔质量实验中，当溶质在溶液中有解离、缔合和生成络合物时，对摩尔质量的测定值各有什么影响？

实验六十四　化学平衡常数及分配系数的测定

一、实验目的

1. 测定反应 $KI+I_2 \rightleftharpoons KI_3$ 的平衡常数。

2.测定碘在四氯化碳和水中的分配系数。

二、实验原理

在定温定压下，碘和碘化钾在溶液中建立如下平衡：

$$KI + I_2 \rightleftharpoons KI_3$$

应在不干扰动态平衡状态的条件下测定平衡组成。本实验采用滴定分析法，用 $Na_2S_2O_3$ 标准溶液测定达平衡时 I_2 的浓度，在滴定过程中随着 I_2 的消耗，上述反应将向左移动，使 KI_3 继续分解，最后只能测定出 I_2 和 KI_3 浓度的总和，显然要在 KI 水溶液中用碘量法直接测出平衡时各物质浓度是不可能的。为了解决这个问题，可在上述溶液中加入 CCl_4，然后充分摇匀。KI 和 KI_3 不溶于 CCl_4，当温度、压力一定时，上述化学平衡以及 I_2 在 CCl_4 层和水层的分配平衡同时建立，测得 CCl_4 层中 I_2 的浓度，即可根据分配系数求得水层中 I_2 的浓度。

实验时将 I_2 的 CCl_4 饱和溶液与水混合，达平衡后：

$$I_2(CCl_4 层中) \rightleftharpoons I_2(H_2O 层中)$$

设 I_2 在 CCl_4 层中的浓度为 a'，I_2 在水层中的浓度为 a，则分配系数 $K_d = \dfrac{a'}{a}$ （1）

又将 I_2 的 CCl_4 饱和溶液与浓度为 c 的 KI 水溶液相混合，在定温定压下有：

$$
\begin{array}{ccccccl}
KI & + & I_2 & \rightleftharpoons & KI_3 & \\
c-(b-a) & & a & & b-a & & 水层 \\
& & \updownarrow & & & \\
& & I_2 & & & & 四氯化碳层 \\
& & a' & & &
\end{array}
$$

达平衡时，水层中各物质浓度表示如下：

I_2 的浓度：$a = a'K_d$

（$I_2 + KI_3$）浓度：用 $Na_2S_2O_3$ 标准溶液滴定，即得水层中（$I_2 + KI_3$）总浓度，设为 b

KI_3 浓度：（$I_2 + KI_3$）浓度减去 I_2 浓度 $= b-a$

KI 浓度：由上述反应知，平衡时水层中 KI 的浓度等于 KI 初始浓度减去 KI_3 浓度，设 KI 初始浓度为 c，则 KI 的平衡浓度为 $c-(b-a)$

所以，反应 $KI + I_2 \rightleftharpoons KI_3$ 的平衡常数 K_c 为：$K_c = \dfrac{[KI_3]}{[I_2][KI]} = \dfrac{(b-a)}{a[c-(b-a)]}$ （2）

三、仪器和药品

（一）仪器

250mL 碘量瓶（干燥），500mL 碘量瓶（干燥），250mL 锥形瓶，10mL 量筒，25mL 移液管，10mL 吸量管，5mL 吸量管，50mL 碱式滴定管。

（二）药品

硫代硫酸钠标准溶液（$0.01mol \cdot L^{-1}$），1%淀粉溶液，碘的四氯化碳饱和溶液，碘化钾溶液（$0.1000mol \cdot L^{-1}$），四氯化碳（A.R.）。

四、实验步骤

表 1   实验条件及编号

编号	混合液组成/mL				取样分析/mL	
	H_2O	KI	I_2/CCl_4	CCl_4	H_2O 层	CCl_4 层
1	200	0	25	0	50	5
2	0	100	25	0	10	5
3	50	50	20	5	10	5

（一）按表 1 的要求，将溶液配于碘量瓶中，其中编号 1 测定分配系数，编号 2、3 测定平衡常数。

（二）恒温槽调至 25℃。将配好的溶液置于恒温槽中，每隔 5min 取出，用力振荡一次，每次不超过半分钟。振荡几次后，在槽内静置 20～30min，混合液分为两层，按表 1 所列数据取样分析。

（三）水层分析：先用 $Na_2S_2O_3$ 溶液滴定至淡黄色，加 1mL 淀粉溶液作指示剂（淀粉溶液不要加得太早，否则形成 I_2 的淀粉配合物不易分解），然后滴至蓝色恰好消失。

（四）四氯化碳层分析：先在锥形瓶内加入约 5mL 水、5mL 0.1mol·L^{-1} KI（促使加快 I_2 进入水层），再准确吸取 5mL CCl_4 层样品置于锥形瓶中（为了不让水层样品进入移液管，用手指塞紧移液管上端口，直插 CCl_4 层中），加 1mL 淀粉溶液，用 $Na_2S_2O_3$ 溶液滴定至水层蓝色消失，CCl_4 层不再出现红色（滴定时要充分摇动，使 CCl_4 层中 I_2 转移到水层）。

滴定后溶液中所含 CCl_4 及未用完的 CCl_4 皆应倒入回收瓶中。

（五）将实验数据记录在表 2 中。

表 2   实验数据记录表

编号	滴定时消耗 $Na_2S_2O_3$ 溶液体积数/mL					
	水层			四氯化碳层		
	1	2	平均	1	2	平均
1						
2						
3						

（六）按表 3 进行数据处理。（1）由 1 号消耗的 $Na_2S_2O_3$ 溶液的量，计算 I_2 在 CCl_4 层和水层的分配系数 K_d。（2）由 2 号、3 号实验的 CCl_4 层 a' 和分配系数 K_d 求出水层 a，再由水层消耗的 $Na_2S_2O_3$ 溶液的量求出 b，将 a、b、c 代入式（2）求出 K_c。

表 3   数据处理表

分配系数和平衡常数	实验编号		
	1	2	3
	$K_d =$	$K_{c_1} =$	$K_{c_2} =$
		$K_{c平均} =$	

1. 测定平衡常数及分配系数为什么要求恒温？

2. 本实验中，所用的碘量瓶和锥形瓶哪些需要干燥？哪些不需要？为什么？

3. 实验中，配制 1 号、2 号溶液的目的是什么？

4. 在实验中，为什么要每隔几分钟取出用力振荡一次？振荡时间不够对结果有何影响？

实验六十五　三组分体系相图

一、实验目的

1. 学习测绘恒温恒压下三组分体系的相图。

2. 掌握用等边三角形坐标表示三组分体系组成的方法。

二、实验原理

图 3-34 是甲苯、水、乙醇三组分相图。$A'DB'$ 曲线是相分界线，$A'DB'$ 曲线以外是单相区（Ⅰ），$A'DB'$ 曲线包围着的部分为两相区（Ⅱ），EF 线是共轭线，E、F 两点是共轭相点。给定一个三组分体系中 A、B、C 三物质的百分浓度，则在图上确定了一个物系点 P。当浓度改变时物系点也随之改变。当物系点从Ⅰ区变到Ⅱ区，在通过相分界线 $A'DB'$ 时，体系就由澄明的单相变为混浊的两相；从Ⅱ区到Ⅰ区则相反。所以可根据体系澄明度变化来测定 $A'DB'$ 曲线，这就是本实验的测量原理。

实验测量时，轮流用乙醇和水滴定含有一定量甲苯的溶液，根据澄清度变化确定每一个终点，就可画出 $A'DB'$ 曲线。例如，当体系的物系点为 K 时，只含有 A、B，此时体系为混浊的两相，参见图 3-35。用 C 滴定，则物系点沿 KC 线变化；当变到 d 点时体系就变为澄清的单相，从而确定了一个终点 d。此时再加入定量的 B，则物系点沿 dB 线变到 e，体系又变混浊。再用 C 滴定，物系点又沿 eC 线变化，变到 f 时又澄清了，这样，又确定了一个终点 f。如此反复，即可得到 d 点右面一系列终点。对于靠近 A'、B' 的终点，可通过用 B 来滴定起始物系点靠近 A 和 C 的溶液 L 及 M 来获得。连接所有终点即得 $A'DB'$ 曲线。

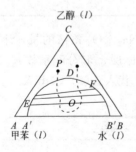

图 3-34　三组分体系相图
测定原理示意图

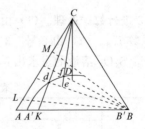

图 3-35　三组分体系相图
测定过程示意图

三、仪器和药品

（一）仪器

50mL 酸式滴定管，150mL 锥形瓶，5mL、10mL 吸量管，洗耳球。

（二）药品

甲苯（A.R.），无水乙醇（A.R.），去离子水。

四、实验步骤

（一）用吸量管吸取 5mL 甲苯于干燥的 150mL 锥形瓶中，再用滴定管滴入 0.5mL 水，然后从滴定管慢慢滴入无水乙醇，用力不断振摇至溶液恰由浊变清，记下所加乙醇和水的体积。再加水约 0.5mL，液体又成两相（变浊），继续慢慢滴加乙醇，不断振摇，直到溶液又恰由浊变清，记下所加乙醇和水的体积。以后依次按实验记录表（表 1）的安排同法进行。实验记录表中共分 6 组：1～2 组，用乙醇滴定，滴定终点为溶液恰由浊变清；3～6 组，用水滴定（水必须一滴滴加入，且需不停振摇，特别是在接近终点时要多加振摇，这时溶液接近饱和，溶解平衡需较长的时间），滴定终点为溶液恰由清变浊。每一组分别在一个锥形瓶中进行连续滴定（因为所测定的体系有水的组成，故所用玻璃仪器均需干燥）。

（二）将实验数据记录在表 1 中。假设三组分混合后体积不变化，计算三组分的体积百分率（即总体积为 100mL 时，三组分分别所占的体积）。

（三）将上面的计算结果在坐标纸上作出各点，经过这些点连成一条平滑的曲线。

表 1　实验记录表

组号	甲苯/mL		乙醇/mL		水/mL		体积百分率/%			终点
	每次约加	合计	每次约加	合计	每次约加	合计	甲苯	水	乙醇	
1	5	5			0.5					浊
	0	5			0.5					
	0	5			0.5					
	0	5			0.5					
	0	5			1					
	0	5			1					
	0	5			2					
	0	5			2					
2	1	1			5					
	1	2			0					
3	1	1	8							
	0	1	3							
	0	1	4							
	0	1	5							
4	0.5	0.5	20							

组号	甲苯/mL		乙醇/mL		水/mL		体积百分率/%			终点
	每次约加	合计	每次约加	合计	每次约加	合计	甲苯	水	乙醇	
5	0.2	0.2	20							浊
6	20	20	2							
	0	20	2							
	0	20	2							
	0	20	2							
	0	20	2							
	0	20	2							

思 考 题

1. 为什么根据体系由清变浊的现象就能测定相界？

2. 如果滴定过程中有一次清浊转变未做准，是否需要倒掉重做？

3. 本实验所用的滴定管、锥形瓶、吸量管等为什么必须干燥？

4. 温度升高，体系的溶解度曲线会发生怎样的变化？在本实验的操作中应注意哪些问题以防止温度变化而影响实验的准确性？

实验六十六　电导法测定弱电解质的电离平衡常数

一、实验目的

1. 加深对溶液电导、电导率、摩尔电导率等基本概念的理解。

2. 掌握测量溶液电导的实验方法。

3. 测定醋酸溶液的摩尔电导，计算出醋酸的电离度和电离平衡常数。

二、实验原理

1. 电阻的测定

根据惠斯通电桥原理可以测定电阻。

如图 3-36 所示，当电流从直流电源出来后经过电阻 R_1、R_2、R_3 和 R_4，当 C 点和 D 点的电位相等时，即 $V_C = V_D$，检流计的指针就指向零。此时由欧姆定律得：

$$I_{ACB}R_3 = I_{ADB}R_1$$
$$I_{ACB}R_4 = I_{ADB}R_2$$

因此：

$$R_1 = R_2 \frac{R_3}{R_4} = R_2 \frac{a}{100-a} \tag{1}$$

但测定电解质溶液的电阻时，不能用直流电流，因为这样会使溶液电解，从而使电阻改变。一般采用频率 1000s^{-1} 交流电源（用电子管振荡器或音频讯号发生器）。交流电桥的测量线路如图 3-37 所示。因电路中串联有电解质溶液中的两个电极，所以除电极间溶液的电阻外还有容抗，此外电阻也有很小的感抗。因此严格说来，这是电阻、电感和电容串联的电路，不能简单地采用上述各电阻之间的关系，而应当用阻抗（包括电阻、容抗和感抗）代替电阻，即交流电桥平衡时各臂的阻抗达到平衡，所以应为：

$$Z_1 = Z_2 \frac{Z_3}{Z_4}$$

感抗一般都很小，容抗也可设法被抵消，因此在不太严格的情况下，仍旧可用：

$$R_1 = R_2 \frac{R_3}{R_4}$$

如果已知 R_2，又知道 R_3/R_4（不必知道它们的绝对值），即可求出待测电阻 R_1。

在测定电解质溶液的电阻时，由于采用交流电源，故不能用直流检流计，可以采用示波仪来指示平衡点，当 C 点和 D 点的电位相等时，在示波仪上 Y 轴的增幅最小。此外为了平衡电导池的容抗，在标准电阻箱 R_2 的两端可并联一个可变电容器。参见图 3-37。

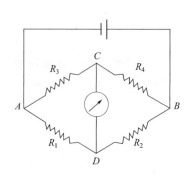

图 3-36　惠斯通电桥

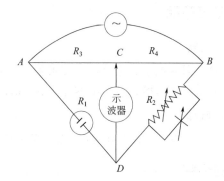

图 3-37　电解质溶液电阻测定电路图

2. 电导率的求法

因为电阻的倒数为电导，所以电阻率 ρ 的倒数定义为电导率 κ：

$$\kappa = \frac{1}{\rho} = \frac{1}{R} \times \frac{l}{A} \tag{2}$$

式中，l 为导体长度；A 为导体的截面积；R 为电阻。

所以，电解质溶液的电导率就是当电极间距离为 1m、电极面积为 $1m^2$ 时溶液的电导。l/A 为电导池常数，经测定后为已知值。于是只要测定出未知溶液的电阻就可根据式(2)求出其电导率。

3. 摩尔电导率的求法

相距 1m 的两个电极间有 1mol 电解质时，溶液的电导称为摩尔电导率。摩尔电导率和电导率的关系为：

$$\lambda_m = \kappa/c \quad (S \cdot m^2 \cdot mol) \tag{3}$$

c 为电解质溶液的摩尔浓度。因此，由已知浓度溶液的电导率即可求出摩尔电导率。

4. 电离度的求法

因为弱电解质溶液的摩尔电导率和浓度之间的关系主要取决于离子的数目，即取决于电离度 α，所以：

$$\triangle_m = K'\alpha \tag{4}$$

K' 为比例常数。如果把溶液无限稀释使之接近完全电离，即 $\alpha=1$，则此时的 K' 为无限稀释时的摩尔电导率 Δ_m^∞，代入式（4）后得：

$$\alpha=\frac{\Delta_m}{\Delta_m^\infty} \tag{5}$$

由于无限稀释时离子间的距离无限大，彼此可独立导电，互不干扰，所以溶液的摩尔电导率等于离子的摩尔电导率之和（离子独立运动定律）。

$$\Delta_m^\infty=\Delta_{m,+}^\infty+\Delta_{m,-}^\infty \tag{6}$$

5. 电离平衡常数的求法

对二元等价的弱电解质来说，Ostwald 稀释定律为：

$$K_c=\frac{(c\alpha)^2}{c(1-\alpha)}=\frac{c\alpha^2}{1-\alpha} \tag{7}$$

式中，K_c 为电离平衡常数。

因此，由 c 和 α 即可求得电离平衡常数。

三、仪器和药品

（一）仪器

音频发生器或电子管振荡器，交流检流计或示波器，电导池，米尺式惠斯通电桥，1～9999Ω 电阻箱，恒温槽，可变电容器，100mL 烧杯，100mL 容量瓶，50mL 移液管。

（二）药品

氯化钾（A. R.），0.1000mol·L^{-1} 醋酸溶液。

四、实验步骤

（一）调节恒温槽温度为 25℃。

（二）准确称量 0.3729g KCl（s）溶于蒸馏水中，配制成 0.02mol·L^{-1} 的 KCl 溶液，其电导率数据见表1。

表 1 电导率 κ（S·m^{-1}）数据

t	κ	t	κ	t	κ
0	0.1521	12	0.2093	24	0.2712
1	0.1566	13	0.2112	25	0.2765
2	0.1612	14	0.2193	26	0.2819
3	0.1629	15	0.2243	27	0.2873
4	0.1705	16	0.2294	28	0.2927
5	0.1752	17	0.2345	29	0.2981
6	0.1800	18	0.2397	30	0.3036
7	0.1848	19	0.2449	31	0.3091
8	0.1896	20	0.2501	32	0.3146
9	0.1955	21	0.2553	33	0.3201
10	0.1995	22	0.2606	34	0.3256
11	0.2043	23	0.2659	35	0.3312

（三）用逐步冲淡法配制 0.0500mol·L^{-1}、0.0250mol·L^{-1}、0.0125mol·L^{-1}、0.00625mol·L^{-1}的 HAc 溶液。

（四）按图 3-37 连接线路，待教师检查后再开始实验。

（五）用新鲜蒸馏水荡洗电导池 3 次，然后用 0.02mol·L^{-1} KCl 溶液荡洗 3 次，装入该 KCl 溶液浸没电极。在 25℃恒温槽内恒温 15min 后按下法测此溶液的电阻：用米尺式电桥测定电阻时，先将 100cm 的均匀金属滑线上的接触点 C 放在中点附近，按下接触点，调节电阻 R_2，直到示波器上 Y 轴增幅最小；然后固定电阻 R_2，从左到右再从右到左移动接触点 C，仔细观察示波器的变化情况，找到示波器增幅最小时接触点 C 在滑线上的范围，取其平均值。重复操作 3 次，3 次所测得的平衡点取其平均值为 a_1'。把电阻 R_2 增大 10%～20%，同法测平衡点 3 次，取其平均值为 a_1''。再把电阻减小 10%～20%，同上法测平衡点 3 次，取其平均值为 a_1'''。

（六）依次用蒸馏水和醋酸溶液各荡洗电导池 3 次。同上法测出各种浓度醋酸溶液的电阻。测量的顺序应为由稀到浓；各次测量时滑线电阻上 C 的读数应在 40～60cm 之间，否则会引起较大的误差。同一溶液各次测量结果相差不得超过 1%。

（七）实验结束后，切断电源，停止恒温，取出电导池，洗净电极浸泡在蒸馏水中待用。

（八）数据处理

1. 电导池常数的计算。将 3 次不同的 R_2 值及相应的 a 值分别代入式(1)，求出各次的 R_1 数值，然后取平均值作为溶液的电阻 R；将 25℃时 0.02mol·L^{-1} KCl 溶液的电导率及溶液的电阻代入式(2)，求出电导池常数。

2. 同上法，计算出各种浓度醋酸溶液的电阻。

3. 将电导池常数和 R 值代入式(2)求出各种醋酸溶液的电导率。

4. 由式(3)计算出各浓度醋酸溶液的摩尔电导率，由式(5)计算醋酸溶液的电离度，由式(7)计算醋酸溶液的电离平衡常数，再求电离平衡常数 K_c 的平均值。

5. 求出实验的相对百分误差。

思　考　题

1. 测定溶液电导率时为什么要恒温？

2. 为什么要测定电导池常数？如何得到该常数？

3. 为什么测定溶液的电导时要采用交流电？

实验六十七　原电池电动势的测定

一、实验目的

1. 学习对消法测定电池电动势的原理。

2. 掌握电位差计的测量原理及使用方法。

3. 测量铜-锌电池电动势。

二、实验原理

原电池的电动势常用对消法来测量，严格控制电流在接近于零的情况下来测定电池的电动势，为此目的，可用一个方向相反但数值相同的电动势对抗待测电池的电动势，使电路中无电流通过，这时测出的两极的电位差就是该电池的电动势 E。

图 3-38 为对消法测量电池电动势的原理图。

工作电池（E_W）经 AB 构成一个通路，在均匀电阻 AB 上产生均匀的电位降。待测电池（E_x）的正极连接电钥（K），经检流计连接到一个滑动接点 C 后和工作电池的正极相连，负极与工作电池的负极相连。这样，就在待测电池的外电路中加上了一个方向相反的电位差，它的大小由滑动接触点的位置决定。改变滑动接触点的位置找到 C 点，若电钥闭合时检流计中无电流通过，则待测电池电动势恰为 AC 段的电位差完全抵消。

为求得 AC 段的电位差，可将电钥与标准电池（E_s）相连。标准电池的电动势是已知的，而且保持恒定，用同样的方法可找出检流计中无电流通过的另一点 C'。AC' 段的电位差就等于标准电池的电动势。因电位差与电阻线的长度成正比，故待测电池的电动势为：

$$E_x = E_s \frac{AC'}{AC}$$

三、仪器和药品

（一）仪器

UJ-25 型电位差计，检流计，惠斯通标准电池，1.5V 电池，饱和甘汞电极，Cu 电极，Zn 电极，电阻箱，饱和硝酸钾盐桥，毫安表。

（二）药品

$0.100\,mol \cdot L^{-1}$ 硫酸锌溶液，$0.100\,mol \cdot L^{-1}$ 硫酸铜溶液。

四、实验步骤

（1）根据公式：
$$E_{s,t} = E_{s,20} - 4.06 \times 10^{-5}(t-20) - 9.5 \times 10^{-7}(t-20)^2$$
计算实验温度下标准电池的电动势。

（2）如图 3-39 所示，将锌铜电极分别插入 $ZnSO_4$、$CuSO_4$ 溶液，组成原电池。

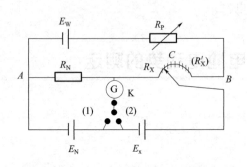

图 3-38　对消法测量电池电动势电路图

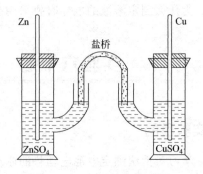

图 3-39　原电池示意图

（3）接好测量电路（在连接线路时，切勿将标准电池、工作电池、待测电池的正、负极接错；检流计不用时一定要短路，在进行测量时，一定要顺次先按电位差计上的"粗"按钮，待检流计光点调到零附近后，再按"细"按钮，以免检流计偏转过猛而损坏）。测定原电池：Zn｜ZnSO_4‖CuSO_4｜Cu 的电动势。

（4）列表表示铜锌原电池的各测量值并计算其平均值。

（5）已知 $0.100 mol \cdot L^{-1}$ $ZnSO_4$ 的平均活度系数为 0.150，根据有关公式计算锌电极的电极电位及其标准电极电位。

思 考 题

1. 为什么不能用电压表直接测量原电池的电动势？

2. 本方法中，电位差计、工作电池、标准电池以及检流计各起什么作用？如何保护及正确使用？

3. 测量电动势为什么要用盐桥？如何选用盐桥以适应不同的体系？

实验六十八　固-液界面上的吸附

一、实验目的

1. 测定活性炭在醋酸溶液中对醋酸的吸附。

2. 绘制吸附等温线并求出费劳因特立希（Freundlich）式中的经验常数。

二、实验原理

某些固体物质可以从溶液中将溶质吸附在它的表面上，吸附量的大小与吸附剂及吸附质的种类、温度、吸附剂的比表面、吸附质的平衡浓度有关。在指定温度下，对于一定吸附剂和吸附质来说，吸附量可以用 Freundlich 经验方程式表示：

$$\frac{x}{m} = kc^n$$

式中，m 是吸附剂的量；x 是吸附质被吸附的量；c 为吸附平衡时溶液的浓度；k 和 n 是两个经验常数；x/m 为吸附量。

上式的对数形式是：

$$\lg \frac{x}{m} = n \lg c + \lg k$$

若以 $\lg \dfrac{x}{m}$ 对 $\lg c$ 作图可得一直线，直线的斜率是 n，截距是 $\lg k$。由此，可求得 k 和 n。

三、仪器和药品

（一）仪器

150mL 碘量瓶，50mL 滴定管，150mL 锥形瓶，漏斗，10mL 吸量管，20mL、25mL 移液管，滤纸。

（二）药品

0.4mol·L⁻¹醋酸溶液（需标定），0.1mol·L⁻¹氢氧化钠标准溶液，去离子水，酚酞指示剂，20～40目活性炭。

四、实验步骤

（一）在6个干燥的碘量瓶上分别标以号码，并分别在各瓶中称入2.0g（准确到0.01g）活性炭，然后用滴定管按下表数据分别加入醋酸溶液和去离子水，塞好碘量瓶，半小时内时时振摇（编好号的干燥碘量瓶绝对不能加错样品；加好样品后应随时盖好瓶盖以防止醋酸挥发）。

编号	1	2	3	4	5	6
0.4mol·L⁻¹HAc 的体积/mL	100	50	25	15	8	4
去离子水的体积/mL	0	50	75	85	92	96

（二）滤去活性炭，弃去最初一小部分滤液（约10mL），将其余滤液收集在另一干燥的锥形瓶中。

（三）于第1、2号瓶内各取10mL滤液，于第3、4号瓶内各取25mL滤液，于第5、6号瓶内各取40mL滤液，加2～3滴酚酞指示剂，分别用标准NaOH溶液进行滴定。每一种滤液都应重复滴定1次。

（四）数据处理。

1. 计算吸附前、吸附后各瓶中醋酸溶液的浓度 c_0 和 c。

2. 用下式计算各瓶中醋酸被活性炭吸附的量 x：

$$x = \left[(c_0 \times 100) - (c \times 100) \right] \times \frac{60.05}{1000}$$

3. 将实验数据列于下表中。

实验数据记录表

编号	1	2	3	4	5	6
初始浓度 c_0/mol·L⁻¹						
活性炭质量 m/g						
平衡浓度 c/mol·L⁻¹						
吸附量 x/g						
x/m						
$\lg c$						
$\lg(x/m)$						

4. 绘制 x/m 对 c 的吸附等温线。

5. 绘制 $\lg(x/m)$ 对 $\lg c$ 的图，并从图上求出经验常数 k 和 n。

思 考 题

1. 吸附作用与哪些因素有关？固体吸附剂吸附气体与从溶液中吸附溶质有何不同？

2. 标定各瓶的滤液浓度时，必须移入干燥的锥形瓶中才能准确吗？

3. 如何加快吸附平衡？如何判定平衡已经到达？

实验六十九　溶胶的制备与性质

一、实验目的

1. 掌握用不同方法制备溶胶，进一步明确溶胶的胶团结构。
2. 加深对溶胶光学性质和电学性质的理解。
3. 讨论电解质对溶胶稳定性的影响。

二、实验原理

（一）溶胶的制备方法

溶胶的制备方法有分散法和凝聚法两大类。

分散法是把较大的物质颗粒变成胶粒大小的质点，常用的方法有：机械法、电弧法和胶溶法。凝聚法是把物质的分子或离子凝结成较大胶粒，常用的方法有：改变分散介质法和复分解法。

（二）溶胶的光学性质——丁铎尔（Tyndall）效应

用一束会聚光线通过溶胶，在光前进方向的侧面可看到"光路"（图 3-40），此法可用来鉴定区别溶胶和其他分散系。

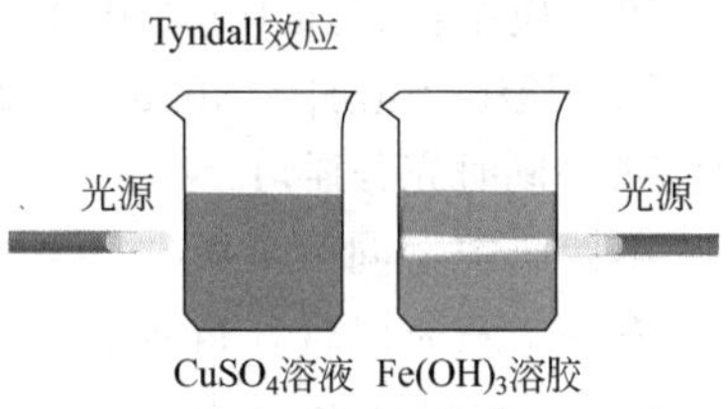

图 3-40　Tyndall 效应示意图

（三）溶胶的电学性质及电解质的聚沉作用

胶粒是荷电质点，带有过剩的负电荷或正电荷，这种电荷是从分散介质中吸附或解离而得。溶胶能够稳定存在的原因是胶体粒子带电和胶粒表面溶剂化层的存在。在溶胶中加入电解质能使溶胶发生聚沉，电解质中起聚沉作用的主要是电荷符号与胶粒所带电荷相反的离子（反离子）。一般而言，反离子的聚沉能力是：三价＞二价＞一价。聚沉能力的大小常用聚沉值表示，聚沉值是使溶胶发生明显聚沉所需电解质的最小浓度，单位为 $mmol \cdot L^{-1}$，聚沉能力是聚沉值的倒数。

三、仪器和药品

（一）仪器

250mL 烧杯，50mL 干燥锥形瓶，10mL 吸量管，100mL 量筒，5mL 量筒，25mL 酸式滴定管，胶头滴管，激光笔，试管。

（二）药品

10％三氯化铁溶液，$0.02mol \cdot L^{-1}$硝酸银溶液，$0.02mol \cdot L^{-1}$碘化钾溶液，$1mol \cdot L^{-1}$硫代硫酸钠溶液，$1mol \cdot L^{-1}$硫酸溶液，$0.5mol \cdot L^{-1}$氯化钾溶液，$0.5mol \cdot L^{-1}$硫酸钾溶液，$0.5mol \cdot L^{-1}$铁氰化钾溶液。

四、实验步骤

（一）溶胶的制备

1. 水解法制备 Fe(OH)$_3$ 溶胶

在 250mL 烧杯中加入 95mL 蒸馏水，加热至沸，慢慢滴加 5mL 10%FeCl$_3$ 溶液并不断搅拌，加完后继续沸腾几分钟使水解完全，即得到深红棕色 Fe(OH)$_3$ 溶胶，用激光笔观察 Tyndall 效应。

2. 硫溶胶制备

取一试管加入 1mol·L^{-1} H$_2$SO$_4$ 0.5mL 再加水冲淡到 5mL；另取一试管加入 1mol·L^{-1} Na$_2$S$_2$O$_3$ 0.5mL 并用水冲淡到 5mL。将两液体混合立即观察 Tyndall 效应，注意散射光颜色变化直至浑浊度增加至光路看不清为止，记下散射光颜色随时间变化的情形，并解释其原因。

3. AgI 溶胶制备

AgI 在水中的溶解度很小，当硝酸银溶液与易溶于水的碘化物相混合时应析出沉淀，但在混合稀溶液时，若取其中之一过量，则不产生沉淀而形成溶胶，溶胶的性质与过剩的离子有关。

取 4 个干燥的 50mL 锥形瓶，用滴定管准确放入如下比例的各种溶液。

第一瓶中：先加入 10mL 0.02mol·L^{-1} KI 溶液，然后在不断振摇下慢慢滴入 8mL 0.02mol·L^{-1} AgNO$_3$ 溶液。

第二瓶中：只加 10mL 0.02mol·L^{-1} KI 溶液。

第三瓶中：先加入 10mL 0.02mol·L^{-1} AgNO$_3$ 溶液，然后慢慢滴入 8mL 0.02mol·L^{-1} KI 溶液，同时充分摇匀。

第四瓶中：同第三瓶。

将一、三瓶混合，再将二、四瓶混合，充分摇匀，观察有无变化，记录实验现象。

（二）溶胶的聚沉作用

取四支试管分别加入步骤 1 中制备好的 Fe(OH)$_3$ 溶胶 1mL，然后在其中三支试管中逐滴加入 KCl、K$_2$SO$_4$、K$_3$Fe(CN)$_6$ 溶液进行滴定。每加入一滴后摇动，第四支试管作为空白对比。当开始出现凝聚（浑浊）时停止滴定，记录三种盐溶液所消耗的滴数。比较三种盐溶液聚沉值的大小，确定 Fe(OH)$_3$ 溶胶带什么电荷。

（三）列表记录实验内容、实验现象，并解释现象（见第一章第二节）。

思 考 题

1. 试解释溶胶产生 Tyndall 效应的原因。
2. 在制备 AgI 溶胶时，试分别讨论当 AgNO$_3$ 或 KI 过量时胶团的表示式是什么。

实验七十　液相反应平衡常数的测定

一、实验目的

1. 用分光光度法测定三价铁离子与硫氰根形成配离子的液相反应平衡常数。

2. 学习分光光度计的使用方法。

二、实验原理

三价铁离子和硫氰根离子的配位反应，随溶液中硫氰根浓度不同，形成的配合物中硫氰根的数目也不同（可从一到六），即可得如下组成的配离子：$[Fe(SCN)]^{2+}$、$[Fe(SCN)_2]^+$、$[Fe(SCN)_3]$、$[Fe(SCN)_4]^-$、$[Fe(SCN)_5]^{2-}$、$[Fe(SCN)_6]^{3-}$。当溶液中硫氰根浓度低于 $5 \times 10^{-3} \, mol \cdot L^{-1}$ 时，反应主要生成 $[Fe(SCN)]^{2+}$：

$$Fe^{3+} + SCN^- \rightleftharpoons [Fe(SCN)]^{2+}$$

一定温度下，此反应平衡条件是 $K = \dfrac{[Fe(SCN)^{2+}]}{[Fe^{3+}][SCN^-]}$。若温度不变，改变铁离子或硫氰根浓度，平衡将发生移动，但平衡常数 K 保持不变。

为求得 K 值，需测定在不同的平衡组成中 Fe^{3+}、SCN^- 和 $[Fe(SCN)]^{2+}$ 的浓度。这可用分光光度法来完成，因为溶液中唯一有颜色的是 $[Fe(SCN)]^{2+}$。

根据朗伯-比尔定律，在一定条件下吸光度与溶液浓度成正比。用分光光度计测量溶液吸光度，即可计算出平衡时 $[Fe(SCN)]^{2+}$ 浓度以及 Fe^{3+} 和 SCN^- 浓度，进而求出该反应的平衡常数 K。

三、仪器和药品

（一）仪器

721 型分光光度计，50mL 烧杯，10mL 吸量管。

（二）药品

$4 \times 10^{-4} \, mol \cdot L^{-1}$ 硫氰酸钠溶液，$1 \times 10^{-1} \, mol \cdot L^{-1}$ 硝酸铁溶液。

四、实验步骤

（一）不同浓度样品的配制

1. 用移液管向 1 号烧杯中直接注入 10mL $1 \times 10^{-1} \, mol \cdot L^{-1}$ 硝酸铁溶液。

2. 用移液管向 2 号烧杯注入 10mL $1 \times 10^{-1} \, mol \cdot L^{-1}$ 硝酸铁溶液，再加 10mL 蒸馏水，混合均匀，再取此稀释液 10mL。此时 2 号烧杯中留下 10mL $5 \times 10^{-2} \, mol \cdot L^{-1}$ 硝酸铁溶液。

3. 从 2 号烧杯中取出的 10mL 稀释液注入 3 号烧杯中，然后加 10mL 蒸馏水，混合均匀，取出此稀释液 10mL。此时，3 号烧杯中留下 10mL $2.5 \times 10^{-2} \, mol \cdot L^{-1}$ 硝酸铁溶液。

4. 再把从 3 号烧杯中取出的 10mL 稀释液注入 4 号烧杯中，然后再加 10mL 蒸馏水，混合均匀，再从 4 号烧杯中取出 10mL 该稀释液；留在 4 号烧杯中的是 10mL $1.25 \times 10^{-2} \, mol \cdot L^{-1}$ 硝酸铁溶液。

5. 再在 5 号和 6 号烧杯中重复进行同上操作。5 号烧杯中取出 10mL 稀释液放在 6 号烧杯中，而 6 号烧杯中取出的 10mL 稀释液，弃之。此时 5 号烧杯中硝酸铁溶液浓度为 $6.25 \times 10^{-3} \, mol \cdot L^{-1}$，而 6 号烧杯中硝酸铁溶液浓度为 $3.13 \times 10^{-3} \, mol \cdot L^{-1}$。

6. 分别向各烧杯中注入 10mL $4 \times 10^{-4} \, mol \cdot L^{-1}$ 硫氰酸钠溶液，混合均匀，待测定。

（二）用 721 型分光光度计测定各样品的吸光度

1. 连接分光光度计线路，经教师检查后方可接通电源。

2. 洗净比色皿，第一只盛蒸馏水，其余分别盛各样品溶液（在盛入溶液前需用该溶液将比色皿洗三次）。

3. 将波长调至 475nm 处，测定各样品溶液的吸光度。

（三）实验测得的数据和处理结果填入下表：

数据记录及处理

编号	$[Fe^{3+}]_始$ /mol·L^{-1}	$[SCN^-]_始$ /mol·L^{-1}	吸光度 A_1	吸光度比 A_2/A_1	$[Fe(SCN)^{2+}]_平$ /mol·L^{-1}	$[Fe^{3+}]_平$ /mol·L^{-1}	$[SCN^-]_平$ /mol·L^{-1}	K
1	5×10^{-2}	2×10^{-4}		1	2×10^{-4}			
2	2.5×10^{-2}	2×10^{-4}						
3	1.25×10^{-2}	2×10^{-4}						
4	6.25×10^{-3}	2×10^{-4}						
5	3.13×10^{-3}	2×10^{-4}						
6	1.56×10^{-3}	2×10^{-4}						

说明：

（1）对于 1 号样品，由于 $[Fe^{3+}]_始 \gg [SCN^-]_始$，当反应达到平衡时，可认为 SCN^- 全部消耗。因此，平衡时 $[Fe(SCN)^{2+}]_{平(1)} = [SCN^-]_始 = 2\times10^{-4}$ mol·L^{-1}。

对于 1 号样品不计算 K 值。

（2）对于 2 号样品，K 值计算方法如下：

根据朗伯-比尔定律，在一定条件下吸光度与溶液浓度成正比。因此有：

$$\frac{[Fe(SCN)^{2+}]_{平(2)}}{[Fe(SCN)^{2+}]_{平(1)}} = 吸光度比 = \frac{A_2}{A_1}$$

所以

$$[Fe(SCN)^{2+}]_{平(2)} = \frac{A_2}{A_1}\times[Fe(SCN)^{2+}]_{平(1)} = \frac{A_2}{A_1}\times[SCN^-]_始$$

$$[Fe^{3+}]_{平(2)} = [Fe^{3+}]_始 - [Fe(SCN)^{2+}]_{平(2)}$$

$$[SCN^-]_{平(2)} = [SCN^-]_始 - [Fe(SCN)^{2+}]_{平(2)}$$

所以

$$K = \frac{[Fe(SCN)^{2+}]_{平(2)}}{[Fe^{3+}]_{平(2)}\,[SCN^-]_{平(2)}}$$

思 考 题

1. 在什么情况下，才可用分光光度法测量溶液浓度？

2. 实验中 $Fe(SCN)^{2+}$ 的浓度是如何计算出来的？

3. 怎样正确使用比色皿？

第十章

综合探索性实验

实验七十一　酒石酸钙单晶的制备和测定

一、实验目的

1. 学习在凝胶中制备单晶的方法。

2. 学习如何用偏光显微镜观察晶体的存在。

3. 了解如何通过各种现代仪器进行组成含量分析。

二、实验原理

无机反应通常较快，得到的沉淀一般为无定型。本实验是在硅凝胶中使 Ca^{2+} 和酒石酸离子通过缓慢扩散，先形成晶核，进而形成较大的单晶。反应如下：

$$\left. \begin{array}{l} Ca^{2+} \\ 凝胶中\ H_2C_4H_4O_6 \end{array} \right\} \xrightarrow{扩散反应} CaC_4H_4O_6 \cdot 4H_2O \quad 单晶$$

通过偏光显微镜的观察，可判断生成物属于单晶还是多晶以及晶体的大小。借助元素分析、原子吸收和 X 射线单晶衍射仪可以确定晶体组成和晶胞参数。

三、仪器和药品

（一）仪器

150mL 烧杯，电炉，偏光显微镜，Rigaku Mercury CCD-X 射线单晶衍射仪（日本），EA1110 CHNO-S 型元素分析仪（意大利），日立 180-80 型原子吸收分光光度计（日本）。

（二）药品

硅酸钠（s），酒石酸（s），2mol·L^{-1} 氢氧化钠，0.1mol·L^{-1} 氯化钙。

四、实验步骤

（一）硅酸盐凝胶的制备

在 50mL 烧杯中，将 10% 新配的硅酸钠和 2mol·L^{-1} 的酒石酸按 2∶1 的体积比混合成 30mL 溶液，电炉加热至 80～90℃后取下，返滴 6～7 滴 2mol·L^{-1} 氢氧化钠，摇动后静置，制成硅凝胶。

（二）酒石酸钙单晶的制备

如图 3-41 所示，取 10mL 0.1mol·L^{-1} CaCl$_2$ 溶液，加入到制成的硅凝胶上，静置 48h，观察现象（1～2h 可见有微晶生成，2 天后可得较好单晶）。

（三）晶体外观的观测

用滴管小心地吸取少量结晶体，滴于载玻片上，用偏光显微镜观察晶体的外观特征，并与图 3-42 比较（单晶直径约 $0.1\sim0.2$ mm）。

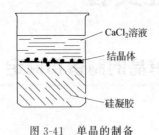

图 3-41　单晶的制备　　　　　　图 3-42　单晶外观示意图

（四）晶体组成的测定

小心取晶体约 50mg 并在 $40\sim50℃$ 下干燥（如晶体量不够，可在界面处适当增加 Ca^{2+} 含量，再培养一段时间），然后进行晶体组成的测定。

1. 元素分析仪分析

取毫克量的晶体，在 EA1110 CHNO-S 型元素分析仪上测定 C、H、N 的含量。

2. 原子吸收分光光度分析

（1）标准液配制

用基准 $CaCO_3$ 准确配制含钙量为 0、$1\mu g \cdot mL^{-1}$、$2\mu g \cdot mL^{-1}$、$3\mu g \cdot mL^{-1}$、$4\mu g \cdot mL^{-1}$ 的 2% 盐酸溶液，分别置于 5 只 50mL 容量瓶中。

（2）试样配制

用实验所获晶体配制含钙量（假定晶体是目标产物 $CaC_4H_4O_6 \cdot 4H_2O$）为 $2\mu g \cdot mL^{-1}$ 的 2% 盐酸溶液，置于 50mL 容量瓶中。

（3）测定

在日立 180-80 型原子吸收分光光度计上进行钙含量测定，其中钙分析线用 422.7nm。

（五）晶体晶胞参数的测定

取直径约 0.2mm 的晶体在 Rigaku Mercury CCD-X 射线单晶衍射仪上测定晶体的晶胞参数。采用经石墨单色器单色化的 $MoK\alpha$ 辐射（$\lambda = 0.71070$Å），晶体距检测器为 35mm（或 54mm），$T = 193$K，ω 扫描方式，用 CrystalClear 程序包（Rigaku & MSC，1999）进行数据还原。

（六）数据处理

将各步骤实验结果填入表 1 中。

表 1　实验记录及结果讨论

测定方法	记录项目
显微镜观测	1.(单、多晶)_____；　　2. 晶体长度_____
元素分析 （假定分子式为 $CaC_4H_4O_6 \cdot 4H_2O$）	1. 理论值%：C=_____；H=_____；N=_____； 2. 实验值%：C=_____；H=_____；N=_____； 3. 百分误差%：C=_____；H=_____；N=_____

测定方法	记录项目
原子吸收	1. 理论值($\mu g \cdot mL^{-1}$):2 2. 测定值($\mu g \cdot mL^{-1}$): 　　第一次=_____;第二次=_____; 　　第三次=_____;平均值=_____; 3. 百分误差%=(2-平均值)÷2×100%=_____ 4. 结论:_____
单晶衍射	1. 晶胞参数: 　　a=_____Å;b=_____Å;c=_____Å; 　　α=_____°;β=_____°;γ=_____°;V=_____Å³ 2. 晶体结构:该晶体属_____晶系 3. 结论:_____
结果报告	实验获得晶体为_____(单、多)晶;属_____晶系; 分子组成_____

思　考　题

1. 制备硅凝胶时为什么要用氢氧化钠进行返滴色?
2. 怎样才能得到好的单晶?

[附]　　有关理论数据

1. $CaC_4H_4O_6 \cdot 4H_2O$ 元素分析数据:C=18.45;H=4.61;N=0
2. $CaC_4H_4O_6 \cdot 4H_2O$ 的 X-粉末衍射数据:
a=9.627Å,b=10.569Å,c=9.215Å
α=β=γ=90°,V=937.6Å³

实验七十二　二氧化钛纳米材料的制备与表征

一、实验目的

1. 了解二氧化钛纳米材料制备的方法。
2. 掌握用溶胶-凝胶法制备二氧化钛纳米材料的原理和过程。
3. 了解纳米材料的表征手段和分析方法。

二、实验原理

　　纳米材料是材料科学发展的一个极其重要的方向,材料技术的进步必将对未来世界产生巨大而深远的影响。纳米材料是纳米级结构材料的简称:狭义是指纳米颗粒构成的固体材料,其中纳米颗粒的尺寸最多不超过 100nm;广义是指微观结构至少在一维方向上受纳米尺度(1~100nm)限制的各种固体超细材料。纳米材料的小尺寸效应、表面与界面效应、量子尺寸效应和宏观量子隧道效应使得它们在电、磁、光、敏感性等方面表现出常规粒子不具备的特性。

纳米二氧化钛（TiO$_2$）是一种应用前景广阔的材料，它良好的光敏、气敏和压敏等特性，特别是光催化特性，使它在太阳能电池、光电转换器、光催化消除和降解污染物以及各种传感器等方面有着诱人的应用前景。纳米 TiO$_2$ 为白色或透明状的颗粒，主要有 2 种结晶形态：金红石型（Rutile）和锐钛矿型（Anatase）。金红石型 TiO$_2$ 比锐钛矿型 TiO$_2$ 稳定而致密。纳米 TiO$_2$ 化学性能稳定，常温下几乎不与其他化合物反应，不溶于水、稀酸，微溶于碱和热硝酸，且具有生物惰性、热稳定性和无毒性，还是一种典型半导体材料。

纳米材料的制备方法主要有溶胶-凝胶法、水解沉淀法和水热法。溶胶-凝胶法（sol-gel）是指无机盐或金属醇盐经过溶液、溶胶、凝胶而固化，再经热处理最后得到无机材料。溶胶（sol）是具有液体特征的胶体体系，分散的粒子是固体或者大分子，分散的粒子大小在 1～100nm 范围。凝胶（gel）是具有固体特征的胶体体系，被分散的物质形成连续的网状骨架，骨架空隙中充有液体或气体，凝胶中分散相的含量很低。

溶胶-凝胶法制备纳米 TiO$_2$ 通常以钛醇盐 Ti（OR）$_4$ 为原料合成，钛醇盐溶于溶剂中形成均相溶液，通过水解与缩聚反应生成 1nm 左右粒子形成溶胶，并进一步缩聚成凝胶，凝胶在恒温箱中加热以去除残余水分和有机溶剂，得到干凝胶，经研磨后煅烧，除去吸附的羟基和烷基基团以及物理吸附的有机溶剂和水，得到纳米 TiO$_2$ 粉体。在以钛酸正四丁酯 Ti(OC$_4$H$_9$)$_4$ 为原料制备纳米 TiO$_2$ 时，其水解缩聚反应如下：

水解：$\quad\quad\quad\quad \mathrm{Ti(OBu)_4} + n\mathrm{H_2O} \longrightarrow \mathrm{Ti(OBu)_{4-n}(OH)_n} + n\mathrm{BuOH} \quad (n \leqslant 4)$

失水缩聚：$\quad\quad -\mathrm{Ti-OH} + \mathrm{HO-Ti-} \longrightarrow -\mathrm{Ti-O-Ti} + \mathrm{H_2O}$

失水缩聚：$\quad\quad -\mathrm{Ti-OR} + \mathrm{HO-Ti-} \longrightarrow -\mathrm{Ti-O-Ti} + \mathrm{ROH}$

水解和缩聚反应的相对反应程度决定了最后获得的 TiO$_2$ 的结构和形态。

为得到颗粒细小且均匀的 TiO$_2$ 溶胶，可在体系中加入螯合剂冰醋酸控制 Ti(OBu)$_4$ 均匀水解，减小水解产物的团聚。

螯合反应：$\quad\quad \mathrm{Ti(OBu)_4} + x\mathrm{CH_3COOH} \longrightarrow \mathrm{Ti(OBu)_{4-x}(CH_3COO)_x} + x\mathrm{BuOH}$

三、仪器和药品

（一）仪器

电子天平，吸量管，酸度计，电磁搅拌器，烘箱，马弗炉，粒度分布测定仪，比表面仪，差热-热重分析仪，粉末 X 射线衍射仪，红外光谱仪，紫外-可见分光光度仪。

（二）药品

钛酸正四丁酯 Ti(OC$_4$H$_9$)$_4$，无水乙醇，冰醋酸，盐酸。

四、实验步骤

（一）溶胶-凝胶法合成纳米 TiO$_2$ 粉体

设计用钛酸正丁酯为原料，无水乙醇为溶剂，冰醋酸为螯合剂制备纳米 TiO$_2$ 的实验方案并进行实验操作（参考：肖循，唐超群．TiO$_2$ 薄膜的溶胶-凝胶法制备及其光学特性．功能材料，2003，4：442—444）。

（二）TiO$_2$ 纳米粉体的表征

1. 测定二氧化钛溶胶化过程的红外光谱。

2. 做前驱体二氧化钛凝胶的差热与热重分析。

（三）分析 TiO_2 纳米粉体的紫外-可见光谱、晶型、粒度分布，测定其比表面积

思 考 题

1. 合成 TiO_2 纳米粉体的方法有哪些？溶胶-凝胶法制备材料有哪些优点？
2. 纳米 TiO_2 粉体有哪些用途？

实验七十三　二茂铁及其衍生物的合成、分离和鉴定

一、实验目的

1. 通过二茂铁及其衍生物的合成，掌握基本的合成技术。
2. 通过薄层色谱选择合适的柱色谱淋洗剂，用柱色谱进行产物的分离提纯。
3. 通过红外光谱及核磁共振对产物进行鉴定。

二、实验原理

二茂铁是一种很稳定且具有芳香性的有机过渡金属配合物。这类化合物的出现，不仅扩大了金属有机配合物的领域，促进了化学键理论的发展，而且带来许多的实际应用。二茂铁及其衍生物可作为火箭燃料的添加剂、汽油的抗震剂、紫外线吸收剂等。

纯二茂铁为橙色晶体，具樟脑气味，熔点 173～174℃，沸点 249℃，高于 100℃时易升华。能溶于大多数有机溶剂，但不溶于水。

二茂铁的合成方法很多。本实验用聚乙二醇作为相转移催化剂，氢氧化钾作为环戊二烯的脱质子剂，然后与 Fe^{2+} 反应生成二茂铁：

由于二茂铁的茂基具有芳香性，因此可发生多种取代反应，特别是亲电取代反应比苯容易。本实验用乙酐与之反应制备单乙酰取代二茂铁：

所得产品中含有未反应的二茂铁及其他杂质，需进一步纯化。本实验通过薄层色谱法选择合适淋洗剂，采用柱色谱法进行分离提纯。

三、仪器和药品

（一）仪器

100mL 三颈烧瓶，10mL 圆底烧瓶，回流冷凝管，干燥管，温控磁力搅拌器，温度计，2.5cm×7.5cm 层析板 3 片，(φ)1.0cm×(l)20cm 色谱柱 1 支，200mL 烧杯 3 只，毛细管，表面皿，红外光谱仪，核磁共振仪，200mm 韦氏分馏柱。

（二）药品

氢氧化钾（s），聚乙二醇，二甲亚砜，无水乙醚，乙酐，85%磷酸，饱和碳酸氢钠溶液，无水氯化钙，二氯甲烷，氧化铝，乙醚，石油醚（60~90℃），18%盐酸，$CDCl_3$，溴化钾。

环戊二烯（新解聚）：市售的环戊二烯都是二聚体，将二聚体加热到 170℃ 以上就可以热裂解为环戊二烯单体。用一支 200mm 长的韦氏分馏柱，缓慢地进行分馏即可分出环戊二烯单体（b. p. 42℃）。热裂解反应开始要慢，控制分馏柱顶端温度不超过 45℃。环戊二烯的接收器要放在冰水浴中。蒸馏出的环戊二烯要尽快使用，最好在 1h 内使用完毕（如暂时不用，应放入冰箱中，一般在 0℃ 以下能保存一周左右）。

四水合氯化亚铁：久置的氯化亚铁可能含有较多的三价铁，可将这种亚铁先用工业乙醇洗三次，再用乙醚洗涤一下，于滤纸上压干后立即使用。

四、实验步骤

（一）二茂铁的合成

在装有搅拌器的 100mL 三颈烧瓶中加入 30mL 二甲亚砜（有毒，切勿接触皮肤）、1 滴管聚乙二醇和 7.5g 研成粉状的氢氧化钾，再加入 4 滴管无水乙醚驱除瓶内空气（保证反应在无氧条件下进行）。三颈烧瓶装上带有无水氯化钙干燥管的回流冷凝管和温度计，在 20~30℃ 下搅拌 15min 后，加入 2.75mL 新解聚的环戊二烯和 3.25g 四水合氯化亚铁，继续搅拌反应 1h 后，将暗灰色的反应混合物边搅拌边倾入 50mL 18%盐酸和 50g 冰的混合物中，即有黄色固体产生，放置 1~2h，抽滤，用水充分洗涤，晾干，称量，计算产率（约得2.4~2.9g 粗产品，产率 85%~90%）。

（二）乙酰二茂铁的合成

将 1g 粗二茂铁、5mL 新蒸馏的乙酐放入装有搅拌器的 10mL 圆底烧瓶中，烧瓶装上带有无水氯化钙干燥管的回流冷凝管。开动搅拌，加入 1mL 85%的磷酸，于 75℃ 左右反应 10min，将反应液倾入 10g 碎冰中，并用饱和碳酸氢钠中和反应混合物（小心 CO_2 的逸出和碳酸氢钠过量）。冰浴冷却 30min，抽滤收集橙红色固体，水洗，晾干。所得产品中仍含有未反应的二茂铁及少量其他杂质，需进一步纯化。

（三）薄层色谱法选择柱色谱淋洗剂

取少量上述干燥的粗产物，溶于适量的二氯甲烷中，用毛细管吸取该溶液，在层析板距离底边 1cm 处轻轻点触，然后用电吹风吹干斑点。在 3 只层析缸中分别加入下列供选择的溶剂：（1）石油醚；（2）乙醚；（3）3∶1 的石油醚∶乙醚溶液，溶剂高度为 5~6mm。将层析板插入层析缸，盖上盖子。仔细观察不同组分在三种溶剂中的展开情况，据此确定最适合的柱色谱淋洗剂（提示：展开后各组分斑点能尽量彼此远离的溶剂为理想的淋洗剂）。

（四）柱色谱法分离提纯产物

将乙酰二茂铁粗产物用少量二氯甲烷溶解，加入 $2\sim3g$ 氧化铝混合均匀，烘干。另将 20g 色谱用氧化铝装填于底部铺有一层脱脂棉的色谱柱中，装填紧密后，将吸附有产物的氧化铝装入，用选定的淋洗剂进行洗脱，分别收集不同颜色的两个组分。最后蒸馏除去溶剂或在通风橱中自然挥发，得到两个纯组分——二茂铁和乙酰二茂铁，称量。

（五）产物鉴定

1. 分别用 KBr 压片法测定两个纯组分的红外光谱，与标准图谱进行比较，确定组分归属，然后计算乙酰二茂铁产率。

2. 分别称取二茂铁和乙酰二茂铁各 5mg，溶解在 0.5mL $CDCl_3$ 溶液中，测定核磁共振数据，并与标准图谱进行比较（参见图 3-43～图 3-46）。

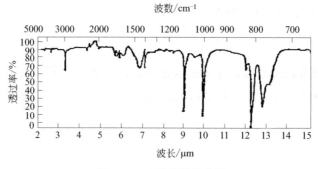

图 3-43　二茂铁红外光谱

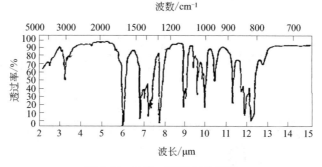

图 3-44　乙酰二茂铁红外光谱

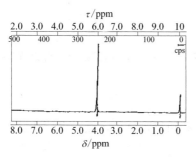

图 3-45　二茂铁核磁共振谱

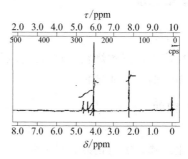

图 3-46　乙酰二茂铁核磁共振谱

1. 二茂铁具有怎样的化学结构？二茂铁乙酰化反应属于哪种反应类型？
2. 合成二茂铁为何要用无水乙醚驱除反应瓶内的空气？合成乙酰二茂铁为何要用无水氯化钙干燥管来保护？

实验七十四　　DL-脯氨酸的制备

一、实验目的

1. 学习 DL-脯氨酸的合成方法。
2. 熟悉多步合成反应的复杂操作。

二、实验原理

脯氨酸是一种重要的氨基酸，化学名为四氢吡咯-2-羧酸。研究发现该化合物在手性催化方面具有广泛的用途。本实验采用 2-(2-氰乙基）丙二酸二乙酯为原料，经多步反应合成 DL-脯氨酸：

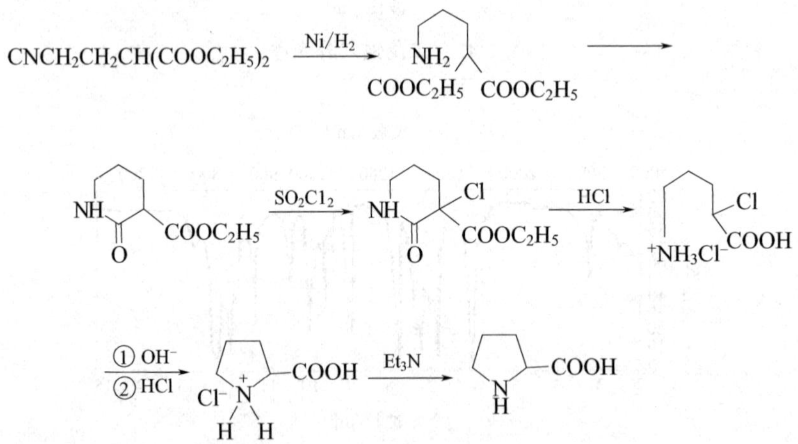

三、仪器和药品

（一）仪器

高压反应釜，三颈烧瓶，磁力搅拌器，恒压滴液漏斗，空气冷凝管，旋转蒸发仪，球形冷凝管，布氏漏斗，抽滤瓶。

（二）药品

2-(2-氰乙基)丙二酸二乙酯，乙醇，雷尼镍，石油醚，氯仿，氯化砜，浓盐酸，氢氧化钠，五氧化二磷，氢氧化钾，异丙醇，三乙胺。

四、实验步骤

（一）3-乙氧羰基-2-哌啶酮的制备

在高压釜中，将 8g（0.0375mmol）2-(2-氰乙基)丙二酸二乙酯溶解在 30mL 乙醇中，加入 0.25g 雷尼镍，先用氮气置换空气 3 次，然后再用氢气置换氮气 3 次。在 80℃，7.5MPa 下进行氢化，持续 2h。过滤除去催化剂，用旋转蒸发仪减压蒸馏溶剂，将剩余油状物搅拌下倒入 25mL 石油醚（60~90℃）中。滤出沉淀，沉淀在空气中晾干，得到 3-乙氧羰基-2-哌啶酮 5.6g，熔点 74℃，产率 90%，用乙醇或石油醚重结晶得到熔点 80~81℃ 的产品。

（二）3-氯-3-乙氧羰基-2-哌啶酮的制备

通风橱中，在一个 100mL 三颈烧瓶中放入搅拌子，安装恒压滴液漏斗及一个空气冷凝管，冷凝管上安装连有 HCl 吸收装置的氯化钙干燥管。加入 3-乙氧羰基-2-哌啶酮 5.6g（0.0325mol）的无水氯仿（8.8mL）溶液，滴液漏斗中加入 4.5g（2.7mL，0.0335mol）氯化砜的无水氯仿（6.3mL）溶液（SO₂Cl₂ 需重新蒸馏）。搅拌，自滴液漏斗缓慢滴加 SO₂Cl₂ 的氯仿溶液，使反应溶液混合物平稳回流。滴加完毕后，继续加热直至氯化氢不再产生。用旋转蒸发仪蒸出溶剂，冷却，用玻璃棒刮擦烧瓶内壁，直至有结晶析出。加入 15mL 石油醚，冷却过滤，得白色固体 5g，熔点 64~68℃，产率 82%。

（三）DL-脯氨酸盐酸盐的制备

在通风橱中将以上得到的 3-氯-3-乙氧羰基-2-哌啶酮 5g（0.025mol）和 10mL 浓盐酸混合，加热至沸腾并回流 5h 脱羧后，加入 0.1g 活性炭煮沸脱色。过滤，用旋转蒸发仪减压蒸馏，用水溶解剩余物，再蒸馏，以除去过量的氯化氢。用 4.5mL 水溶解剩余物，加入氢氧化钠溶液（3g 氢氧化钠溶于 6mL 水中）。在室温下放置两天，大约用 6.5mL 浓盐酸将此溶液酸化（用刚果红试纸检验），用旋转蒸发仪减压蒸干。在真空干燥器中用五氧化二磷和粒状氢氧化钾干燥剩下的固体，过夜。用 10mL 热的无水乙醇溶解，过滤出 NaCl，再用 7.5mL 热乙醇洗固体。蒸出乙醇，剩余物中加入 63mL 盐酸并加热回流 1h，以水解萃取过程中可能形成的脯氨酸酯。蒸干并重新用水溶解，再蒸干，在真空干燥器中用五氧化二磷和粒状氢氧化钾干燥，得到 3.5g DL-脯氨酸盐酸盐。在热的 2-丙醇中（8.8mL）重结晶，用冰冷却，过滤并用 10mL 冷的 2-丙醇洗涤得到纯的 DL-脯氨酸盐酸盐 2.5g。熔点 148~150℃，产率 60%。

（四）制备 DL-脯氨酸

把 1.5g（0.01mol）干燥的 DL-脯氨酸盐酸盐溶于 7mL 无水氯仿中制成悬浊液，剧烈搅拌下滴入 1.5g（0.015mol）新蒸的三乙胺，搅拌 1h，滤出产品并用少量冷的氯仿洗涤，得到 DL-脯氨酸，用无水乙醇重结晶得到纯 DL-脯氨酸 1g。产率 87%，熔点 206~207℃。

选择合适的分析方法对中间体和产品进行含量与结构测定。

思 考 题

如何对各步反应的中间产物进行含量与结构表征？

实验七十五 乳粉的检验

一、实验目的

1. 学习乳粉样品中各组分测定的方法。
2. 学习仪器分析与化学分析的综合运用。

二、实验原理

（一）水分的测定

乳与乳制品具有人体容易吸收的蛋白质、脂肪、维生素和碳水化合物，是人们重要的营养来源。乳与乳制品不仅具有胶体特性的生物化学性质，而且是一种多种成分的混合物，据有关资料介绍，牛乳至少由上百种物质组成，其中最重要的成分是水、蛋白质、脂肪、乳糖、无机盐、维生素和酶类等。由于乳与乳制品在生产和加工过程中可能受到污染，因此，对乳与乳制品的成分和污染物质的检验分析极为重要。

（二）脂肪的测定

脂肪是食品的主要成分之一。大多数动物性食品和一些植物性食品，都含有脂肪和类脂化合物。食品中脂肪的测定方法很多，但大多数采用低沸点溶剂直接萃取，或用酸碱溶液破坏碳水化合物和蛋白质，然后用溶剂萃取或离心离析。最常用的溶剂是乙醚、氯仿-甲醇或石油醚。

乙醚不能直接从乳粉中提取脂肪。乳粉样品中加入氨水，将牛乳中酪蛋白钙盐溶解以降低其与脂肪的吸附能力，使之易于提取。在乙醇和石油醚存在下，使乙醇溶解物留存在溶液内，加入石油醚可使乙醚不与水混溶，而只提取出脂肪和类脂化合物。石油醚的存在可使分层清晰。将醚层分离，并除去醚后，恒重得到脂肪含量。

（三）蛋白质的测定——凯氏定氮法（半微量）

乳粉样品与硫酸一同加热消化，硫酸使有机物脱水，破坏有机物，有机物中的碳和氢氧化为二氧化碳和水逸出，而蛋白质分解为氨，则与硫酸结合成硫酸铵留在酸性溶液中，其反应如下：

$$H_2SO_4 \xrightarrow{\Delta} SO_2 + H_2O + [O]$$
$$RCHNH_2COOH + [O] \longrightarrow RCHOH-NH_2 + CO_2$$
$$RCHOH-NH_2 + [O] \longrightarrow CO_2 + NH_3 + H_2O$$
$$2NH_3 + H_2SO_4 \longrightarrow (NH_4)_2SO_4$$

在消化过程中添加硫酸钾可以提高温度，加快有机物分解，它与硫酸反应生成硫酸氢钾，可提高反应温度，一般纯硫酸加热到沸点 330℃，而添加硫酸钾后，温度可达 400℃，加速整个反应过程。

$$K_2SO_4 + H_2SO_4 \Longrightarrow 2KHSO_4$$

为了加速反应过程，还加入硫酸铜作为催化剂。

$$2CuSO_4 \xrightarrow{\Delta} Cu_2SO_4 + SO_2 \uparrow + O_2 \uparrow$$

$$C + 2CuSO_4 \longrightarrow Cu_2SO_4 + SO_2 \uparrow + CO_2 \uparrow$$

$$Cu_2SO_4 + 2H_2SO_4 \longrightarrow 2CuSO_4 + SO_2 \uparrow + 2H_2O$$

样液中的硫酸铵在碱性条件下释放出氨，用硼酸溶液吸收后，再用标准盐酸溶液直接滴定。

（四）总糖的测定

乳粉中含有乳糖和蔗糖，样品中原有的和水解后产生的转化糖具有还原性，可用斐林试剂滴定，从而计算出含糖量。

斐林氏 A、B 液混合时，生成天蓝色氢氧化铜沉淀，立即与酒石酸钠起反应，生成深蓝色的氧化铜和酒石酸钾钠的配合物——酒石酸钾钠铜。酒石酸钾钠铜被葡萄糖和果糖还原，生成红色的氢氧化亚铜沉淀。

达到终点时，稍微过量的转化糖将蓝色的次甲基蓝指示剂还原为无色的隐色体，而显出氧化亚铜的鲜红色，（隐色体易为空气中的氧所氧化并重新变为次甲基蓝染色体）。

（五）酸度的测定

以酚酞为指示剂，用 NaOH 标准溶液滴定乳粉的酸度。

（六）铜、锌的测定

铜和锌都是人体必需的微量元素。铜参与酶催化功能，也是人体血液、肝脏和脑组织等铜蛋白的组成部分，缺铜会引起贫血，成年人每日最低铜摄取量为 $2\sim3mg$，但摄取过量会引起肝脏损害，出现慢性和活动性肝炎症状，所以食品中铜的允许量一般不超过 $5\sim20mg \cdot kg^{-1}$，成年人体内含锌 $2\sim3g$，正常人每日食入的锌量为 $10\sim15mg$ 左右，人体缺锌时，会引起食欲减退、味觉和嗅觉丧失、创伤愈合缓慢等症状，但是过量摄入锌会引起恶心、呕吐和腹泻。

食品中的铜和锌，其样品经干法或湿法处理后，一般可直接用原子吸收光度法测定，其灵敏度高，干扰元素少且简便快速。

测定时铜的波长为 324.7nm，锌为 213.7nm 处。

三、仪器和药品

（一）水分测定的仪器

玻璃称量皿，烘箱，干燥器。

（二）脂肪的测定

1. 仪器

125mL 分液漏斗，普通蒸馏装置。

2. 药品

浓氨水，无水乙醇或 95％乙醇，乙醚，石油醚（30～60℃）。

（三）蛋白质测定的药品

浓硫酸，硫酸钾，硫酸铜，40％氢氧化钠溶液，4％硼酸，0.05mol·L^{-1}盐酸溶液。

甲基红-次甲基蓝混合指示剂：将 0.2％甲基红酒精溶液与 0.1％次甲基蓝水溶液等量混合。

（四）总糖测定的药品

1％次甲基蓝指示剂，盐酸，20％醋酸铅，10％硫酸钠，40％氢氧化钠，蔗糖（A.R.）。

斐林 A 液：溶解 69.28g 化学纯硫酸铜（$CuSO_4 \cdot 5H_2O$）于 1000mL 水中，过滤备用。

斐林 B 液：溶解 346g 酒石酸钾钠和 100g 氢氧化钠于 100mL 水中，过滤备用。

（五）酸度测定的药品

$0.01mol \cdot L^{-1}$ 标准氢氧化钠溶液，0.5%酚酞酒精溶液。

（六）铜、锌的测定

1. 仪器

原子吸收分光光度计，铜和锌空心阴极灯。

2. 药品

浓硫酸，浓硝酸，$0.1mg \cdot mL^{-1}$ 标准铜溶液，$0.1mg \cdot mL^{-1}$ 标准锌溶液。

四、实验步骤

（一）水分的测定

于已恒重的玻璃称量皿中取 3～5g 乳粉，置于 100～150℃烘箱中干燥 3h，取出加盖，但不要盖得太紧，置于干燥器中冷却 20～30min，将盖盖紧称重，直至两次称重不超过 2mg 为止。计算：

$$水分(\%) = \frac{m_1 - m_2}{m_1 - m_3} \times 100\%$$

式中，m_1 为空白加样品质量，g；m_2 为空白加样品干燥后质量，g；m_3 为空白质量，g。

（二）脂肪的测定

准确称取乳粉样品 2.00～2.50g，置于小烧杯中，加水约 10mL（不能太多）溶解（即成牛乳状态），移入 125mL 分液漏斗内，加入 1.25mL 浓氨水，混匀，加入 10mL 乙醇，混匀，再加入 25mL 乙醚，剧烈振摇 1min，再加入 25mL 石油醚，再剧烈振摇 1min 静置至上层液澄清为止。先将下层液放入烧杯中，再将上层液由漏斗口移至已恒重的平底蒸馏烧瓶中，下层液再按上法提取二次，乙醚和石油醚用量各改为 15mL。将所有乙醚提取液合并于蒸馏烧瓶中，接上直形冷凝管，在水浴上蒸发除去全部有机溶剂，取下蒸馏烧瓶，置于 100℃烘箱内烘至恒重。计算式：

$$脂肪(\%) = \frac{C}{m} \times 100\%$$

式中，C 为测定样品中脂肪的实际质量，g；m 为样品质量，g。

（三）蛋白质的测定——凯氏定氮法（半微量）

1. 准确称取奶粉样品 0.5g 置于凯氏烧瓶内，加入 5g K_2SO_4、0.4g $CuSO_4 \cdot 5H_2O$ 及 15mL H_2SO_4，再放入几粒玻璃珠。缓慢加热，尽量减少泡沫产生，防止溶液外溅，使样品全部浸入 H_2SO_4 溶液中。待泡沫消失后再加大火力至溶液澄清，继续加热约 1h，然后冷却至室温。沿瓶壁加入 50mL 水溶解盐类，冷却后定量转移至 100mL 容量瓶中，用水稀释至标线，摇匀。

2. 安装好凯氏定氮装置。向蒸气发生瓶的水中加入数滴甲基红指示剂、几滴 H_2SO_4 及数粒沸石，整个蒸馏过程中需保持此液为橙红色，否则应补充 H_2SO_4。接收液是

20mL H_3BO_3 溶液，其中加入 2 滴混合指示剂，接收时要使冷凝管下口浸入吸收液的液面之下。

3. 移取 2500mL 样品消化液，从进样口注入反应室内，用少量水冲洗进样口，然后加入 30mL NaOH 溶液，立即盖严塞子，以防止 NH_3 逸出。从开始回流计时，蒸馏 4min，移动冷凝管下口使其脱离接收液，再蒸馏 1min，用水冲洗冷凝管下口，洗液流入接收液内。

4. 用 HCl 标准溶液滴定接收液至变成暗红色为滴定终点。以相同的操作做一次空白试验，计算奶粉中的蛋白质含量：

$$蛋白质(\%)=\frac{(V_1-V_0)c\times 0.014}{m/4}\times F\times 100\%$$

式中，V_1 为样品溶液消耗 HCl 标准溶液的量，mL；V_0 为空白试验消耗 HCl 标准溶液的量，mL；c 为 HCl 标准溶液的浓度，$mol \cdot L^{-1}$；F 为氨转化为蛋白质的系数，乳制品为 6.38，一般食品为 6.25；m 为样品质量，g。

（四）总糖的测定

1. 斐林溶液的标定：称取经 105℃ 烘干并冷却的分析纯蔗糖 $0.2\sim0.3$g，用 50mL 蒸馏水溶解，并移入 100mL 容量瓶中，加入 HCl 溶液 5mL，摇匀。置于水溶液中加热，使溶液在 $2\sim2.5$min 内升温至 $67\sim69$℃，保持 $7.5\sim8$min，使全部加热时间为 10min。取出，迅速冷却至室温。用 40%NaOH 溶液中和，加水至刻度，摇匀，注入滴定管中。

2. 准确吸取斐林 A、B 液各 2mL 于 250mL 锥形瓶中，加水约 40mL，置于电炉上加热至沸，保持 1min，加入次甲基蓝指示剂 $1\sim2$ 滴，再煮沸 1min 立即用配制好的糖液滴定，至蓝色褪去呈鲜红色为滴定终点。正式滴定时，先加入比预测时少约 0.5mL 的残液，煮沸 1min 加指示剂 $1\sim2$ 滴，再煮沸 1min，继续用糖液在 1min 内滴定至终点。计算其浓度：

$$A=\frac{mV}{100\times0.95}$$

式中，A 为相当于 4mL 斐林 A 和 B 混合液的转化糖量，g；m 为称取的纯蔗糖的量，g；V 为滴定时消耗的糖液的量，mL；0.95 为转换系数。

3. 称取样品 $0.8\sim1.2$g，用 50mL 左右的水洗入 100mL 容量瓶中，加入 20%醋酸铅溶液 $3\sim5$mL 和 10%硫酸钠溶液 $3\sim5$mL，至不再产生沉淀为止，加水至刻度，摇匀，过滤。吸收滤液 50mL 于 100mL 容量瓶中，按前述斐林 A 和 B 液标定方法进行转化，中和，将待检液注入滴定管中，吸取斐林 A 和 B 液各 2mL 于 250mL 锥形瓶中，按斐林溶液的标定方法进行滴定。按照下式计算样品含糖量：

$$总糖(\%)=\frac{A\times 200}{m_1V_1}\times 100\%$$

式中，m_1 为称取的样品质量，g；V_1 为滴定时消耗样液的体积，mL。

（五）酸度的测定

称取 $1.80\sim2.20$g 样品，置于 50mL 烧杯中，用煮沸过的水（约 50mL）分数次将样品溶解，洗入 250mL 锥形瓶中，然后加入酚酞指示剂 $3\sim5$ 滴，摇匀。以滴定管徐徐滴入 $0.01mol \cdot L^{-1}$NaOH 标准溶液，直至溶液呈微红色于 1min 内不消失为止。计算式：

$$酸度(°T)=\frac{c\times10\times V\times12}{m\times(1-B\%)}$$

$$乳酸(\%)=\frac{c\times10\times V\times12\times0.009}{m\times(1-B\%)}=°T\times0.009$$

式中，c 为氢氧化钠标准溶液的浓度，$mol \cdot L^{-1}$；V 为滴定消耗氢氧化钠标准溶液的量，mL；m 为样品的质量，g；$B\%$ 为样品中水的含量；12 为换算系数，即 12g 乳粉相当于 100mL 鲜乳；0.009 为乳酸换算系数，即 1mL $0.1mol \cdot L^{-1}$ NaOH 相当于 0.009 乳酸。

（六）铜、锌的测定

1. 称取乳粉样品 1～2g 于 50mL 烧瓶中，加 3mL 浓 H_2SO_4、5mL 浓 HNO_3，在通风橱中，先用小火加热，待剧烈作用停止后，加大火并不断滴加浓 HNO_3 直至溶液透明，不再转黑为止。每当消化溶液颜色变深时，立即添加硝酸，否则难以消化完全。待溶液不再转黑后，继续加热数分钟至有浓白烟逸出，冷却，后加入 5mL 水，继续加热至显白烟为止，冷却。将内容物移入 50mL 容量瓶中，并以水稀释至刻度，摇匀，备用。

2. 按下列仪器工作条件将处理后的样品溶液直接喷雾测定吸光度，同时测定空白的溶液吸光度，从标准曲线中查出样液中铜和锌的含量。

测定元素	Cu	Zn
吸收线波长/nm	324.7	213.7
狭缝宽度/nm	0.7	0.7
空气流量/L·min⁻¹	7.8	7.8
乙炔流量/L·min⁻¹	0.8	0.8

3. 标准曲线的绘制

分别吸取 $0.1mg \cdot mL^{-1}$ 的铜和锌标准溶液，制备每毫升相当于 $0.00\mu g$、$0.50\mu g$、$1.00\mu g$、$2.00\mu g$ 的系列标准溶液，然后与样品溶液一起测定吸光度，并绘制标准曲线。

4. 计算：铜或锌$(mg \cdot kg^{-1})=\dfrac{C}{m}$

式中，C 为从标准曲线中查出的量，μg；m 为所取试液相当于样品含量，g。

思 考 题

乳粉中其他成分还可以用哪些分析方法进行检测？

实验七十六　设计实验——维生素 C 注射液稳定性试验

一、实验目的

1. 掌握使用化学动力学方法进行注射剂稳定性预测的原理。

2. 学习恒温加速试验法进行药物有效期预测的方法。

二、实验原理

（一）维生素 C 注射液有效期的预测

维生素 C 的分子结构中因含有易被氧化的烯二醇基而不稳定，影响维生素 C 注射液稳定性的因素主要为空气中的氧、金属离子、pH、温度和光线等，其在室温时降解较慢。依据化学动力学原理，可采用加速试验法研究其稳定性。

（二）结果计算

计算相对浓度：记录每次所测维生素 C 的含量 V（即碘液消耗的毫升数），设零时间碘液消耗的毫升数 V_0（初始浓度）为 100% 相对浓度，其他时间点碘液消耗的毫升数 V 与其比较，即得各自的相对浓度 c（%）：

$$c(\%)=\frac{V}{V_0}\times 100\%$$

1. 计算反应速率常数 k：作 ln$c$-t 图。根据一级反应公式，用 ln$c$ 对 t 进行线性回归得直线方程，从直线的斜率可求出各实验温度下的反应速率常数 k。

2. 预测室温时的有效期：作 ln$k$-$\frac{1}{T}$ 图：计算各实验温度时 k 值的对数，并以 ln$k$ 为纵坐标，以 $\frac{1}{T}\times 10^3$ 为横坐标作图。

3. 求回归方程：根据 Arrhenius 方程 $\ln k=-\frac{E_a}{RT}+\ln A$，用 ln$k$ 对 $\frac{1}{T}\times 10^3$ 求回归方程，并由斜率求得反应活化能 E_a，由截距求得频率因子 A。

4. 求有效期：把室温（25℃）的绝对温度的倒数值代入上述回归方程中，可求得此时的反应速率常数 $k_{25℃}$。再按公式 $t_{1/2}=\frac{0.693}{k_{25℃}}$ 和 $t_{0.9}=\frac{0.1054}{k_{25℃}}$，则可计算出维生素 C 注射液在室温（25℃）时的降解半衰期和有效期。

三、仪器和药品

（一）仪器

恒温槽，碘量瓶，移液管，吸量管，滴定管。

（二）药品

维生素 C 注射液（2mL：0.25g）、0.1mol·L^{-1} 碘液，丙酮，稀醋酸，淀粉指示剂。

四、实验步骤

（一）在不同温度的恒温水浴箱中分置用纱布裹好的维生素 C 注射液（2mL，0.25g）。当注射液与水浴温度相同时，立即取样 5 支安瓿（设为零时间样品）并计时，然后根据规定时间间隔取样，用冰浴冷却后，立即测定或存于冰箱待测。实验温度和取样时间分别是：70℃ 的 0h、24h、48h、72h 和 96h，80℃ 的 0h、12h、24h、36h 和 48h，90℃ 的 0h、6h、12h、18h 和 24h，100℃ 的 0h、3h、6h、9h 和 12h。

（二）把每次取样的 5 支安瓿维生素 C 注射液混合均匀，精密量取 1mL 置于 100mL 碘量瓶中，加 15mL 蒸馏水和 2mL 丙酮，摇匀并放置 5min 后，加 4mL 稀醋酸和 1mL 淀粉指示液，用 $0.1mol \cdot L^{-1}$ 碘液滴定至溶液显蓝色并保持 30s 不褪色。记录每次测定时碘液所消耗的毫升数 V（$0.1mol \cdot L^{-1}$ 碘液每 1mL 相当于 8.806mg 的维生素 C）。

（三）按实验原理所列进行数据记录与处理。

思 考 题

1. 维生素 C 注射液稳定性实验的化学动力学原理是什么？
2. 写出本实验中有关的化学动力学方程。

附　录

附录一　基本物理化学常数

物理常数	符号	数值(SI 单位)
质子(静)质量	m_p	$1.6726231 \times 10^{-27}$kg
电子(静)质量	m_e	$9.1093897 \times 10^{-31}$kg
元电荷	e	$1.60217733 \times 10^{-19}$C
电子荷质比	e/m_e	1.758819×10^{11}C $\cdot$ kg^{-1}
原子质量常量	m_u	$1.6605402 \times 10^{-27}$kg
玻尔半径	a_0	$5.29172249 \times 10^{-11}$m
电子半径	r_e	$2.81794092 \times 10^{-15}$m
普朗克常数	h $\hbar = h/(2\pi)$	6.626075×10^{-34}J $\cdot$ s $1.05457266 \times 10^{-34}$J $\cdot$ s
玻尔兹曼常数	k	1.380658×10^{-23}J $\cdot$ K^{-1}
摩尔气体常数	R	8.314510J $\cdot$ mol^{-1} $\cdot$ K^{-1}
阿伏伽德罗常数	N_A	6.0221367×10^{23}mol^{-1}
摩尔体积	V_m	22.41383m^3 $\cdot$ kmol^{-1}
法拉第常数	$F = N_A e$	9.6485309×10^4C $\cdot$ mol^{-1}
玻尔磁子	μ_B	$9.2740154 \times 10^{-24}$A $\cdot$ m^2
核磁子	μ_N	$5.0507866 \times 10^{-27}$A $\cdot$ m^2
质子磁旋比	γ_H	2.67522×10^8T^{-1} $\cdot$ s^{-1}
质子朗得因子	g	5.58569
质子电子比	m_p/m_e μ_e/μ_p γ_e/γ_p	1836.152701 658.2106881 658.2275841
电子朗得因子	g_e	2.0023193043
电子磁矩	μ_e	$-9.2847701(31) \times 10^{-24}$J $\cdot$ T^{-1}
自由电子磁旋比	$\gamma_e = g_e \mu_N/h$	$1.7608592(18) \times 10^{11}$1/ST
中子(静)质量	m_a	$1.6749286(10) \times 10^{-27}$kg
精细结构常数	α $1/\alpha = e^2/4\pi\varepsilon_0 \hbar c$	$7.297355308 \times 10^{-3}$ $137.0369895(61)$
真空光速	c_0	2.99792458×10^8m $\cdot$ s^{-1}
电子康普顿波长	λ_0	2.426310×10^{-12}m

附录二　常用酸、碱溶液的密度和浓度

溶液名称	密度/g·mL^{-1}(20℃)	质量分数/%	浓度/mol·L^{-1}
H_2SO_4(浓)	1.84	98	18
H_2SO_4(稀)	1.18	25	3
	1.16	9.1	1
HNO_3(浓)	1.42	68	16
HNO_3(稀)	1.20	32	6
	1.07	12	2
HCl(浓)	1.19	38	12
HCl(稀)	1.10	20	6
	1.033	7	2
H_3PO_4	1.7	86	15
$HClO_4$(浓)	1.7~1.75	70~72	12
$HClO_4$(稀)	1.12	19	2
HAc	1.05	99~100	17.5
HAc(稀)	1.02	12	2
HF	1.13	40	23
$NH_3·H_2O$(浓)	0.90	27	14
$NH_3·H_2O$(稀)	0.98	3.5	2
NaOH(浓)	1.43	40	14
	1.33	30	13
NaOH(稀)	1.09	8	2
$Ba(OH)_2$	/	2	~0.1
$Ca(OH)_2$	/	0.15	/

附录三　常用的指示剂

1. 酸碱指示剂

指示剂名称	变色范围(pH)	颜色变化	溶液配制方法
茜素黄	1.9~3.3	红-黄	0.1%水溶液
甲基橙	3.1~4.4	红-橙黄	0.1%水溶液
溴酚蓝	3.0~4.6	黄-蓝	0.1g溴酚蓝溶于100mL 20%乙醇中
刚果红	3.0~5.2	蓝紫-红	0.1%水溶液
茜素红	3.7~5.2	黄-紫	0.1%水溶液
溴甲酚绿	3.8~5.4	黄-蓝	0.1g溴甲酚绿溶于100mL 20%乙醇中

指示剂名称	变色范围(pH)	颜色变化	溶液配制方法
甲基红	4.4～6.2	红-黄	0.1g 甲基红溶于 100mL 60%乙醇中
溴百里酚蓝	6.0～7.6	黄-蓝	0.05g 溴百里酚蓝溶于 100mL 20%乙醇中
中性红	6.8～8.0	红-黄橙	0.1g 中性红溶于 100mL 60%乙醇中
甲酚红	7.2～8.8	亮黄-紫红	0.1g 甲酚红溶于 100mL 50%乙醇中
百里酚蓝	第一次变色 1.2～2.8 第二次变色 8.0～9.6	红-黄 黄-蓝	0.1g 百里酚蓝溶于 100mL20%乙醇中
酚酞	8.2～10.0	无-红	0.1g 酚酞溶于 100 mL 60%乙醇中
百里酚酞	9.4～10.6	无-蓝	0.1g 百里酚酞溶于 100mL 90%乙醇中

2. 酸碱混合指示剂

指示剂溶液的组成	变色点 pH 值	颜色		备注
		酸色	碱色	
1 份 0.1%甲基黄乙醇溶液 1 份 0.1%亚甲基蓝乙醇溶液	3.25	蓝紫	绿	蓝紫(pH=3.2) 绿(pH=3.4)
1 份 0.1%甲基橙水溶液 1 份 0.25%靛蓝二磺酸钠水溶液	4.1	紫	黄绿	灰(pH=4.1)
3 份 0.1%溴甲酚绿乙醇溶液 1 份 0.2%甲基红乙醇溶液	5.1	酒红	绿	颜色变化显著
1 份 0.1%溴甲酚绿钠盐水溶液 1 份 0.1%氯酚红钠盐水溶液	6.1	黄绿	蓝紫	蓝绿(pH=5.4) 蓝(pH=5.8) 蓝(微带紫色)(pH=6.0) 蓝紫(pH=6.2)
1 份 0.1%中性红乙醇溶液 1 份 0.1%亚甲基蓝乙醇溶液	7.0	蓝紫	绿	蓝紫(pH=7.0)
1 份 0.1%甲酚红钠盐水溶液 3 份 0.1%百里酚蓝钠盐水溶液	8.3	黄	紫	粉色(pH=8.2) 紫(pH=8.4)
1 份 0.1%酚酞乙醇溶液	8.9	绿	紫	浅蓝(pH=8.8) 紫(pH=9.0)
1 份 0.1%酚酞乙醇溶液 1 份 0.1%百里酚乙醇溶液	9.9	无	紫	玫瑰色(pH=9.6) 紫(pH=10.0)

3. 吸附指示剂

指示剂名称	待测离子	滴定剂	颜色变化	适用的 pH 值
荧光黄	Cl^-	Ag^+	荧光黄绿→粉红	7～10
二氯荧光黄	Cl^-	Ag^+	荧光黄绿→红	4～10
曙红(四溴荧光黄)	Br^-,I^-,SCN^-	Ag^+	荧光橙黄→红紫	2～10
酚藏红	Cl^-,Br^-	Ag^+	红→蓝	酸性

4. 金属指示剂

指示剂名称	颜色		配制方法
	游离态	化合物	
铬黑 T (EBT)	蓝	酒红	(1)0.5g 铬黑 T 溶于 100mL 水中 (2)1g 铬黑 T 与 100g NaCl 研细、混匀
钙指示剂	蓝	红	0.5g 钙指示剂与 100g NaCl 研细、混匀
二甲酚橙(XO)	黄	红	0.1g 二甲酚橙溶于 100mL 水中
K-B 指示剂	蓝	红	0.5g 酸性铬蓝 K 加 1.25g 萘酚绿 B,再加 25g KNO_3 研细、混匀
磺基水杨酸	无色	红	1g 磺基水杨酸溶于 100mL 水中
吡啶偶氮萘酚(PAN)	黄	红	0.1g 吡啶偶氮萘酚溶于 100mL 乙醇中
邻苯二酚紫	紫	蓝	0.1g 邻苯二酚紫溶于 100mL 水中
钙镁试剂	红	蓝	0.5g 钙镁试剂溶于 100mL 水中

5. 氧化还原指示剂

指示剂名称	变色电位 $\varphi^{\ominus}/V$	颜色		配制方法
		氧化态	还原态	
二苯胺	0.76	紫	无色	1g 二苯胺在搅拌下溶于 100mL 浓硫酸和 100mL 浓磷酸,存于棕色瓶中
二苯胺磺酸钠	0.85	紫	无色	0.5g 二苯胺磺酸钠溶于 100mL 水中,必要时过滤
邻苯氨基 苯甲酸	0.89	紫红	无色	0.2g 邻苯氨基苯甲酸加热溶解在 100mL 0.2% Na_2CO_3 溶液中,必要时过滤
邻二氮菲 硫酸亚铁	1.06	浅蓝	红	0.5g $FeSO_4 \cdot 7H_2O$ 溶于 100mL 水中,加 2 滴 H_2SO_4, 加 0.5g 邻二氮菲

附录四 常用缓冲溶液的 pH 范围

缓冲溶液	$pK^{\ominus}$	pH 有效范围
盐酸-邻苯二甲酸氢钾 [HCl-C$_6$H$_4$(COO)$_2$HK]	3.1	2.4~4.0
柠檬酸-氢氧化钠 [C$_3$H$_5$(COOH)$_3$-NaOH]	2.9 4.1 5.8	2.2~6.5
甲酸-氢氧化钠 [HCOOH-NaOH]	3.8	2.8~4.6
醋酸-醋酸钠 [CH$_3$COOH-CH$_3$COONa]	4.8	3.6~5.6
邻苯二甲酸氢钾-氢氧化钾 [C$_6$H$_4$(COO)$_2$HK-KOH]	5.4	4.0~6.2
琥珀酸氢钠-琥珀酸钠 [NaOOC(CH$_2$)$_2$COOH-NaOOC(CH$_2$)$_2$COONa]	5.5	4.8~6.3

缓冲溶液	$pK^\ominus$	pH 有效范围
柠檬酸氢二钠-氢氧化钠 [$C_3H_4(COO)_3HNa_2$-NaOH]	5.8	5.0～6.3
磷酸二氢钾-氢氧化钠 [KH_2PO_4-NaOH]	7.2	5.8～8.0
磷酸二氢钾-硼砂 [KH_2PO_4-$Na_2B_4O_7$]	7.2	5.8～9.2
磷酸二氢钾-磷酸氢二钾 [KH_2PO_4-K_2HPO_4]	7.2	5.9～8.0
硼酸-硼砂 [H_3BO_3-$Na_2B_4O_7$]	9.2	7.2～9.2
硼酸-氢氧化钠 [H_3BO_3-NaOH]	9.2	8.0～10.0
氯化铵-氨水 [NH_4Cl-$NH_3\cdot H_2O$]	9.3	8.3～10.3
碳酸氢钠-碳酸钠 [$NaHCO_3$-Na_2CO_3]	10.3	9.2～11.0
磷酸氢二钠-氢氧化钠 [Na_2HPO_4-NaOH]	12.4	11.0～12.0

附录五　弱电解质的解离常数(离子强度近于零的稀溶液，25℃)

1. 弱酸的解离常数

名称	化学式	级	解离常数 K_a	pK_a	名称	化学式	级	解离常数 K_a	pK_a
砷酸	H_3AsO_4	1	5.5×10^{-2}	2.26	高碘酸	HIO_4		2.3×10^{-2}	1.64
		2	1.7×10^{-7}	6.76	过氧化氢	H_2O_2		2.4×10^{-12}	11.62
		3	5.1×10^{-12}	11.29	硫化氢	H_2S	1	8.9×10^{-8}	7.05
亚砷酸	H_3AsO_3		5.1×10^{-10}	9.29			2	1×10^{-19}	19
硼酸	H_3BO_3		5.8×10^{-10}	9.24	亚硫酸	H_2SO_3	1	1.40×10^{-2}	1.85
碳酸	H_2CO_3	1	4.30×10^{-7}	6.37			2	6.00×10^{-8}	7.2
		2	5.61×10^{-11}	10.25	硫酸	H_2SO_4	2	1.20×10^{-2}	1.92
铬酸	H_2CrO_4	1	1.8×10^{-1}	0.74	亚硝酸	HNO_2		5.6×10^{-4}	3.25
		2	3.2×10^{-7}	6.49	磷酸	H_3PO_4	1	7.52×10^{-3}	2.12
氢氰酸	HCN		6.2×10^{-10}	9.21			2	6.23×10^{-8}	7.21
氢氟酸	HF		6.3×10^{-4}	3.20			3	4.8×10^{-13}	12.32
次溴酸	HBrO		2.06×10^{-9}	8.69	亚磷酸	H_3PO_3	1	5×10^{-2}(20℃)	1.3
次氯酸	HClO		2.95×10^{-8}	7.53			2	2×10^{-7}(20℃)	6.70
次碘酸	HIO		3×10^{-11}	10.5	焦磷酸	$H_4P_2O_7$	1	1.2×10^{-1}	0.91
碘酸	HIO_3		1.7×10^{-1}	0.78			2	7.9×10^{-3}	2.10

名称	化学式	级	解离常数 K_a	pK_a	名称	化学式	级	解离常数 K_a	pK_a
焦磷酸	$H_4P_2O_7$	3	2.0×10^{-7}	6.70	硅酸	H_2SiO_3	2	$2\times10^{-12}(30℃)$	11.8
		4	4.8×10^{-10}	9.32	甲酸	HCOOH		$1.7\times10^{-4}(20℃)$	3.75
硒酸	H_2SeO_4	2	2×10^{-2}	1.7	醋酸	HAc		1.76×10^{-5}	4.75
亚硒酸	H_2SeO_3	1	2.4×10^{-3}	2.62	草酸	$H_2C_2O_4$	1	5.90×10^{-2}	1.23
		2	4.8×10^{-9}	8.32			2	6.40×10^{-5}	4.19
硅酸	H_2SiO_3	1	$1\times10^{-10}(30℃)$	9.9					

2. 弱碱的解离常数

名称	化学式	级	解离常数 K_b	pK_b	名称	化学式	级	解离常数 K_b	pK_b
氨水	$NH_3\cdot H_2O$		1.79×10^{-5}	4.75	*氢氧化钙	$Ca(OH)_2$	1	3.74×10^{-3}	2.43
联氨	NH_2NH_2		$1.2\times10^{-6}(20℃)$	5.9			2	$4\times10^{-2}(30℃)$	1.4
羟胺	NH_2OH		8.71×10^{-9}	8.06	*氢氧化铅	$Pb(OH)_2$		9.6×10^{-4}	3.02
*氢氧化银	AgOH		1.1×10^{-4}	3.96	*氢氧化锌	$Zn(OH)_2$		9.6×10^{-4}	3.02
*氢氧化铍	$Be(OH)_2$	2	5×10^{-11}	10.30					

摘译自 Lide D R，Handbook of Chemistry and Physics，8−43~8−44，78th Ed. 1997~1998. *：摘译自 Weast R C，Handbook of Chemistry and Physics，D159~163，66th Ed. 1985~1986。

附录六 化合物的溶度积常数表(298K)

化合物	溶度积	化合物	溶度积	化合物	溶度积
醋酸盐		**氢氧化物**		CdS*	8.0×10^{-27}
AgAc**	1.94×10^{-3}	AgOH*	2.0×10^{-8}	CoS(α-型)*	4.0×10^{-21}
卤化物		$Al(OH)_3$(无定形)*	1.3×10^{-33}	CoS(β-型)*	2.0×10^{-25}
AgBr*	5.0×10^{-13}	$Be(OH)_2$(无定形)*	1.6×10^{-22}	CuS*	6.3×10^{-36}
AgCl*	1.8×10^{-10}	$Ca(OH)_2$*	5.5×10^{-6}	FeS*	6.3×10^{-18}
AgI*	8.3×10^{-17}	$Cd(OH)_2$*	5.27×10^{-15}	HgS(黑色)*	1.6×10^{-52}
BaF_2	1.84×10^{-7}	$Co(OH)_2$(粉红色)**	1.09×10^{-15}	HgS(红色)*	4×10^{-53}
CaF_2*	5.3×10^{-9}	$Co(OH)_2$(蓝色)**	5.92×10^{-15}	MnS(晶形)*	2.5×10^{-13}
CuBr*	5.3×10^{-9}	$Co(OH)_3$*	1.6×10^{-44}	NiS**	1.07×10^{-21}
CuCl*	1.2×10^{-6}	$Cr(OH)_2$*	2×10^{-16}	PbS*	8.0×10^{-28}
CuI*	1.1×10^{-12}	$Cr(OH)_3$*	6.3×10^{-31}	SnS*	1×10^{-25}
Hg_2Cl_2*	1.3×10^{-18}	$Cu(OH)_2$*	2.2×10^{-20}	SnS_2**	2×10^{-27}
Hg_2I_2*	4.5×10^{-29}	$Fe(OH)_2$*	8.0×10^{-16}	ZnS**	2.93×10^{-25}
HgI_2	2.9×10^{-29}	$Fe(OH)_3$*	4×10^{-38}	**磷酸盐**	
$PbBr_2$	6.60×10^{-6}	$Mg(OH)_2$*	1.8×10^{-11}	Ag_3PO_4*	1.4×10^{-16}
$PbCl_2$*	1.6×10^{-5}	$Mn(OH)_2$*	1.9×10^{-13}	$AlPO_4$*	6.3×10^{-19}

化合物	溶度积	化合物	溶度积	化合物	溶度积
PbF_2	3.3×10^{-8}	$Ni(OH)_2$(新制备)*	2.0×10^{-15}	$CaHPO_4$*	1×10^{-7}
PbI_2*	7.1×10^{-9}	$Pb(OH)_2$*	1.2×10^{-15}	$Ca_3(PO_4)_2$*	2.0×10^{-29}
SrF_2	4.33×10^{-9}	$Sn(OH)_2$*	1.4×10^{-28}	$Cd_3(PO_4)_2$**	2.53×10^{-33}
碳酸盐		$Sr(OH)_2$*	9×10^{-4}	$Cu_3(PO_4)_2$	1.40×10^{-37}
Ag_2CO_3	8.45×10^{-12}	$Zn(OH)_2$*	1.2×10^{-17}	$FePO_4\cdot2H_2O$	9.91×10^{-16}
$BaCO_3$*	5.1×10^{-9}	草酸盐		$MgNH_4PO_4$	2.5×10^{-13}
$CaCO_3$	3.36×10^{-9}	$Ag_2C_2O_4$	5.4×10^{-12}	$Mg_3(PO_4)_2$	1.04×10^{-24}
$CdCO_3$	1.0×10^{-12}	BaC_2O_4*	1.6×10^{-7}	$Pb_3(PO_4)_2$*	8.0×10^{-43}
$CuCO_3$*	1.4×10^{-10}	$CaC_2O_4\cdot H_2O$*	4×10^{-9}	$Zn_3(PO_4)_2$*	9.0×10^{-33}
$FeCO_3$	3.13×10^{-11}	CuC_2O_4	4.43×10^{-10}	其他盐	
Hg_2CO_3	3.6×10^{-17}	$FeC_2O_4\cdot2H_2O$*	3.2×10^{-7}	$[Ag^+][Ag(CN)_2^-]$*	7.2×10^{-11}
$MgCO_3$	6.82×10^{-6}	$Hg_2C_2O_4$	1.75×10^{-13}	$Ag_4[Fe(CN)_6]$*	1.6×10^{-41}
$MnCO_3$	2.24×10^{-11}	$MgC_2O_4\cdot2H_2O$	4.83×10^{-6}	$Cu_2[Fe(CN)_6]$*	1.3×10^{-16}
$NiCO_3$	1.42×10^{-7}	$MnC_2O_4\cdot2H_2O$	1.70×10^{-7}	$AgSCN$	1.03×10^{-12}
$PbCO_3$*	7.4×10^{-14}	PbC_2O_4**	8.51×10^{-10}	$CuSCN$	4.8×10^{-15}
$SrCO_3$	5.6×10^{-10}	$SrC_2O_4\cdot H_2O$*	1.6×10^{-7}	$AgBrO_3$	5.3×10^{-5}
$ZnCO_3$	1.46×10^{-10}	$ZnC_2O_4\cdot2H_2O$	1.38×10^{-9}	$AgIO_3$*	3.0×10^{-8}
铬酸盐		硫酸盐		$Cu(IO_3)_2\cdot H_2O$	7.4×10^{-8}
Ag_2CrO_4	1.12×10^{-12}	Ag_2SO_4*	1.4×10^{-5}	$KHC_4H_4O_6$(酒石酸氢钾)**	3×10^{-4}
$Ag_2Cr_2O_7$*	2.0×10^{-7}	$BaSO_4$*	1.1×10^{-10}	Al(8-羟基喹啉)$_3$**	5×10^{-33}
$BaCrO_4$*	1.2×10^{-10}	$CaSO_4$*	9.1×10^{-6}	$K_2Na[Co(NO_2)_6]\cdot H_2O$*	2.2×10^{-11}
$CaCrO_4$*	7.1×10^{-4}	Hg_2SO_4	6.5×10^{-7}	$Na(NH_4)_2[Co(NO_2)_6]$*	4×10^{-12}
$CuCrO_4$*	3.6×10^{-6}	$PbSO_4$*	1.6×10^{-8}	Ni(丁二酮肟)$_2$**	4×10^{-24}
Hg_2CrO_4*	2.0×10^{-9}	$SrSO_4$*	3.2×10^{-7}	Mg(8-羟基喹啉)$_2$**	4×10^{-16}
$PbCrO_4$*	2.8×10^{-13}	硫化物		Zn(8-羟基喹啉)$_2$**	5×10^{-25}
$SrCrO_4$*	2.2×10^{-5}	Ag_2S*	6.3×10^{-50}		

摘自 Lide D R，Handbook of Chemistry and Physics，78th Ed. 1997～1998. *摘自 Dean J A，Lange's Handbook of Chemistry，13th Ed. 1985. **摘自其他参考书。

附录七 配离子的标准稳定常数(298.15K)

配离子	$K_f^{\ominus}$	配离子	$K_f^{\ominus}$	配离子	$K_f^{\ominus}$
$AgCl_2^-$	1.84×10^5	$Co(EDTA)^-$	1.0×10^{36}	$Hg(EDTA)^{2-}$	6.3×10^{21}
$AgBr_2^-$	1.93×10^7	$CuCl_2^-$	6.91×10^4	$Ni(NH_3)_6^{2+}$	8.97×10^8
AgI_2^-	4.80×10^{10}	$CuCl_3^{2-}$	4.55×10^5	$Ni(CN)_4^{2-}$	1.31×10^{30}
$Ag(NH_3)^+$	2.07×10^3	$Cu(CN)_2^-$	9.98×10^{23}	$Ni(N_2H_4)_6^{2+}$	1.04×10^{12}
$Ag(NH_3)_2^+$	1.67×10^7	$Cu(CN)_3^{2-}$	4.21×10^{28}	$Ni(EDTA)^{2-}$	3.6×10^{18}
$Ag(CN)_2^-$	2.48×10^{20}	$Cu(CN)_4^{3-}$	2.03×10^{30}	$PbCl_3^-$	2.72×10

配离子	$K_f^{\ominus}$	配离子	$K_f^{\ominus}$	配离子	$K_f^{\ominus}$
$Ag(SCN)_2^-$	2.04×10^8	$Cu(CNS)_4^{3-}$	8.66×10^9	$PbBr_3^-$	1.55×10
$Ag(S_2O_3)_2^{3-}$	2.9×10^{13}	$Cu(SO_3)_2^{3-}$	4.13×10^8	PbI_3^-	2.67×10^3
$Ag(en)_2^+$	5.0×10^7	$Cu(NH_3)_4^{2+}$	2.30×10^{12}	PbI_4^{2-}	1.66×10^4
$Ag(EDTA)^{3-}$	2.1×10^7	$Cu(P_2O_7)_2^{6-}$	8.24×10^8	$Pb(CH_3COO)^+$	1.52×10^2
$Al(OH)_4^-$	3.31×10^{33}	$Cu(C_2O_4)_2^{2-}$	2.35×10^9	$Pb(CH_3COO)_2$	8.26×10^2
AlF_6^{3-}	6.9×10^{19}	$Cu(EDTA)^{2-}$	5.0×10^{18}	$Pb(EDTA)^{2-}$	2.0×10^{18}
$Al(EDTA)^-$	1.3×10^{16}	FeF^{2+}	7.1×10^6	$PdCl_3^-$	2.10×10^{10}
$Ba(EDTA)^{2-}$	6.0×10^7	FeF_2^+	3.8×10^{11}	$PdBr_4^-$	6.05×10^{13}
$Be(EDTA)^{2-}$	2.0×10^9	$Fe(CN)_6^{3-}$	4.1×10^{52}	PdI_4^{2-}	4.36×10^{22}
$BiCl_4^-$	7.96×10^6	$Fe(CN)_6^{4-}$	4.2×10^{45}	$Pd(NH_3)_4^{2+}$	3.10×10^{25}
$BiCl_6^{3-}$	2.45×10^7	$Fe(NCS)^{2+}$	9.1×10^2	$Pd(CN)_4^{2-}$	5.20×10^{41}
$BiBr_4^-$	5.92×10^7	$FeCl_2^+$	4.9	$Pd(CNS)_4^{2-}$	9.43×10^{23}
BiI_4^-	8.88×10^{14}	$Fe(EDTA)^{2-}$	2.1×10^{14}	$Pd(EDTA)^{2-}$	3.2×10^{18}
$Bi(EDTA)^-$	6.3×10^{22}	$Fe(EDTA)^-$	1.7×10^{24}	$PtCl_4^{2-}$	9.86×10^{15}
$Ca(EDTA)^{2-}$	1.0×10^{11}	$HgCl^-$	5.73×10^6	$PtBr_4^{2-}$	6.47×10^{17}
$Cd(NH_3)_4^{2+}$	2.78×10^7	$HgCl_2$	1.46×10^{13}	$Pt(NH_3)_4^{2+}$	2.18×10^{35}
$Cd(CN)_4^{2-}$	1.95×10^{18}	$HgCl_3^-$	9.6×10^{13}	$Zn(OH)_3^-$	1.64×10^{13}
$Cd(OH)_4^{2-}$	1.20×10^9	$HgCl_4^{2-}$	1.31×10^{15}	$Zn(OH)_4^-$	2.83×10^{14}
CdI_4^{2-}	4.05×10^5	$HgBr_4^{2-}$	9.22×10^{20}	$Zn(NH_3)_4^{2+}$	3.60×10^8
$Cd(en)_3^{2+}$	1.2×10^{12}	HgI_4^{2-}	5.66×10^{29}	$Zn(CN)_4^{2-}$	5.71×10^{16}
$Cd(EDTA)^{2-}$	2.5×10^{16}	HgS_2^{2-}	3.36×10^{51}	$Zn(CNS)_4^{2-}$	1.96×10
$Co(NH_3)_6^{2+}$	1.3×10^5	$Hg(NH_3)_4^{2+}$	1.95×10^{19}	$Zn(C_2O_4)_2^{2-}$	2.96×10^7
$Co(NH_3)_6^{3+}$	1.6×10^{35}	$Hg(CN)_4^{2-}$	1.82×10^{41}	$Zn(EDTA)^{2-}$	2.5×10^{16}
$Co(EDTA)^{2-}$	2.0×10^{16}	$Hg(CNS)_4^{2-}$	4.98×10^{21}		

本数据根据《NBS化学热力学性质表》（刘天和、赵梦月译，中国标准出版社，1998年6月）中的数据计算得来。

附录八 常用有机化合物的物理常数

名称	化学式	相对分子质量	密度 /g·mL^{-1}	熔点/℃	沸点/℃	折射率 n_D^{20}	溶解度	
							水中	有机溶剂中
乙二胺	$H_2NCH_2CH_2NH_2$	60.11	0.8995 (20℃)	8.5	116.5	1.4568	易溶	与乙醇混溶
乙二酸	HOOCCOOH	91.04	1.900 (17℃)	189.5	157	—	10 (20℃)	乙醇

名称	化学式	相对分子质量	密度 /g·mL^{-1}	熔点/℃	沸点/℃	折射率 n_D^{20}	溶解度	
							水中	有机溶剂中
乙炔	CH≡CH	26.04	0.6208 (−82℃)	−80.8	−84.0	1.0005	100 (18℃)	丙酮、苯、氯仿
乙酸酐	(CH$_3$CO)$_2$O	102.09	1.0820	−73.1	139.6	1.3901	12 (冷)	乙醚、乙醇、苯
乙烯	CH$_2$=CH$_2$	28.05	1.260	−169.1	−103.7	1.363	25.6	乙醚
乙烷	CH$_3$CH$_3$	30.07	0.572 (−108℃)	−183.3	−88.63	1.0377	4.7 (20℃)	苯
乙腈	CH$_3$CN	41.05	0.7857	−45.72	81.6	1.3442	∞	乙醇、乙醚、苯、丙酮
乙酰水杨酸	CH$_3$COOC$_6$H$_5$-COOH	180.17	—	135	—		溶于热水	乙醇、乙醚
乙酰苯胺	C$_6$H$_5$NHCOCH$_3$	135.17	1.2190 (15℃)	114.3	304	—	0.53 (6℃)	乙醇、乙醚、苯、丙酮
乙酰氯	CH$_3$COCl	78.50	1.1051	−112	50.9	1.3898	分解	乙醚、苯、丙酮
乙酸	CH$_3$COOH	60.05	1.0492	16.60	117.9	1.3716	∞	乙醇、乙醚、苯、丙酮
乙酸乙酯	CH$_3$COOC$_2$H$_5$	88.12	0.901	−83.58	77.06	1.3723	8.5 (15℃)	乙醇、乙醚、苯、丙酮
乙醇	CH$_3$CH$_2$OH	46.07	0.79	−117.3	78.5	1.3611	∞	乙醚、丙酮、苯
乙醛	CH$_3$CHO	44.05	0.795	−121	20.8	1.3316	∞ 热	乙醇、乙醚、苯
二甲胺	(CH$_3$)$_2$NH	45.09	0.68	−93	7.4	1.350	易溶	乙醇、乙醚
N,N-二甲基苯胺	C$_6$H$_5$N(CH$_3$)$_2$	121.18	0.955	2.45	194.2	1.5582	微溶	乙醇、乙醚、苯、丙酮
丁醇	CH$_3$(CH$_2$)$_2$-CH$_2$OH	74.12	0.8098	−89.53	117.2	1.3993	9 (15℃)	乙醇、乙醚、苯、丙酮
异丁醇	(CH$_3$)$_2$CHCH$_2$OH	74.12	0.7982	−108	108	1.3939	15	乙醇、乙醚
仲丁醇	CH$_3$CH$_2$CHOH−CH$_3$	74.12	0.8063	−114.7	99.5	1.3978	12.5	乙醇、乙醚
叔丁醇	(CH$_3$)$_3$COH	74.12	0.7887	25.5	82.2	1.3878	∞	乙醇、乙醚
己烷	CH$_3$(CH$_2$)$_4$CH$_3$	86.18	0.6603	−95	68.95	1.3751	不溶	乙醇、乙醚
己酸	CH$_3$(CH$_2$)$_4$COOH	116.16	0.9274		205.4	1.4163	1.10	乙醇、乙醚
己醇	CH$_3$(CH$_2$)$_4$-CH$_2$OH	102.18	0.8136	−46.7	158	1.4078	0.6 (20℃)	乙醇、丙酮苯、乙醚
丙三醇	HOCH$_2$CHOH-CH$_2$OH	92.11	1.2613	20	290 分解	1.4746	∞	乙醇
丙烯	CH$_3$CH=CH$_2$	42.08	0.5193	−185.2	−47.4	1.3567	44.6	乙醇
丙酮	CH$_3$COCH$_3$	58.08	0.7899	−96.35	56.2	1.3588	∞	乙醇、苯、乙醚
丙酸	CH$_3$CH$_2$COOH	74.08	0.9930	−20.8	141.0	1.3869	∞	乙醇、乙醚
异丙醇	(CH$_3$)$_2$CHOH	60.11	0.7855	−89.5	82.4	1.3776	∞	乙醇、乙醚、苯、丙酮
甲苯	C$_6$H$_5$CH$_3$	92.15	0.8669	−95	110.6	1.4961	不溶	乙醇、乙醚、苯、丙酮

名称	化学式	相对分子质量	密度/g·mL⁻¹	熔点/℃	沸点/℃	折射率 n_D^{20}	溶解度	
							水中	有机溶剂中
甲烷	CH_4	16.04	0.5547 (0℃)	−182.5	−164	—	3.3 (20℃)	乙醇、乙醚、苯
甲酸	$HCOOH$	46.03	1.220	8.4	100.7	1.3714	∞	乙醇、乙醚、苯、丙酮
甲醇	CH_3OH	32.04	0.7914	−93.9	64.96	1.3288	∞	乙醇、乙醚、苯、丙酮
呋喃	C_4H_4O	68.08	0.9514	−85.65	31.36	1.4214	不溶	乙醇、乙醚、苯、丙酮
尿素	$CO(NH_2)_2$	60.06	1.3230	135	分解	1.484	100	乙醇
环己烷	C_6H_{12}	84.16	0.77855	6.55	80.74	1.4266	不溶	乙醇、乙醚、苯、丙酮
环己酮	$(CH_2)_5CO$	98.15	0.9478	−16.4	155.6	1.4507	溶	乙醇、乙醚、苯、丙酮
环己醇	$(CH_2)_5CHOH$	100.16	0.9624	25.15	161.1	1.4641	3.6	苯、乙醇、乙醚、丙酮
苯	C_6H_6	78.12	0.87865	5.5	80.1	1.5011	0.07 (22℃)	乙醇、乙醚、丙酮
苯甲酸	C_6H_5COOH	122	1.2659	122	249		微溶	乙醇、乙醚、氯仿、苯
苯乙烯	$C_6H_5CH{=}CH_2$	104.16	0.9060	−30.63	145.2	1.5468	不溶	苯、乙醇、乙醚、丙酮
苯乙酮	$C_6H_5COCH_3$	120.16	1.0281	20.5	202.0	1.5372	不溶	乙醇、乙醚、苯、丙酮
α-萘酚	$C_{10}H_7OH$	144.19	1.0989	96	288	1.6224	微溶 热	乙醇、乙醚、苯、丙酮
β-萘酚	$C_{10}H_7OH$	144.19	1.28	123.5	295	—	0.1 冷	乙醇、乙醚、乙苯
硝基苯	$C_6H_5NO_2$	123.11	1.2037	5.7	210.8	1.5562	0.19 (20℃)	乙醇、乙醚、苯、丙酮
偶氮苯	$C_6H_5N{=}NC_6H_5$	182.23	顺式：— 反式：1.203	715.7 68.5	−293	−1.6266	微溶	乙醇、乙醚、苯
氯乙烯	$CH_2{=}CHCl$	62.50	0.9106	−153.8	−13.37	1.3700	微溶	乙醇、乙醚
氯乙烷	CH_3CH_2Cl	64.52	0.8978	−136.4	12.37	1.3673	0.45 (0℃)	乙醚、乙醇
溴苯	C_6H_5Br	157.02	1.4950	−30.82	156	1.5597	不溶	乙醚、乙醇、苯、四氯化碳
淀粉			—	分解	—	—	不溶	不溶于乙醇

参 考 文 献

[1] 虞虹，薛明强主编．基础化学实验．苏州：苏州大学出版社，2007.

[2] 南京大学《无机及分析化学实验》编写组．无机及分析化学实验．北京：高等教育出版社，2006.

[3] 中山大学等．无机化学实验．北京：高等教育出版社，1992.

[4] 刁国旺．大学化学实验 基础化学实验一．南京：南京大学出版社，2006.

[5] 孙尔康，张剑荣总主编，郎建平，卞国庆主编．无机化学实验．南京：南京大学出版社，2009.

[6] 范勇，屈学俭，徐家宁编．基础化学实验·无机化学实验分册．北京：高等教育出版社，2015.

[7] 北京师范大学《化学实验规范》编写组．化学实验规范．北京：北京师范大学出版社，1998.

[8] 北京师范大学无机化学教研室等编．无机化学实验．第三版．北京：高等教育出版社，2001.

[9] 蔡维平主编．基础化学实验（一）．北京：科学出版社，2004.

[10] 吴泳主编．大学化学新体系实验．北京：科学出版社，2001.

[11] 朱霞石主编．大学化学实验·基础化学实验一．南京：南京大学出版社，2006.

[12] 王秋长、赵鸿喜、张守民、李一峻编．基础化学实验．北京：科学出版社，2003.

[13] 周宁怀主编．微型无机化学实验．北京：科学出版社，2000.

[14] 徐琰，何占航主编．无机化学实验．郑州：郑州大学出版社，2002.

[15] 华东化工学院．无机化学实验．第二版．北京：人民教育出版社，1982.

[16] 林宝凤主编．基础化学实验技术绿色化教程．北京：科学出版社，2003.

[17] 殷学锋主编．新编大学化学实验．北京：高等教育出版社，2002.

[18] 大连理工大学无机化学教研室．无机化学实验．第二版．北京：高等教育出版社，2004.

[19] 夏天宇．化验员实用手册．北京：化学工业出版社，1999.

[20] 瞿永清，马志领，李志林主编．无机化学实验．北京：化学工业出版社，2007.

[21] 叶芬霞主编．无机及分析化学实验．北京：高等教育出版社，2008.

[22] 罗志刚主编．基础化学实验技术．广州：华南理工大学出版社，2002.

[23] 焦家俊主编．有机化学实验．上海：上海交通大学出版社，2000.

[24] 李霁良主编．微型半微型有机化学实验．北京：高等教育出版社，2003.

[25] 龙京盛主编．有机化学实验．北京：人民卫生出版社，2003.

[26] 关烨第，李翠娟，葛树丰主编．有机化学实验．北京：北京大学出版社，2002.

[27] 浙江大学，南京大学，北京大学，兰州大学主编．综合化学实验．北京：高等教育出版社，2001.

[28] 曾昭琼，曾和平，李景宁主编．有机化学实验．北京：高等教育出版社，2000.

[29] 屠树滋主编．有机化学实验与指导．苏州：苏州大学内部使用教材，1993.

[30] 高占先主编．有机化学实验．北京：高等教育出版社，2004.

[31] 成都科学技术大学分析化学教研组，浙江大学分析化学教研组主编．分析化学实验．第二版．北京：高等教育出版社，2001.

[32] 张剑荣，戚苓，方惠群主编．仪器分析实验．北京：科学出版社，1998.

[33] 朱明华主编．仪器分析．第三版．北京：高等教育出版社，2001.

[34] 方惠群，于俊生，史坚主编．仪器分析．北京：科学出版社，2002.

[35] 武汉大学主编．分析化学实验．第三版．北京：高等教育出版社，1996.

[36] 赵藻藩，周性尧，张悟铭，赵文宽主编．仪器分析．北京：高等教育出版社，1995.

[37] 孙毓庆主编．分析化学．北京：人民卫生出版社，1999.

[38] 张达英，刘颐荣，王儒富主编．分析仪器．重庆：重庆大学出版社，1995.

[39] 武汉大学主编．分析化学．第四版．北京：高等教育出版社，2000.

[40] 北京大学化学学院物理化学实验教学组主编．物理化学实验．北京：北京大学出版社，2002.

[41] 复旦大学等主编．物理化学实验．北京：高等教育出版社，2004.

[42] 金丽萍，陈大勇主编．物理化学实验．第二版．上海：华东理工大学出版社，2005.

[43] 北京师范大学等校编．物理化学实验．北京：高等教育出版社，1995.

[44] 印永嘉等编 . 物理化学简明教程 . 北京：高等教育出版社，1992.

[45] 孙尔康，徐维清，邱金恒主编 . 物理化学实验 . 南京：南京大学出版社，1998.

[46] 楼书聪主编 . 化学试剂配制手册 . 南京：江苏科学技术出版社，1993.

[47] 《中华人民共和国国家标准》，GB 11914—1989.

[48] Jerry R. Mohrig，Chirstian Noring Hammond，Terence C. Morrill，Douglas C. Neckers. *Experimental Organic Chemistry*. New York：W. H. Freeman and Company，1998.